创建国家优质工程内部培训教材

建造精品之路

——500千伏北海（福成）变电站工程 获中国建设工程鲁班奖纪实

广西电网有限责任公司基建部
广西电网有限责任公司电网建设分公司 编

U0396504

广西科学技术出版社

图书在版编目（CIP）数据

建造精品之路：500千伏北海（福成）变电站工程获
中国建设工程鲁班奖纪实/广西电网有限责任公司基建部，
广西电网有限责任公司电网建设分公司编．— 南宁：
广西科学技术出版社，2022.8
　　ISBN 978-7-5551-1765-0

　　Ⅰ.①建…　Ⅱ.①广…②广…　Ⅲ.①变电所—建筑
工程—概况—北海市　Ⅳ.① TM63

中国版本图书馆 CIP 数据核字（2022）第 147590 号

JIANZAO JINGPIN ZHI LU ——500 QIANFU BEIHAI（FUCHENG）BIANDIANZHAN
GONGCHENG HUO ZHONGGUO JIANSHE GONGCHENG LUBANJIANG JISHI

建 造 精 品 之 路

——500千伏北海（福成）变电站工程获中国建设工程鲁班奖纪实

广西电网有限责任公司基建部
广西电网有限责任公司电网建设分公司　编

策　　划：何杏华
责任编辑：陈诗英　陈剑平　　　　　　　　助理编辑：秦慧聪
责任校对：苏深灿　　　　　　　　　　　　责任印制：韦文印
装帧设计：梁　良　　　　　　　　　　　　设计助理：吴　康

出 版 人：卢培钊
出版发行：广西科学技术出版社
社　　址：广西南宁市东葛路 66 号　　　　邮政编码：530023
网　　址：http://www.gxkjs.com

印　　刷：广西雅图盛印务有限公司
地　　址：南宁市高新区创新西路科铭电力产业园　邮政编码：530007
开　　本：889 mm × 1194 mm　1/16
字　　数：560 千字　　　　　　　　　　　印　　张：24.25
版　　次：2022 年 8 月第 1 版
印　　次：2022 年 8 月第 1 次印刷
书　　号：ISBN 978-7-5551-1765-0
定　　价：250.00 元

500 千伏北海（福成）变电站鸟瞰图

500 千伏北海（福成）变电站站牌

500 千伏北海（福成）变电站主控通信楼正立面

500 千伏北海（福成）变电站 220 千伏区域

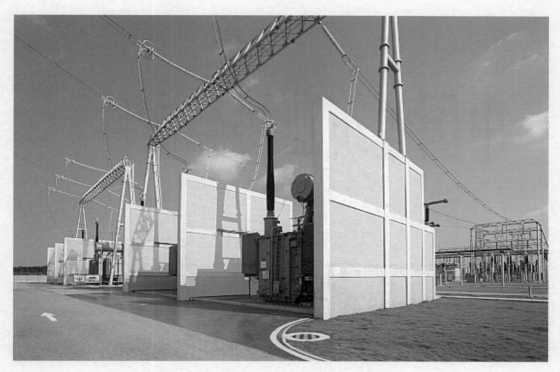

500 千伏北海（福成）变电站主变区域

500 千伏北海（福成）变电站控制室

中国建筑业协会文件

建协〔2019〕36 号

关于颁发 2018～2019 年度中国建设工程
鲁班奖（国家优质工程）的决定

各省、自治区、直辖市建筑业协会（联合会、施工行业协会），有关行业建设协会，解放军工程建设协会，国资委管理的有关建筑业企业，有关单位：

2018～2019 年度中国建设工程鲁班奖（国家优质工程）评选工作已结束，武汉建工科技中心，500 米口径球面射电望远镜，（FAST）项目主体工程等 241 项工程获奖（名单见附件）。根据《中国建设工程鲁班奖（国家优质工程）评选办法》的有关规定，决定向获奖工程的承建单位授予鲁班金像、荣誉奖牌和证书，向参建单位授予荣誉奖牌和证书。

希望广大建筑业企业以获奖单位为榜样，深入学习贯彻落实党的十九大和十九届二中、三中、四中全会精神，坚持新发展理念，全面落实《中共中央国务院关于开展质量提升行动的指导意见》、《国务院办公厅关于促进建筑业持续健康发展的意见》和《国务院办公厅转发住房城乡建设部关于完善质量保证体系提升建筑工程品质指导意见的通知》等文件要求，弘扬追求卓越、精益求精的鲁班精神，加快推进建筑业转型升级，为助力中国建造水平进一步提高、实现中华民族伟大复兴的中国梦而努力奋斗。

附件：2018～2019年度中国建设工程鲁班奖（国家优质工程）
获奖名单

中国建筑业协会
2019 年 12 月 4 日

附件：

2018～2019 年度中国建设工程鲁班奖
（国家优质工程）获奖名单

（排名不分先后）

序号	工程名称	承建单位	参建单位
1	商业、酒店、办公及配套（王府井国际品牌中心建设项目）	北京城建集团有限责任公司	北京城建十六建筑工程有限责任公司
			安乐设备安装工程（上海）有限公司
			嘉特纳幕墙（上海）有限公司
			北京侨信装饰工程有限公司
			浙江银建装饰工程有限公司
			北京市亚太安设备安装有限责任公司
2	昆泰嘉瑞中心	中国建筑一局（集团）有限公司	中建一局集团第三建筑有限公司
			江苏沪宁钢机股份有限公司
			北京江河幕墙系统工程有限公司
			深圳市晶宫设计装饰工程有限公司
			上海市建筑装饰工程集团有限公司
			北京丽贝亚建筑装饰工程有限公司
			四川兴泰来装饰工程有限责任公司
			中建一局钢结构工程有限公司
3	1 号楼（研发创新中心）等 6 项（中国移动国际信息港研发创新中心工程、网管支撑中心工程、业务支撑中心工程）	中国建筑第八工程局有限公司	北京南隆建筑装饰工程有限公司
			北京长信泰康通信技术有限公司
4	中关村资本大厦	北京城建集团有限责任公司	北京城建深港建筑装饰工程有限公司
			北京城建北方集团有限公司
			北京城建建设工程有限公司

序号	工程名称	承建单位	参建单位
224	500千伏北海变电站工程	广西建宁输变电工程有限公司	
225	杭州九峰垃圾焚烧发电工程	浙江省二建建设集团有限公司	中国能源建设集团安徽电力建设第二工程有限公司
			森特士兴集团股份有限公司
226	神华国华宁东发电厂2×660MW扩建工程	山东电力建设第三工程有限公司	上海电力建设有限责任公司
227	泰州±800千伏换流站工程	江苏省送变电有限公司	河南省第二建筑工程发展有限公司
			上海送变电工程有限公司
			河南三建建设集团有限公司
			常嘉建设集团有限公间
228	上海虹杨500千伏变电站工程	上海送变电工程有限公司	上海建工集团股份有限公司
			上海市机械施工集团有限公司
229	江西省峡江水利枢纽工程	中国水利水电第十二工程局有限公司 中国安能建设集团有限公司	广东省源天工程有限公司
230	河南省沁河河口村水库工程	河南省水利第一工程局 河南省水利第二工程局	河南水建集团有限公司
231	陕西未来能源金鸡滩矿井工程	兖矿东华建设有限公司	中煤第三建设（集团）有限责任公司
			中煤第一建设有限公司
232	百矿集团新山铝产业示范园煤电铝一体化项目300 kt/a铝水工程	中国有色金属工业第十四冶金建设公司	云南建投机械制造安装工程有限公间
			十一冶建设集团有限责任公司
			十四冶建设集团云南炉窑工程有限公司

500 千伏北海（福成）变电站工程获 2019 年中国建设工程鲁班奖（国家优质工程）金人像

编委会

前言

　　500 千伏北海（福成）变电站工程获得中国建设工程鲁班奖（国家优质工程）（简称"鲁班奖"），在广西电网有限责任公司尚属首次。这是广西电网有限责任公司不断加强建设质量管理、提升项目管理水平的结果，意义重大，其获鲁班奖经验值得总结。

　　中国建设工程鲁班奖（国家优质工程）现场复查专家组在 500 千伏北海（福成）变电站复查时指出："500 千伏北海（福成）变电站是一个高电压等级经典项目，在后续项目建设中应加以推广！"

　　《建造精品之路——500 千伏北海（福成）变电站工程获中国建设工程鲁班奖纪实》一书，正是为了传承发扬鲁班精神而编写的。我们更希望能以此为契机，全面提升建设工程质量，争创更多的国家级优质工程奖。

　　本书以 500 千伏北海（福成）变电站工程争创鲁班奖为主线，全面系统地介绍了争创国家级优质工程奖（中国建设工程鲁班奖、国家优质工程奖、中国安装工程优质奖）需要具备的项目申报条件，项目建设过程中的合法合规性证明文件办理，实体工程实施过程中的注意事项，项目建设过程中取得的技术创新成果和先进性证明文件，项目建设过程中的难点特点亮点，项目建设过程和结果的绿色节能环保要求，项目如何高标准通过八个专项验收，项目的文档资料要确保真实完整规范可追溯，项目投运后的社会经济效益，项目建设后期的迎检准备工作和现场复查程序等内容。同时，书中切实阐述了党建引领业务工作贯穿于整个项目建设和创优工作的始终，作风严实，成效突出。

本书是由广西电网有限责任公司基建部和广西电网有限责任公司电网建设分公司牵头组织，在广西建宁输变电工程有限公司、中国能源建设集团广西电力设计研究院有限公司、广西正远电力工程建设监理有限责任公司、广西电网有限责任公司北海供电局等单位的共同参与下，汇集500千伏北海（福成）变电站工程获得中国建设工程鲁班奖（国家优质工程）、500千伏美林变电站工程获得国家优质工程奖、220千伏排岭变电站工程和220千伏紫荆变电站工程获得中国安装工程优质奖的实践经验，编撰而成。编写过程得到南方电网能源发展研究院有限责任公司的大力支持，特此感谢。

　　全书编写严谨、资料翔实、结构清晰、内容全面，具有较强的可操作性，可适用于指导参建单位创建各个等级优质工程。由于水平有限，在编写过程中难免存在一些疏漏和不足之处，敬请各位专家批评指正。

　　万家灯火，南网情深。我们坚信，500千伏北海（福成）变电站工程获中国建设工程鲁班奖（国家优质工程）犹如星火，将在广西电网的后续项目建设中形成燎原之势。

编委会

2021 年 7 月

目录

实体实施

专项验收

绪论

第一章　争创鲁班奖概述

第一节　积极推进　成功获奖

广西电网有限责任公司（简称"广西电网公司"）是中国南方电网有限责任公司（简称"南方电网"）的全资子公司，主要负责广西电网的投资、建设和经营管理，包括输配电管理、电力购销、电力交易与调度、电力资源优化配置等业务，承担着为广西经济发展和人民生活稳定提供可靠优质电力保障的重任。

习近平总书记在广西视察时提出："释放海的潜力，打造好向海经济。"广西牢记习近平总书记的嘱托，围绕向海开放做文章，全区逐步形成以通道为牵引，以港口为支点，以北部湾经济区为支撑，以海洋经济为依托，以陆海统筹、江海联动为导向，以生态文明为保障，以"一带一路"为纽带的向海发展空间布局，并出台全国首个省级发展向海经济政策文件《关于加快发展向海经济推动海洋强区建设的意见》，开启广西向海发展的新征程。经济发展，电力先行，广西电网公司持续加大电网投入，不断优化供电服务，特别是研究出台服务发展向海经济、推动海洋强区建设的20条重点举措，从电网规划、供电服务、发展清洁能源等八大方面，助力海洋强区建设，支持向海经济发展。

500千伏北海（福成）变电站正是广西电网公司响应国家北部湾经济区发展战略而投资建设的北海首座500千伏电压等级变电站，也是广西500千伏骨干网络的一个重要节点。2017年9月30日，500千伏北海（福成）变电站建成投产，使北海告别作为全区唯一没有500千伏重要电源支撑点地级市的历史，是北海电网建设的又一重要里程碑；可从根本上提高北部湾电网的供电能力和供电可靠性，不断优化和增强北部湾电网结构，为北部湾发展向海经济提供更加坚强可靠的电力支撑。

2019年12月10日，中国建筑业协会在北京隆重召开建筑业科技创新暨2018—2019年度中国建设工程鲁班奖（国家优质工程）表彰大会，交流建筑业科技创新成果，表彰241项获鲁班奖工程。其中，广西有4个项目获奖，500千伏北海（福成）变电站作为唯一一个电力工程，也是广西电网公司首个获得中国建设工程鲁班奖（国家优质工程）的工程，开创了广西电网公司基建工程新的历史篇章。

一、广西电网公司党组决策，明确项目建设目标

自党的十八大以来，党中央高度重视高质量发展的战略意义。广西电网公司党组积极响应党中央号召，以满足人民日益增长的美好生活需要和为社会经济发展提供优质电源保障为根本目的，以

完善电网网架结构和建设高质量的电网项目为抓手，继 500 千伏美林变电站工程获国家优质工程奖、220 千伏排岭变电站工程获中国安装工程优质奖后，把 500 千伏北海（福成）变电站建设创优目标确定为"中国建设工程鲁班奖（国家优质工程）"，以此推动广西电网基建项目建设质量全面迈上新台阶。

在广西电网公司党组统一领导下，公司上下同心，基建部、生技部、物资部、系统部等机关职能部门，对 500 千伏北海（福成）变电站建设进行全程检查指导。公司党组书记和党组成员多次深入现场调研指导，解决项目建设过程中遇到的重大问题，基建部、物资部和生技部等部门人员经常到现场帮助解决技术难题和设备材料有关问题等，有力推动了项目建设向前迈进。

二、广西电网有限责任公司电网建设分公司党委多措并举，积极推进

广西电网有限责任公司电网建设分公司党委根据广西电网公司党组的决策和部署，及时采取了积极有效的举措：一是组织各参建单位党委书记及党总支书记召开通报会，传达广西电网公司党组对本工程建设目标要求，统一思想，凝心聚力，建造精品；二是挑选在项目管理中获得国家优质工程奖和广西电网公司获得首个中国安装工程优质奖等具有建设管理经验的项目管理二部承担 500 千伏北海（福成）变电站的建设管理工作；三是要求各参建单位派出精英团队参与本工程项目建设工作，其中主体施工单位任命了广西电网公司获得首个中国安装工程优质奖的施工项目经理担任此工程施工项目经理；四是成立 500 千伏北海（福成）变电站创优领导小组，统一领导和部署创优有关工作，协调、解决创建中国建设工程鲁班奖过程中的有关重大问题；五是成立项目联合临时党支部，攻坚克难解决项目建设过程中遇到的难题。

在广西电网公司党组的正确领导下，各参建单位齐心协力，攻坚克难，创新创优，勇攀高峰。500 千伏北海（福成）变电站经过近两年的建设，于 2017 年 9 月顺利投产。经过近两年的高效安全运行，按程序逐级申报优质工程奖项，于 2019 年 12 月获得中国建设工程鲁班奖。同年 12 月，220 千伏北海紫荆变电站获得广西电网公司第二个中国安装工程优质奖，广西电网公司基建项目首次获得"双国优"，在建设高等级质量的电网工程征途上开启了新篇章。

第二节　500 千伏北海（福成）变电站工程概况

一、工程简介及特点

"500 千伏北海变电站工程"为项目建设核准名称，在投产运行时改为"500 千伏福成变电站工程"。基于这一缘由，本书统一表述为"500 千伏北海（福成）变电站工程"。

500 千伏北海（福成）变电站位于古代海上丝绸之路始发港合浦县，是国家"一带一路"海上丝绸之路北部湾出海港保供电项目，是中国 – 东盟博览会电网交流示范项目，是广西电网公司推进国家优化营商环境政策落地项目，是服务国家北部湾经济区发展战略合作项目。

全站总征地面积 76000 m²，其中围墙内占地面积 72112 m²。总建筑面积 1680 m²，其中主控通信楼建筑面积 780 m²。本期建设 2 组 750 MVA 主变压器，500 千伏电压等级本期出线 2 回，220 千伏电压等级本期出线 8 回。

久隆—北海（福成）500 千伏线路工程起自 500 千伏久隆变电站，终至 500 千伏北海（福成）变电站，线路全程 89.5 km，概算投资 18120 万元。

美林—北海（福成）500 千伏线路工程起自 500 千伏美林变电站，终至 500 千伏北海（福成）变电站，线路全程 137 km，概算投资 30133 万元。

500 千伏北海输变电工程项目总投资 74871 万元，竣工决算投资 73100 万元。2015 年 11 月 30 日开工，2017 年 9 月 30 日投运。

二、参建单位和质量监督单位

1. 项目法人：广西电网有限责任公司（简称"广西电网公司"）。
2. 建设单位：广西电网有限责任公司电网建设分公司（简称"电网建设分公司"）。
3. 设计单位：中国能源建设集团广西电力设计研究院有限公司（简称"电力设计院"）。
4. 监理单位：广西正远电力工程建设监理有限责任公司（简称"正远监理公司"）。
5. 施工单位：广西建宁输变电工程有限公司（主体工程施工单位，简称"建宁公司"），广西送变电建设有限责任公司（"三通一平"施工单位，简称"送变电公司"）。
6. 运行单位：广西电网有限责任公司北海供电局（简称"北海供电局"）。
7. 质量监督单位：广西电力建设工程质量监督中心站（简称"质量监督中心站"）。

三、部分单位简介

（一）广西电网有限责任公司电网建设分公司

广西电网有限责任公司电网建设分公司于 2009 年 8 月 10 日成立，位于广西南宁市，是广西电网有限责任公司直属的项目建设管理公司，主要职责是受广西电网有限责任公司委托组织实施 220 千伏及以上等级主电网项目建设管理和 500 千伏及跨地市 220 千伏项目前期管理工作，年平均完成电网基建投资约 20 亿元。

2009—2020 年，电网建设分公司累计完成电网建设投资 183.0856 亿元，建成 500 千伏变电站 3 座，220 千伏变电站 52 座，110 千伏变电站 22 座，500 千伏线路 1088 km，220 千伏线路 5663 km，110 千伏线路 903 km。其中，500 千伏北海（福成）变电站工程获中国建设工程鲁班奖（国家优质工程），实现广西电网在该奖项零的突破。500 千伏美林变电站工程获国家优质工程奖（国家级）。500 千伏金陵送出工程等 10 个项目获中国电力优质工程奖（行业级）。220 千伏排岭变电站、紫荆变电站、七彩变电站获中国安装工程优质奖。220 千伏歌标变电站等 13 个项目获广西建设工程"真武阁杯"奖（广西壮族自治区最高质量奖）。

电网建设分公司紧紧围绕南方电网公司"成为具有全球竞争力的世界一流企业"的企业愿景，秉承"策划、规范、改善、卓越"工作理念，传承弘扬"知行建匠"精神，着力提升主电网基建管理水平，持续铸造精品工程，打造广西主电网建设标杆团队，为"建设壮美广西 共圆复兴梦想"贡献力量。

（二）中国能源建设集团广西电力设计研究院有限公司

中国能源建设集团广西电力设计研究院有限公司成立于 1958 年，注册资本达 6 亿元，是全国唯一集水电、火电、电网勘察设计于一体的甲级综合性勘察设计企业。电力设计院立足电力行业，主要从事电力规划研究、咨询、评估与工程勘察、设计、服务、工程总承包、监理及相关专有技术产品开发等业务，致力为政府部门、金融机构、投资方、发展商和项目法人提供电力工程一体化的解决方案。

作为广西电力工程服务行业的"排头兵"，电力设计院业务覆盖区内外，甚至远达东南亚、非洲的一些国家和地区。截至 2021 年 5 月，累计完成电力系统规划等前期项目设计 1000 多项；各级电网调度自动化及通信系统设计 200 多项；35 ～ 500 kV 变电站设计 412 项，总变电容量 73018 MVA；35 ～ 1100 kV 送电线路工程设计 918 项，线路规模 34134 km；各类电缆咨询评审项目 300 多项。共参与和完成水电勘察设计项目 100 多项，总装机容量达 26000 MW，创下了我国水电史上多个第一。火电业务已具备独立完成 1000 MW 和 660 MW 超临界机组的勘察设计业绩和能力，共参与和完成国内外火电工程勘测设计项目 380 多项，总装机容量 76000 MW。

按照中国能建"行业领先，世界一流"的战略愿景，力争占领高端电力设计市场，持续向工程总承包市场和国际市场转型，大力开拓非电市场，努力打造成为科技型、管理型、国际化、多元化的工程公司。

（三）广西建宁输变电工程有限公司

广西建宁输变电工程有限公司系广西具备规模的一级电力施工企业，拥有输变电工程专业承包一级、电力工程施工总承包二级、房屋建筑工程施工总承包三级、水利水电工程施工总承包三级、市政公用工程施工总承包三级等执业资质，具有国家能源局南方监管局核发的电力设施承装类一级、承修类一级、承试类二级资质许可证，具有广西壮族自治区质量技术监督局核发的拉力试验认定书。建宁公司主要承建各种电压等级的输电线路、变电站、配电工程、光缆工程及房屋建筑工程等的施工，并从事普通货运、自营和代理一般经营项目商品和技术的进出口业务等经营项目。

自成立以来，建宁公司承建的送变电工程不仅遍及整个广西，还涉及广东、云南、贵州、四川、海南等省份乃至柬埔寨等东盟国家，所建工程质量全部达到国家验收标准，设备运行稳定、安全可靠。2002 年至 2021 年 5 月，共有 59 项工程获得 95 项省部级以上优质工程荣誉，其中中国建设工程鲁班奖 1 项、国家优质工程奖 1 项，中国安装工程优质奖 2 项、中国电力优质工程 7 项、南方电网基建优质工程 12 项、广西建设工程"真武阁杯"奖 2 项、广西优质工程 18 项、广西电网优质工程 53 项；2010 年至 2021 年 5 月，共有 52 个 QC 课题获得 64 项省部级以上 QC 成果奖励；2016

年至 2021 年 5 月，共获 9 项国家实用新型专利和 1 项国家发明专利。建宁公司获得多项省级以上电力系统及建筑业荣誉称号：中国电力企业联合会"电力多种经营优秀企业"、国家电力公司"全国电力多种经营优秀企业"、中国水利电力质量管理协会"全国电力行业质量管理小组活动优秀企业"、广西企业联合会"广西优质企业"。

建宁公司始终以安全生产为基础、以质量为中心，以满足并超越顾客需求为目标，积极推行品牌发展战略，用"优质的工程质量、优质的服务态度、优质的工程业绩"回报顾客、服务社会，为电力事业发展做出更大的贡献！

（四）广西正远电力工程建设监理有限责任公司

广西正远电力工程建设监理有限责任公司成立于 1996 年 8 月 13 日，具有电力工程监理甲级、工程造价咨询甲级、房屋建筑工程监理乙级、市政公用工程监理乙级等执业资质，业务类型包括资质范围内的电网工程、火电工程、风电工程、光伏发电工程、房屋建筑工程、市政工程和各类工程的造价咨询。公司设综合部、工程部、计经部、技术部和财务部 5 个直属职能部门，下设南宁分公司、南宁恒宇分公司、柳州分公司、桂林分公司、玉林分公司、造价咨询分公司 6 个分支机构。正远监理公司人力资源充足、技术力量雄厚、工程管理经验丰富，截至 2021 年 5 月，有员工 591 人，其中国家注册监理工程师 68 人，国家注册造价工程师 12 人，国家注册一级建造师 16 人，国家注册安全工程师 29 人。

经过多年的发展，正远监理公司已成为专业化、规范化、制度化的技术型企业，多次被评为广西先进工程监理企业、全国电力建设优秀监理企业、全国电力建设行业统计工作先进单位，是中国电力建设企业协会 AAA 级信用企业，在同行业中享有较高的信誉。所监理的工程多次获国家级、省部级、地市级优质工程荣誉。

正远监理公司及全体员工始终遵循"守法、诚信、公正、科学"的执业准则，秉承"守法诚信、严格监理、优质服务、保护环境、关爱生命、持续发展"的管理方针，认真履行合同，严格遵守监理工作规范和职责，共创业主满意、社会认同的工程，以科技进步为引领，不断提升核心竞争力，努力将公司建设成为国内一流的电力监理企业。

（五）广西电网有限责任公司北海供电局

广西电网有限责任公司北海供电局成立于 1985 年 1 月，截至 2021 年 5 月，目前全局共设有 13 个职能部室、10 个业务支撑实施机构，并管辖 2 家县级供电企业（北海合浦供电局、北海市涠洲供电有限公司）。北海网区用工总量 1401 人，其中局本部 710 人。

北海网区供电面积 3337 km²，供电客户 77 万户。2017 年 9 月 30 日，500 千伏北海（福成）输变电工程建成投产，结束了北海作为全区唯一没有 500 千伏重要电源支撑点的地级市历史。截至 2021 年 5 月，有北海电厂 1 座，装机容量 2 万 ×32 万 kW；在建神华国华广投北海电厂 1 座，装机容量 2 万 ×100 万 kW。北海网区资产总额 40.54 亿元，共有 35 千伏及以上变电站 44 座（其中，500 千伏变电站 1 座，220 千伏变电站 7 座，110 千伏变电站 18 座，35 千伏变电站 18 座）。35 千伏及以上输电线路 1785.92 km，公用配电线路 6081.49 km；变压器总容量 510.62 万 kVA，10 千伏及以下公用配电变压器总容量 155.24 万 kVA。

　　近年来，北海供电局先后获得全国文明单位、全国五一劳动奖状、全国精神文明建设工作先进单位、全国模范职工之家、全国厂务公开民主管理工作先进单位、全国电力行业用户满意服务企业、全国"安康杯"竞赛优胜企业、全国电力行业质量管理活动优秀企业等国家级荣誉。

第二章　鲁班奖评选

第一节　鲁班奖评选发展历程

　　鲁班是我国古代优秀的工匠和杰出的发明家，在人们心目中，是富于智慧、勤于思考、勇于探索、善于创新的工匠楷模，集匠心、师道、圣德于一身。作为"匠"，他技巧制器，规矩立身，怀匠心；作为"师"，他授业解惑，至善育人，严师道；作为"圣"，他创制垂法、博施济众，怀圣德。他给后人留下丰富的精神财富，形成了集鲁班传说、鲁班发明、鲁班信仰、鲁班精神于一体的鲁班文化，成为中华传统文化的重要组成部分。

　　中国建设工程鲁班奖（国家优质工程），是对鲁班精神和文化的一种传承。鲁班奖创立以来，在建筑行业深入人心，有力地推动了建筑业企业和建设单位不断提高管理水平、创新技术手段、勇攀工程质量高峰、追求更高品质。

　　1987年鲁班奖设立时，为了起到"评出一批，推动全国"的作用，中国建筑业联合会（中国建筑业协会前身）决定每年评优的工程额不超过20项。在实际评选中，评委会坚持好中选优的原则，以宁缺毋滥的态度严格评审、严格把关。1987年申报30项，只有12项工程获奖，1988年从39项工程中评出18项，连续两年未用满20项的指标。

　　随着我国建设工程项目越来越多，工程施工水平不断提高，1994年开始，鲁班奖获奖数额上限增加至30项。1996年，建设部为贯彻中共中央办公厅、国务院办公厅《关于严格控制评比活动有关问题的通知》精神，经研究决定，将"国家优质工程奖"与"建筑工程鲁班奖"合二为一，定名为"中国建筑工程鲁班奖（国家优质工程）"。建设部和中国建筑业协会联合发出《关于颁发1996年度"中国建筑工程鲁班奖（国家优质工程）"决定》，向69项国家优质工程和32项鲁班奖工程（共计101项工程）授予鲁班奖金像和荣誉证书。2000年起，"中国建筑工程鲁班奖（国家优质工程）"每年评选数额定为80项。2008年，将"中国建筑工程鲁班奖（国家优质工程）"更名为"中国建设工程鲁班奖（国家优质工程）"，获奖工程数额不超过100项。2010年，根据全国清理规范评比达标表彰工作联席会议办公室《关于评比达标表彰保留项目的通知》要求，鲁班奖改为每两年评选一次。2013年，《中国建设工程鲁班奖（国家优质工程）评选办法》（建协〔2013〕24号）中将相关内容修改为"每两年评选一次"，将"获奖工程数额不超过100项"修改为"获奖工程数额不超过200项"。现行的《中国建设工程鲁班奖（国家优质工程）评选办法（2017年修订）》（建协〔2017〕2号）对获奖工程数额作了修订，由于原2013年版《中国建设工程鲁班奖（国家优质工程）评选办法》中关于鲁班奖每两年获奖工程数额不超过200项的规定已实行8年，在此期间我国工程建设规模逐年提升，符合鲁班奖评选条件的工程逐年增加，应广大建筑业企业和各地建筑业协会、行业建设协会的要求，并经建设主管部门同意，将《中国建设工程鲁班奖（国家优质工程）评选办法》第五条中"获奖工程数额不超过 200 项"修改为"获奖工程数额不超过 240 项"。

鲁班奖评选工作始终坚持"高标准、严要求、优中选优、宁缺毋滥"的原则，从诞生之日起就制定了评选办法，在 1994 年、1996 年、1999 年、2000 年、2008 年、2013 年和 2017 年先后修订了 7 次，评选工作日趋成熟和完善。在达到规定规模的前提下，必须是列入各地区或部门建设计划、严格履行了工程建设基本程序、工程竣工后经过一年以上的使用检验、按规定完成了全面验收的新建工程才能申报鲁班奖。工程施工质量除要符合国家和行业标准外，还必须达到全国同类工程的领先水平，是省（部）范围评出的质量最优工程。

第二节　鲁班奖评选基本要求及流程

一、申报项目基本要求

申报鲁班奖的工程必须满足中国建筑业协会颁布的《中国建设工程鲁班奖（国家优质工程）评选办法》规定的条件，质量应达到国内领先水平。一般应从以下几方面对工程整体水平进行综合评价。

（一）工程必须安全、适用、美观

1. 各项技术指标均符合或严于国家标准、规范、规程和工程建设标准强制性条文的要求。

2. 工程设计先进合理，功能齐全，满足使用要求。

3. 地基基础与主体结构在全寿命周期内安全稳定可靠，满足设计要求。

4. 设备安装规范，安全可靠，管线布置合理美观，系统运行平稳。

5. 装饰工程细腻，观感质量上乘，工艺考究。

6. 工程资料内容齐全、真实有效、具有可追溯性，且编目规范。

（二）积极推进科技进步与创新，施工过程坚持"四节一环保"

1. 积极采用新技术、新工艺、新材料、新设备，其中有一项国内领先水平的创新技术或采用建设部"建筑业 10 项新技术"不少于 6 项。

2. 已列入省（部）级的建筑业新技术应用示范工程和绿色施工示范工程，并验收合格。

3. 工程专项指标（节能、环保、卫生、消防）验收合格，在环保方面符合国家有关规定。

（三）工程管理科学规范

1. 质量保障体系健全，岗位职责明确，过程控制措施落实到位。

2. 运用现代化管理方法和信息技术，实行目标管理。

3. 符合建设程序，规章制度健全，资源配置合理，管理手段先进。

（四）综合效益显著

1. 项目建成后产能、功能均达到或优于设计要求。

2. 主要技术经济指标处于国内同行业同类型工程领先水平。

3. 使用单位非常满意，经济与社会效益显著。

（五）电网工程创优质工程奖的规模要求

1. 电压等级在 500 千伏及以上的变电站工程可以申报鲁班奖（投资额 2 亿元及以上）。

2. 电压等级在 500 千伏及以上的送变电工程可以申报国家优质工程奖（特指变电电压 500 千伏及以上）。

3. 500 千伏以下工程属于中小型电力工程，不具备申报鲁班奖、国家优质工程奖的条件，电压等级 220 千伏及以上的变电站工程（投资额 8000 万元及以上）、电压等级 220 千伏及以上的输电线路工程（线路长度 50 千米及以上）可以申报中国安装工程优质奖。

4. 鲁班奖评选办法中虽有其他电力工业投资 2 亿元以上工程也可以申报鲁班奖的说明，但具体需咨询中国电力建设企业协会，此项内容主要针对风电等项目。

5. 电压等级 220 千伏及以上的输变电工程（线路长度 50 千米及以上、没有投资额限制）可以申报中国电力优质工程奖。

上述规模要求，各协会会随着经济社会发展而做调整。

二、 申报项目必备条件

1. 符合法定建设程序、国家工程建设强制性标准和有关省地节能环保的规定，工程设计先进合理，并已获得本地区或本行业最高质量奖。

2. 工程项目已完成竣工验收备案，并经过一年以上使用，无质量缺陷和质量隐患。

3. 申报单位应没有不诚信的行为。申报工程原则上应已列入省（部）级的建筑业新技术应用示范工程或绿色施工示范工程，并验收合格。

4. 积极采用新技术、新工艺、新材料、新设备，其中有一项国内领先水平的创新技术或采用"建筑业 10 项新技术"不少于 6 项。

5. 申报国家优质工程奖和中国安装工程优质奖的项目，同样需要具备上述基本条件。

三、国家级优质工程申报流程

评选过程分为申报、初审、复查和评审四个阶段。在申报阶段，各地方、部门协会对本地区、本系统符合条件的工程进行筛选，按照建议推荐名额择优推荐，将申报资料递交中国建筑业协会。在初审阶段，中国建筑业协会依据评选办法中规定的评选条件对所有申报工程的申报资料进行审核，符合要求的工程列入复查计划，不符合要求的则退出评选程序。在复查阶段，聘请有实践经验的专家组成若干复查组，对列入复查计划的申报工程实体和工程资料逐一进行现场检查，并征求用户意见，形成复查报告。在评审阶段，聘请权威专家组成评审委员会，在观看工程录像、听取复查组汇报、综合评议和质询后，以无记名投票方式产生评审结果，报住房和城乡建设部审核，向全国公示后确定获奖工程。

（一）中国建设工程鲁班奖申报路径

截至 2020 年底，广西区内有两条路径（图 1-1）可获得申报中国建设工程鲁班奖推荐资格。

路径一：先后取得广西电网公司优质工程、南方电网公司优质工程、中国电力优质工程后，向中国电力建设企业协会申请推荐资格，然后由中国电力建设企业协会择优向中国建筑业协会推荐。

路径二：先后取得广西电网公司优质工程、广西建设工程"真武阁杯"奖后，向广西建筑企业联合会申请推荐资格，然后由广西建筑企业联合会择优向中国建筑业协会推荐。

两条路径中，中国电力建设企业协会和广西建筑企业联合会两家协会依据限定名额，向中国建筑业协会推荐参加中国建设工程鲁班奖（国家优质工程）评选项目。对比两条申报路径的协会职责范围，采用第一条电力专业申报路径更适合广西电网公司实际情况。

中国电力建设企业协会向中国建筑业协会每年争取的名额不超过 5 个，竞争极为激烈。

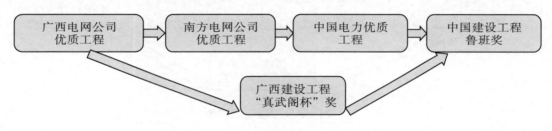

图 1-1　中国建设工程鲁班奖申报路径

（二）国家优质工程奖申报路径

截至 2020 年底，广西区内有两条路径（图 1-2）可获得申报国家优质工程奖推荐资格。

路径一：先后取得广西电网公司优质工程、南方电网公司优质工程、中国电力优质工程后，向中国电力建设企业协会申请推荐资格，然后由中国电力建设企业协会择优向中国施工企业管理协会推荐。

路径二：先后取得广西电网公司优质工程、广西建设工程"真武阁杯"奖后，向广西建筑企业联合会申请推荐资格，然后由广西建筑业联合会择优向中国施工企业管理协会推荐。

中国电力建设企业协会向中国施工企业管理协会每年争取的名额在 25 个左右。

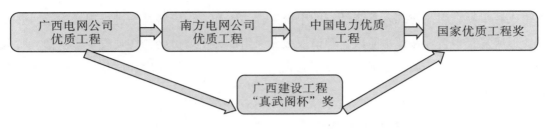

图 1-2　国家优质工程奖申报路径

（三）中国安装工程优质奖申报路径

截至 2020 年底，广西区内有两条路径（图 1-3）可获得申报中国安装工程优质奖推荐资格。

路径一：先后取得广西电网公司优质工程、南方电网公司优质工程、中国电力优质工程后，向中国电力建设企业协会申请推荐资格，然后由中国电力建设企业协会择优向中国安装协会推荐。

路径二：先后取得广西电网公司优质工程、广西建设工程"真武阁杯"奖后，向广西建筑业联合会申请推荐资格，然后由广西建筑业联合会择优向中国建筑业协会推荐。

中国电力建设企业协会向中国安装协会每年争取的名额在 30 个左右。

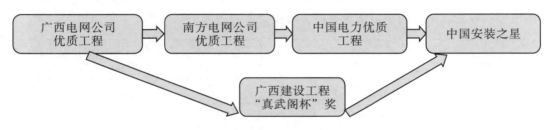

图 1-3　中国安装工程优质奖申报路径

（四）各层级奖项申报时间及要求

1. 广西电网公司优质工程奖：每年 11 月申报，12 月复查，工程需要在当年 9 月 30 日前竣工。

2. 南方电网公司优质工程奖：每年由广西电网公司基建部对上一年度广西电网公司优质工程进行筛选后向南方电网公司申报，1—2 月间复查。若要申报南方电网公司优质工程奖，工程设计单位宜在上一年度 11 月申报南方电网公司优秀设计奖。

3. 中国电力优质工程奖：每年 2—3 月网络申报，3—4 月现场复查，工程需要在上一年度 6 月 30 日前完工，且申报前完成地基结构、绿色施工、新技术应用、质量评价等 8 个专项验收。

4. 广西建设工程优质奖：每年 12 月申报，1 月复查。工程必须取得广西电网优质工程奖才可申报。

5. 中国建设工程鲁班奖、国家优质工程奖和中国安装工程优质奖：每年 5—7 月在网上申报和向中国电力建设协会提交原件复核，8—10 月现场复查。需要高排序取得中国电力优质工程奖才能得到中国电力建设企业协会推荐申报资格。

以上为各奖项正常年份的申报时间，具体时间以各奖项当年评选通知为准，申报单位需密切关注。

第三节 鲁班奖参评合规性与设计先进性要求

一、 合法合规性文件要求

申报中国建设工程鲁班奖、国家优质工程奖和中国安装工程优质奖的项目，工程建设全过程必须符合法律法规的要求，取得工程建设合法合规性、专项验收等主要文件。专项验收必须是由国家行政机关或地方行政部门颁发，同时级别和有效性要满足规定要求。

二、工程设计先进合理

争取中国建设工程鲁班奖、国家优质工程奖和中国安装工程优质奖，设计先进性证明需要取得省部级优秀设计奖。在广西，一般可以向广西勘察设计协会、中国电力规划协会等协会申报。由于申报鲁班奖的工程都为各行各业精品工程，竞争激烈，需要先取得省部级优秀设计一等奖以增强竞争力。

三、取得地区或本行业最高质量奖

争取中国建设工程鲁班奖、国家优质工程奖和中国安装工程优质奖，取得"本地区或本行业最高质量奖"是必须满足的基本条件。若由中国电力企业协会推荐，则必须取得中国电力优质工程；若由广西建筑业联合推荐，则必须取得广西建设工程"真武阁杯"奖。

精心策划

第一章　组织保障　党建引领

第一节　组织保障

工程项目建设伊始，在广西电网有限责任公司电网建设分公司积极协调下，各参建单位统一思想、勠力同心、精诚合作，建立了创优管理机构，确保项目在达标投产基础上获得南方电网优质工程奖、中国电力优质工程，争创中国建设工程鲁班奖。

一、成立创优领导小组

为做好 500 千伏北海（福成）变电站创中国建设工程鲁班奖的相关工作，经电网建设分公司、北海供电局、建宁公司、送变电公司、电力设计院、正远监理公司等六家单位研究决定，成立由各参建单位组成的 500 千伏北海（福成）变电站创鲁班奖工程工作领导小组（简称"创优领导小组"），负责对 500 千伏北海（福成）变电站创鲁班奖工程建设管理的相关工作进行部署和协调。下设办公室负责日常工作。

（一）500 千伏北海（福成）变电站创中国建设工程鲁班奖工作领导职责

负责 500 千伏北海（福成）变电站创中国建设工程鲁班奖工作的统一领导和部署，协调、解决创优过程中的有关重大问题。

（二）500 千伏北海（福成）变电站创中国建设工程鲁班奖办公室职责

1. 协助创优领导小组开展日常工作，负责落实创优领导小组形成的有关决议和决定；审核创鲁班奖工程总策划；及时研究创优工程实施过程中出现的问题，向创优领导小组提出工作建议和改进措施；完成创优领导小组交办的工作任务。

2. 负责工程质量、安全、进度、投资等方面的指导、监督、检查和协调工作。按创鲁班奖工程策划，监督、检查工程建设中各项工作的落实和执行情况。

3. 负责工程资料的收集整理、档案专项验收等方面的指导、监督、检查和协调工作。

二、各参建单位成立项目管理部

各参建单位依照项目管理规定和合同约定，分别成立了业主项目部、设计组、施工项目部、监理部等项目管理部，负责完成本工程项目建设全过程合同约定职责和任务，为工程创新创优增值增效。

三、成立安全生产委员会

为了贯彻落实"安全第一、预防为主、综合治理"的安全生产方针，加强和完善工程建设安全管理工作，经电网建设分公司、北海供电局、建宁公司、送变电公司、电力设计院和正远监理公司等六家公司共同研究，成立了 500 千伏北海送变电工程安全生产委员会。

安全生产委员会主要职责：

1. 研究、制定和落实项目安全管理要求及分析预控措施。

2. 协调解决工程建设中重大的安全文明施工问题。

3. 检查了解各施工项目和各工种工序的安全文明施工等情况。

4. 负责组织编制本项目应急预案、开展应急培训和应急演练、决定应急响应的启动和终止，以及指挥实施应急救援。

四、成立档案管理工作领导小组

为规范和加强 500 千伏北海送变电工程竣工档案资料的收集、整理、移交，确保项目竣工文件资料的安全、完整、准确、系统，达到争创中国建设工程鲁班奖档案资料的标准，在广西电网公司办公室和基建部指导下，由电网建设分公司、北海供电局、送变电公司、电力设计院、建宁公司和正远监理公司等六家公司成立了档案管理工作领导小组。下设办公室，负责项目建设过程文件资料的有效管控，组织编写档案管理策划方案，实现工程建设同步建设、同步收集、同步整理、按时移交档案的目标。

500 千伏北海送变电工程各单位档案管理职责：

1. 广西电网公司办公室负责培训、指导、监督和考核各业务职能部门对项目文件的收集、整理和移交，参加工程竣工档案验收、项目资料归档审查工作，牵头组织建设项目档案的专项验收工作。

2. 广西电网公司基建部负责职责范围内的项目建设过程管理资料的收集、整理、移交，负责组织协调、督促参建单位收集、整理、移交项目文件。会同办公室完成项目档案管理制度和业务规范的制定及执行检查工作。

3. 电网建设分公司负责对职责范围内形成的项目建设过程管理文件进行收集、整理和移交；负责协调和督促参建单位完成职责范围内项目资料的收集、整理；组织人员对参建单位收集整理的项目资料进行归档审查；负责督促参建单位履行归档职责，完成归档工作；协助开展项目档案专项验收工作。

4. 正远监理公司负责监督、检查项目建设过程资料的收集、积累工作，使其完整、准确、系统；审核、签认竣工文件；负责工程项目监理资料的收集、整理；负责监督和检查施工、设计单位形成的项目施工、竣工文件的收集、整理、归档情况；按合同条款要求向建设单位移交经归档审查合格的项目文件；开展竣工档案质量审查；参加项目档案专项验收工作。

5. 电力设计院负责项目设计资料的收集、整理；参加项目资料归档审查工作，按合同条款要求向建设单位移交归档审查合格的项目资料；参加项目档案验收工作。

6. 送变电公司、建宁公司负责工程项目施工资料、设备资料的收集、整理；参加项目资料归档审查，按合同条款要求向建设单位移交归档审查合格的项目资料；参加项目档案验收工作。

7. 北海供电局负责属地管理职责文件资料和运行维护资料、数据信息资料的收集整理归档，参加项目资料归档审查，参加项目档案验收工作，按规定接收归档审查合格的项目资料；协助、配合达标投产和优质工程的申报材料收集、汇报，以及现场检查工作。

第二节　党建引领

一、成立联合临时党支部

为落实广西电网公司党组关于 500 千伏北海（福成）变电站工程争创中国建设工程鲁班奖的目标，把支部建在项目上，充分发挥党支部战斗堡垒作用和党员先锋模范作用，提高建设项目创新创优水平，解决建设过程中可能遇到的各种问题，经电网建设分公司党委、北海供电局党委、送变电公司党委、电力设计院党委、建宁公司党支部、正远监理公司党支部等共同研究，成立了 500 千伏北海送变电工程联合临时党支部。

二、联合临时党支部主要职责

1. 认真学习贯彻党的十八大精神和党的路线方针政策，贯彻执行上级党组织的决定决议和工作部署，加强项目施工现场党员教育管理工作，督促党员履行义务，开展好党内组织生活，保障党员权利。

2. 充分发挥联合临时党支部在项目施工一线的战斗堡垒作用和党员的先锋模范作用，通过组建项目建设突击队、成立党员攻关小组等形式，抓好施工现场安全生产、文明施工、工程创优、廉洁风险防控和重点难点问题攻关等工作。

3. 切实负责协调好项目建设中各方面的关系，及时化解矛盾，促进社会和谐，维护社会稳定，引导和监督项目建设单位依法施工，保证质量，安全生产，为项目建设营造良好的环境氛围。

三、联合临时党支部的管理

联合临时党支部所属党员的组织关系仍留在原支部，党员实行双重管理，党费交纳到原支部。联合临时党支部于 500 千伏北海送变电工程项目全部结束时自行撤销。

四、联合临时党支部设立五个攻关小组

联合临时党支部根据项目建设目标，设立了由设计精益管理、项目合规性文件办理、工程创优、安全质量进度精益管理和精益化验收五个攻关小组。每位支委负责带领一个攻关小组，将精益建设

和攻坚克难精神系统性地贯穿于整个工程建设全过程。

各攻关小组主要职责如下。

1. 工程创优攻关党小组职责。组长为本项目联合临时党支部书记、电网建设分公司项目经理，负责组织业主项目部编制创优总策划大纲，组织各参建单位根据业主策划大纲编制创优实施细则、明确创优目标、划分各参建单位攻关责任区、拟定攻关课题。监督、确保项目建设全过程按照创优策划开展管控。分析近年获国家优质工程奖项目的亮点和不足，建立亮点库和缺陷库，并组织设计、施工、监理人员进行专项培训，注意学习相关经验教训。定期邀请中国电力建设企业协会的国内电力建设知名专家对工程现场关键节点进行指导点评。在项目竣工投产后，负责组织从低往高各等级优质工程的申报和现场复查迎检的各项准备工作。

2. 安全质量进度精益管理攻关党小组职责。组长为本项目联合临时党支部副书记、项目主体施工单位项目经理，副组长为本项目联合临时党支部纪检委员、项目总监理工程师，负责带领党员骨干按计划推进项目安全质量进度目标，开展攻坚克难课题研究。确保施工过程安全措施到位，要求创新施工、采用先进工艺，开展科技创新、工法和 QC 课题研发等。全过程关键工序须经质量监督中心站监督检查并验收通过，质量合格后方可进入下道工序。开展绿色施工，确保高分通过中国电力建设协会全过程质量评价等专项验收。

3. 设计精益管理攻关党小组职责。组长为联合临时党支部组织委员、电力设计院设计组组长，负责带领党员和骨干，从设计方案上植入技术创新创优、科学先进、绿色环保设计理念，组织开展创新课题研究。

4. 项目合规性文件办理攻关党小组职责。组长为本项目联合临时党支部宣传委员、北海供电局基建部主任，负责带领攻关团队，强化内部办理合规性文件的协同性，积极与政府有关部门沟通，及时取得项目建设所需要的各种合规性文件。

5. 精益化验收攻关小组职责。组长为本项目联合临时党支部青年委员、北海供电局 500 千伏北海（福成）变电站站长，负责组织验收小组把验收关口前移，将验收重点转移到项目完工前的设计图纸、设备制造监督和施工过程质量监督等环节上。对设备技术规范书、以往项目设备存在的缺陷及对新技术规范应用、反措要求等进行审查落实，对产品出厂验收、现场开箱验收和安装调试等全过程"健康"指标进行严格把关。前一环节出现的问题没有解决，不放行进入下一环节，为后续验收问题"瘦身"，助力建设一个"零缺陷"的精品工程。

第二章　电网建设分公司策划大纲节选

依照 500 千伏北海（福成）变电站工程争创中国建设工程鲁班奖的目标，广西电网有限责任公司电网建设分公司为规范工程建设过程，保障工程创优活动贯穿于整个工程建设始终，2015 年 11 月编写此策划大纲，2016 年根据国家适用的法律法规和执行标准、规程规范进行修订。

第一节　工程建设目标

确保工程不发生安全和质量事故事件，建设质量达到中国建设工程鲁班奖水平，实现工期和造价目标可控；工程规范达标、绿色可靠、文档齐全、无重大和一般缺陷，工程建设质量和管理水平均达到国内领先水平。

工程质量评价高得分，确保实现高水平、高标准的达标投产，高排序获得中国电力优质工程奖，并获行业协会的推荐，获中国建设工程鲁班奖。

向生产部门移交一个"规范达标、绿色可靠、文档齐全、零缺陷"的基建工程。

一、质量目标

1. 工程质量符合有关设计、施工及验收规范要求，工程质量评定为优良。

2. 土建工程质量目标：分部分项工程质量合格率为 100%，单位工程优良率 100%。

3. 电气安装质量目标：分部分项工程质量合格率为 100%，单位工程优良率 100%。

二、安全、文明与环境目标

1. 安全目标。

（1）杜绝较大及以上人身事故、电力安全事故或设备事故。

（2）杜绝一般人身事故、有责任的一般电力安全事故或一般设备事故。

（3）不发生 3 人及以上人身轻伤事件，不发生有责任的二级及以上电力安全事件，不发生有责任的二级及以上设备事件。

（4）不发生有责任的重大及以上火灾、交通事故。

（5）不发生造成重大社会影响的公共安全事件。

（6）不发生有责任的Ⅰ级、Ⅱ级、Ⅲ级信息事件，不发生被国家能源局、公安等外部单位及南方电网公司正式通报的信息安全事件。

（7）杜绝重大伤亡，实现零伤亡施工。

2. 工程文明施工目标。

（1）执行标准、行为规范、施工有序、环境整洁。

（2）实施整理、整顿、清扫、清洁和素养（以下简称"5S"）的现场管理，树立现场文明施工典范。

（3）与当地居民关系和谐。

3. 职业健康目标。

（1）不发生员工集体中毒事件。

（2）不发生大面积传染病。

4. 工程环保目标。

（1）保护生态文明，不发生重大环境污染与破坏事故。

（2）环保设施与主设备同时设计、同时施工、同时验收投入使用，实现"三同时"。

（3）施工期间，施工及生活垃圾集中存放、妥善处理，施工、生活污水处理达标后排放；本着绿色环保、生态文明，创建资源节约型、环境友好型社会的原则，把节能、环保的要求落实到工程建设的每一个环节。实现环境效益、社会效益与经济效益统一。

5. 水土保持目标。

（1）不发生水土流失事件。

（2）水保设施与主设备同时设计、同时施工、同时验收投入使用，实现"三同时"的目标。

三、进度目标

按施工合同和广西电网公司年度进度计划目标完成。

四、造价管理目标

精心设计、精心施工、优化工程技术方案、合理控制造价，工程建设最终投资不超过初步设计审批概算值。

项目建成后功能均达到或优于设计要求；主要经济指标处于国内同行业同类型工程领先水平；经济与社会效益显著，使用单位满意，赢得社会各方高度赞誉。

五、技术目标

通过科技攻关及工程建设实践，建立和完善项目技术管理机制，提高项目设计、施工在新技术应用、创新等方面的技术水平，指导后续工程建设。

六、工程档案管理目标

工程文件资料真实、完整，与工程进度同步形成，按时整理归档，文档齐全、规范且具有可追溯性，资料归档率 100%、资料准确率 100%、案卷合格率 100%，通过档案管理专项验收。

七、管理目标

做好"基建一体化建设、5S 基建项目作业环境管理、安全风险管理体系、3C 绿色电网"的示范工作，全方位深入总结工程建设管理经验，形成一套完整的管理模式和控制手段，促进电网建设管理水平的提升。

第二节　执行标准

一、行业规定和管理办法（包括但不限于）

1.《建设工程质量管理条例》（2000 年 1 月 30 日中华人民共和国国务院令第 279 号）。

2.《建设工程安全生产管理条例》（2003 年 11 月 24 日中华人民共和国国务院令第 393 号）。

3.《中国电力优质工程奖评选办法》（2016 版）。

4.《国家优质工程奖评选办法》（2016 年版）。

5.《中国建设工程鲁班奖（国家优质工程）评选办法》（2016 年修订）。

6.《中国建设工程鲁班奖（国家优质工程）复查工作细则（试行）》（建协〔2011〕19 号）。

7.《国家重大建设项目文件归档要求与档案整理规范》（DA/T 28—2002）。

8.《建设工程勘察设计管理条例》（2015 年 6 月 12 日中华人民共和国国务院令第 662 号）。

二、行业标准、验收标准及规程规范（包括但不限于）

1.《电力建设工程施工安全监督管理办法》（中华人民共和国国家发展和改革委员会令第 28 号）。

2.《建筑电气工程施工质量验收规范》（GB 50303—2015）。

3.《建筑工程质量检测管理办法》（2015 年 5 月 4 日修正版，中华人民共和国住房和城乡建设部令第 24 号修正）。

4.《国家能源局综合司关于印发火力发电、输变电工程质量监督检查大纲的通知》（国能源安全〔2014〕45 号）。

5.《建筑工程五方责任主体项目负责人质量终身责任追究暂行办法》（建质〔2014〕124 号）。

6.《电力建设绿色施工示范工程管理办法》（2016 版）。

7.《建筑物变形测量规范》（JGJ 8—2016）。

8.《输变电工程达标投产验收规程》（DL 5279—2012）。

9.《科学技术档案案卷构成的一般要求》（GB/T 11822—2008）。

10.《电力工程竣工图文件编制规定》（DL/T 5229—2016 版）。

11.《电力建设新技术应用示范工程管理办法》（2016 版）。

12.《建设工程项目管理规范》（GB/T 50326—2001）。

13.《工程建设标准强制性条文房屋建筑部分》（2013 版）。

14.《工程建设标准强制性条文电力工程部分》（2011 版）。

15.《建筑工程施工质量评价标准》（GB/T 50375—2006）。

16.《建筑节能工程施工质量验收规范》（GB 50411—2014）。

17.《建筑工程施工质量验收统一标准》（GB 50300—2013）和配套的现行建筑工程各专业施工质量验收规范。

18.《电力建设施工质量验收及评价规程》（DL/T 5210.1—2012）。

19.《建筑物防雷装置检测技术规范》（GB/T 21431—2015）。

20.《污水排入城镇下水道水质标准》（GB/T 31962—2015）。

21.《建筑电气工程施工质量验收规范》（GB/T 50303—2015）。

22.《建筑施工安全检查标准》（JGJ 59—2011）。

23.《建设工程监理规范》（GB/T 50319—2013）。

24.《电力建设工程监理规范》（DL/T 5434—2009）。

25.《全国建筑业创新技术应用示范工程管理办法（试行）》（2016 版）（建协〔2016〕24 号）。

26.《全国建筑业绿色施工示范工程管理办法（试行）》（2010 版）（建协〔2010〕15 号）。

三、强制性条文执行清单（包括但不限于）

详见附录一。

四、执行中国南方电网公司规程规范和管理规定

1.《标准设计和典型造价总体技术原则》（Q/CSG1110 2001—2013）。

2.《中国南方电网有限责任公司安全生产问责管理规定》。

3.《中国南方电网有限责任公司电力安全工作规程》。

4.《中国南方电网有限责任公司安全管理规定》。

5.《中国南方电网有限责任公司安全监督工作规定》。

6.《安全生产风险管理体系审核业务指导书》。

7.《中国南方电网有限责任公司安全工作规程考试管理业务指导书》。

8.《中国南方电网有限责任公司安全生产风险管控监督业务指导书》。

9.《中国南方电网有限责任公司电力安全工器具管理业务指导书》。

10.《中国南方电网有限责任公司隐患治理监督和安全检查业务指导书》。

11.《中国南方电网有限责任公司基建项目作业环境管理（5S）工作指引》。

12.《中国南方电网有限责任公司基建项目承包商管理业务指导书》。

13.《中国南方电网有限责任公司基建达标投产及工程评优管理业务指导书》（Q/CSG 433033—2014）。

第三节　各参建单位项目管理部职责

一、电网建设分公司项目管理部主要职责

1. 主要职责。

（1）负责落实创优领导小组形成的有关决议和决定；编制和审核创鲁班奖工程总策划和项目建设管理大纲；及时研究创鲁班奖项目工作中出现的问题，向创优领导小组提出工作建议和措施；完成创优领导小组交办的工作任务。

（2）负责工程质量、安全、进度、投资等方面的指导、监督、检查和协调工作。按争创鲁班奖策划、监督、检查工程建设中各项创优工作的落实和执行情况。

（3）负责工程档案资料的收集整理、档案专项验收等方面的指导、监督、检查和协调工作。

2. 在工程开工前组织编制、审核下列质量管理策划。

（1）项目建设管理大纲，施工组织设计方案。

（2）执行法律法规和标准清单。

（3）工程建设强制性条文实施计划。

（4）一级工程进度网络图。

（5）施工图交付计划要求。

（6）设备或大宗材料的供货计划。

（7）提交质量监督申报书。

（8）建设单位的工程监管计划。

（9）项目文件归档管理实施细则。

（10）确定科技成果、专利、工法和 QC 成果实施计划。

3. 在创优领导小组的统一领导下，组织设计、监理、施工、供应商等相关责任主体，认真贯彻落实创中国建设工程鲁班奖策划的各细分目标、措施及要求；通过合同管理、组织协调、目标控制、风险管理和信息管理等措施手段，保证各细分建设目标实现。

（1）组织设计、监理、施工、调试、生产运行等单位，建立工程项目的质量管理组织机构和全过程质量管理控制网络。

（2）对工程建设质量总目标进行分解，制定具体的实施措施及检查管理措施，明确质量责任。

4. 按照国家有关法律、法规组织办理工程建设合法合规性文件，办理质量监督注册手续。

5. 加强对全过程质量控制的监管，实施定期和关键节点的检查与测量，确保工程质量一次检验

合格率达 100%。

6. 按国家和行业的有关规定，组织监理单位独立实施施工质量评价。

7. 工程建设过程中，组织开展科技创新、技术进步等活动，总结提升并形成科技创新、工法、QC、专利、企业标准等成果。

8. 按照环保水保审批大纲要求，组织参建单位提出落实方案，监督检查其实施情况，做好"四节一环保"工作。

二、电力设计院设计组主要职责

根据建设工程质量达标、创鲁班奖总目标，在工程项目设计阶段进行下列质量管理策划。

1. 获省部级以上优秀工程设计奖（一等奖）。

2. 设计优化。根据创鲁班奖实施细则，严禁出现国家明令禁止和限制使用的设备、材料和技术。

3. 科技进步与创新。推广应用"四节一环保"（节地、节水、节材、节能、环境保护）、低碳技术、科技创新、技术进步、"五新"（新技术、新工艺、新设备、新产品、新材料）技术。至少推广应用建筑业新技术、新材料 6 项，获科技进步奖不少于 2 项。

4. 其他质量管理文件。在创鲁班奖实施细则的创优保障措施中，补充电力建设房屋工程质量通病防治工作规定相关内容，制订防治措施。

5. 在工程开工前应编制下列管理文件，报建设单位审核、批准。

（1）设计质量管理体系。

（2）设计强制性条文实施细则。

（3）设计在创鲁班奖实施细则里的保障措施，补充建设房屋工程质量通病防治工作规定中的相关内容，在工程图纸设计中采取相应的通病防治措施及创鲁班奖施工专项方案和创鲁班奖细部做法详图。

（4）设计图纸交付计划，满足合同与施工进度对设计图纸的需求。

（5）获得省部级科技进步奖 2 项以上，QC 成果 3 项以上。

三、建宁公司、送变电公司施工项目部主要职责

1. 建立全面的项目管理目标。要做到全程完全、工期正点、全程安全、文明施工达标、环境管理一流、用户服务满意等。为实现鲁班奖的质量管理目标，组织编写创优工程策划实施细则。针对创优目标，项目部必须成立以项目经理为组长、项目总工程师和有关部门人员组成的创优工作领导小组，做好创优工作的组织、协调、部署、落实，并明确责任、分工负责；编制质量计划、环境管理方案、质量管理方案、质量保证预控措施、项目创优计划、项目管理制度、分包管理制度、教育培训计划、用户服务计划等。

2. 明确创优重点工作。鲁班奖工程必须做到"精品中的精品"，突出创优的思路，突出事前及事中的控制，突出建立精品工程和经济效益并重，达到管理完善、工程质量完美、工程资料完整。

（1）重点提高思想认识。树立"创新、创优、提高"的意识，将创建鲁班奖工程精品意识贯穿到工程施工的每个环节。在观念、管理思路、技术进步等方面全面创新；在施工过程中优化施工工艺，达到一次成优；在项目管理上不断提高人员素质，不断提高人员管理水平，提升操作技艺，实现高标准的质量目标。

（2）提升管理重点内容。进行工序质量控制的研究，编制企业工艺操作规程，不断改进操作技艺、提高操作技能，用操作质量来实现工程质量目标。采取事前和事中控制、成品保护等措施，达到工艺精湛、成品精致，实现精品、效益双控制目标。

（3）施工项目部在工程开工前，重点编制质量管理文件，经监理、业主项目部审核批准后实施，质量管理文件应包括但不限于以下内容。

①施工组织设计。

②施工达标投产、创鲁班奖实施细则。

③施工质量验收范围划分表。

④工程建设强制性条文实施计划，以及包括强制性条文在内的工程执行法律法规和标准清单。

⑤"五新"技术、QC 小组实施计划和工法、实用新型专利和发明专利，并编制实施计划。通过评审的省部级及以上科技示范工程，其成果达到国内先进水平。获得省部级及以上工法和发明专利不少于 1 项、实用型技术专利不少于 3 项、科技进步奖不少于 3 项。

⑥重大施工方案按规定审批。

⑦施工质量监控制度。

⑧特种设备安全操作规程。

⑨特殊施工部位施工安全技术措施，争创中国建设工程鲁班奖施工专项方案和细部做法作业指导书，以及电力建设房屋工程质量通病防治工作规定相关内容和通病防治措施。

⑩绿色施工措施。

3. 建立质量管理体系文件并有效运行。重点在策划创优工程亮点，突出创鲁班奖难点；细化工程工艺流程，对工程亮点的实施必须采取样板引路，严格工艺流程，制定过程控制、验收检查、成品保护等相关制度，并确保措施落到实处。

4. 在创优领导小组的统一领导下，依据创优总策划，围绕工程创鲁班奖目标进行施工整体策划，负责施工创鲁班奖细则的编制和滚动修订、报批工作并认真组织实施，同时做好关键工序、工艺的细部策划，保证实现创鲁班奖目标及合同承诺的任务。

5. 负责安全文明施工的具体事宜，按照建设单位的安全文明施工及环保工作规则，编制有针对性的实施细则，提交监理审核后实施。确保取得省部级或全国建筑业绿色施工示范工程、安全文明示范工程或科技示范工程称号。

6. 定期向创优领导小组汇报工作，对存在的问题提出处理建议。

7. 积极配合创鲁班奖工程办公室及各专业组的工作，提前组织策划工程施工创鲁班奖总结、迎检等系列工作。

8. 工程档案齐全、完整、系统，符合标准规范的规定，且具有凭证性、安全性、耐久性、可利用性、便于检索等要素，工程施工、管理全过程影像资料完整。

9. 质量控制技术要点。要从结构工程安全可靠、装饰工程美观协调、安装工程安全适用、资料管理完整真实四个方面进行质量控制。

10. 工程文件资料图片和影视资料要及时、完整地收集归档。

四、正远监理公司监理部主要职责

1. 在工程开工前，编制下列监理管理文件。

（1）监理规划。

（2）各专业监理实施细则。

（3）创建国家建设工程鲁班奖实施细则保障措施，对建设房屋工程质量通病防治工作专业监理实施细则及防治措施。

（4）各专业工程建设强制性条文实施细则。

（5）各专业工程执行的法律法规和标准清单。

（6）关键工序、隐蔽工程和旁站监理的清单。

以上质量管理文件经建设单位审核批准后，由监理公司发至有关单位实施。

2. 审查施工及调试单位的创鲁班奖实施细则及工程施工专项方案和创鲁班奖细部做法作业指导书，并督导其贯彻实施。

3. 根据工程质量总目标，建立与工程项目质量管理要求相适应的组织机构和质量管理网络，明确监理人员工作职责。

4. 定期向创鲁班奖办公室汇报工作，针对存在的问题及时提出处理建议。

5. 积极配合创鲁班奖办公室工作，协助建设单位提前组织策划创鲁班奖工作总结、迎检等系列工作。

6. 严格审核设计施工图纸，将图纸中的"错、碰、漏"问题解决在实施前。

7. 强化工程创鲁班奖过程中对施工亮点策划的审查，确保工程亮点策划的工艺流程、实体质量满足设计和规范要求，督促创鲁班奖工程亮点实施，严格过程监督和质量验收。

8. 完善工程质量验收程序和监理实施细则，严格按照工程质量验收规范的检查内容和检测工作程序要求组织验收，现场实体质量验收必须在检验批验收资料申报后进行。

五、北海供电局运维主要职责

1. 生产准备工作密切结合工程进度开展，根据工程进度、施工一级网络计划和现场需要，提前安排生产人员的上岗培训、规程编写、系统图绘制、工器具准备等工作。

2. 按生产准备大纲要求做好各级管理人员、专业技术人员和各生产岗位人员到位的准备工作。

3. 认真做好生产准备人员的培训，特别是新员工的培训工作，把其作为生产准备工作的重中之重。

4. 生产人员提前介入项目建设工作，经过培训考试合格后上岗，跟踪安装调试过程，熟悉资料、熟悉设备、熟悉系统，参加验收和试运行工作。

5. 编制适合 500 千伏北海（福成）变电站的安全规程、运行规程、检修规程和各专业系统图等，编制完成生产用各类表单（运行日志、操作票、工作票、设备清册、材料清册、备品备件清册、全站设施、管道图册、设备编号、保护定值、检修运行巡视等）。

6. 根据设备安装进度及时完成设备、系统的编号等标识工作；完成检修专用仪器仪表、专用器具、作业场所布置、备品备件等接收场所布置和储备工作。

7. 参加工程启动前的验收工作，跟踪工程消缺工作，配合施工单位做好成品保护工作。

8. 认真学习掌握启动方案的内容，熟悉操作程序，确保工程一次投运成功。

9. 开展技术攻关，针对采用的新技术、新材料、新工艺等，组织专题培训和学习，提高设备的可靠性和可利用率。

10. 按照工程投产创鲁班奖的要求，做好设备运行数据及运营生产指标的计算汇总工作，保护工程成品，努力实现创鲁班奖目标。

第四节　合规性文件和有关证明材料办理分工

根据各单位职责范围，结合工程实际情况，对合规性文件和有关证明材料进行分工（表 2-1）。

表 2-1　合规性文件和有关证明材料办理分工

序号	是否否决项	合规性文件和有关证明资料	主要责任单位
项目前期准备工作			
1	√	与有资质咨询单位签署"全过程质量评价""地基结构""绿色施工""新技术应用"四项专项评价咨询合同	电网建设分公司
2		审查图纸证明（由业主委托有资质的第三方负责）	电网建设分公司
3	√	发展和改革委项目核准文件	电网建设分公司
4	√	国有土地使用证	北海供电局
5	√	建设用地规划许可证	电网建设分公司、北海供电局
6	√	建设工程规划许可证、建筑工程施工许可证	电网建设分公司、北海供电局
7	√	环评申报批复文件	电网建设分公司
施工建设期间工作			
1		施工全过程资料、照片、录像等影像资料的收集	正远监理公司、建宁公司和送变电公司
2	√	强制性条文实施和防治质量通病计划、措施及执行记录	电网建设公司、电力设计院、正远监理公司、建宁公司和送变电公司
3		实体检测（回弹、钢筋保护层、门窗水密性和气密性）（由业主招标有资质的第三方负责检测）	电网建设分公司

续表

序号	是否否决项	合规性文件和有关证明资料	主要责任单位
4		沉降观测（施工期间由施工单位负责，工程竣工后由业主委托有资质的第三方负责）	电网建设分公司、建宁公司
5		编制档案管理策划书及过程验收记录	电网建设分公司
6	√	地基基础及主体结构中间检查验收	电网建设分公司、建宁公司和送变电公司
7	√	申报中国电力建设企业协会新技术应用专项验收	电网建设分公司、建宁公司和送变电公司
8	√	申报中国电力建设企业协会绿色施工专项验收	电网建设分公司、建宁公司和送变电公司
9	√	"五新"技术应用，包括新技术、新材料、新装备（至少有1～2项国内领先水平）、新工艺、新流程（国内领先水平）	电网建设分公司、建宁公司和送变电公司
10	√	采用住房和城乡建设部"建筑业10项新技术"不少于6项	电力设计院
11	√	国家专利申报（确定2项以上课题）	电网建设分公司、建宁公司和电力设计院
12	√	省部级设计优秀奖申报（1项以上）	电力设计院
13	√	省级工法实施及申报（确定2项以上课题）	建宁公司、电网建设分公司
14	√	省部级QC成果申报（确定12项以上课题）	电网建设分公司（1项）、电力设计院（5项）、建宁公司（5项）、正远监理公司（1项）
15	√	省部级科技成果奖申报（确定7项以上课题）	电力设计院（3项）、建宁公司（3项）、正远监理公司（1项）
16	√	室内环境检测（由业主招标有资质的第三方负责检测）	电网建设分公司
17	√	中间质监及竣工质监验收记录	电网建设分公司
18	√	消防设施验收文件	建宁公司
19		防雷检测（由业主招标有资质的第三方负责检测）	电网建设分公司
竣工投产后工作			
1	√	移交生产签证	电网建设分公司、建宁公司和送变电公司
2	√	档案验收文件	电网建设分公司和各参建单位
3	√	组织达标投产验收	电网建设分公司
4	√	工程竣工决算书或决算审计报告	电网建设分公司
5	√	质量评价报告	电网建设分公司
6	√	环境保护验收文件	电网建设分公司
7	√	水土保持验收文件	电网建设分公司

续表

序号	是否否决项	合规性文件和有关证明资料	主要责任单位
8	√	职业卫生专项验收文件	电网建设分公司、北海供电局
9	√	防雷、接地、安全设施专项验收文件	电网建设分公司
10		市级及以上文明示范工地	建宁公司
11	√	劳动保障专项验收文件	电网建设分公司
12	√	无较大安全事故证明	建宁公司
13	√	无较大质量事故证明	建宁公司
14	√	建设期无重大环境污染事故证明	电网建设分公司、北海供电局
15	√	无拖欠农民工工资证明	建宁公司、送变电公司
16	√	工程竣工验收备案	电网建设分公司

第五节　质量监督

工程质量监督是我国工程建设质量管理的一项基本制度，只有全过程履行质量监督手续的电力工程，方能并入电网运行，具备工程创优的条件。质量监督属政府管理行为，由电力质量监督机构负责具体组织实施，主要是对工程参建各方的质量行为、现场实体质量、重要部位、关键工序、主要试验检验项目和强制性条文执行情况等进行监督检查。

500 千伏北海（福成）变电站工程由质量监督中心站负责质量监督，各参建单位主动配合。建设单位在工程开工前办理质量监督注册手续，按照质量监督机构下发的《电力工程质量监督检查计划书》阶段安排检查，在工程进度接近阶段检查要求时，向质量监督机构申请现场检查，并对检查发现的问题及时组织整改闭环。在对各阶段监督检查发现的问题全部整改闭环后，质量监督机构签发《电力工程质量监督检查并网意见书》。

第三章　电力设计院创优实施细则节选

第一节　精研设计创新　深掘项目亮点

1. 对全站电气设备、建构筑物、围墙、盖板、绿化等设施，进行了精心策划，力求色彩搭配，突出和谐绿色环保理念。

2. 主控楼设计借鉴当地"老街骑楼"风貌，应用斜檐屋面筒瓦、拱窗等元素，突出地方传统建筑特色，将传统与现代进行有机融合。设计细节上，将建筑外立面的雨水管、避雷带等进行隐藏设计，使建筑立面干净整洁。

3. 在噪声较大的设备区采用加高装配式围墙设计方案，既满足降声降噪要求，又达到抗台风的安全要求。

4. 防台风措施设置精细到位。建筑物排风口采用 90° 弯头加防风百叶网，户外端子箱加装防风扣和内置除湿器，使用高分子涂料封堵底部等特殊装配。

5. 为预防混凝土基础高温开裂，提升耐久性，主变压器等基础采用了抗裂纤维混凝土材料的防控措施。

6. 防盐雾腐蚀设置严实，全站构支架与基础保护帽连接处填胶、螺栓加盖不锈钢保护帽、外露电缆加装槽盒等保护措施。

7. 为提高设备支架安装美观度，减少人力投入，改现场焊接为螺栓固定。

8. 提高了二次系统等电位设计可靠性。在户外电缆沟、户内电缆层设计了敷设截面 120 mm² 的铜排，连接屋外机构箱、端子箱及屋内屏柜接地母排的方案，形成二次等电位接地网，为二次设备接地提供低阻通道，有效防止空间磁场对二次设备及电缆的干扰，有利于二次设备稳定运行。

9. 变电站自动化系统设计智能、高效、可靠。变电站自动化系统采用《变电站通信网络和系统协议》（IEC61850）协议。站控层网络按双重化设置，如主机工作站、操作员工作站、远动工作站均按双重化配置，可靠性高。按间隔配置间隔层测控装置，具有极高的可扩展性。变电站自动化系统除具备监视及控制、运行管理、无功电压控制、远动等基本的功能外，还具备智能告警、故障分析与决策等高级应用功能。自动化系统还具备远期无人值守的功能。

10. 全站污水零排放。站内生活污水集中排放至污水处理设施，再进入污水调节池，由调节池内的污水提升泵提升后送入污水处理设备，经过处理后进入绿化水池，在绿化水池中设置绿化给水泵，并在给水泵出水管设置一个就地绿化给水栓，用于就地局部的绿化给水。确保站内生活污水不外排，节水环保，同时也不增加站内原有给水系统的复杂性。

第二节　绿色设计　节能环保

应用新技术、新设备、新材料和新工艺，将节地、节能、节水、节材和环境保护等绿色理念融入变电站工程设计中，落实节能环保发展要求。

一、变电站建筑部分参数优化

变电站建筑部分绿色设计主要从建筑环境、建筑外形、建筑围护结构等几个方面进行参数优化。

1. 建筑物采用蒸压加气混凝土砌块，外墙围护结构热工性能大大提高。

2. 外窗节能技术：采用断桥式的窗框；选用具有合理反射率与透射率的玻璃。

3. 屋面节能技术：屋面采用聚苯乙烯挤塑泡沫保温板隔热层，形成隔热性能良好的屋面围护体系。

二、变电站电气部分参数优化

变电站电气部分绿色设计主要从配电装置布置、主变压器和并联电抗器损耗及噪声水平、照明节能等几个方面进行优化。

1. 配电装置布置：本站是大容量变电站，拥有远期 4 台主变、10 回 500 千伏出线和 16 回 220 千伏出线，通过合理优化配电装置布置，满足了安全、可靠、技术先进和运行维护方便的要求。

2. 主变压器和并联电抗器损耗与噪声水平：本站主变压器和并联电抗器选用低损耗和低噪声设备，满足 3C 绿色电网建设评价指标。

3. 照明节能：本站户外气体放电灯附加与光源相匹配的高效节能电器附件，包括无功补偿器、镇流器等，户内选用 LED 灯具，满足环保节能和绿色要求。

三、节地与土地利用

1. 选址不占用基本农田，进站道路利用原有农场道路进行改造，土石方工程基本平衡。进站道路路面宽 4.5 m，局部设置错车道。站区竖向布置在满足洪水位要求的前提下，充分结合原有地形地貌，站区周边支护高度均小于 1 m，无挡墙或边坡，最大限度节约了用地面积。

2. 配电装置的避雷针大部分装设于配电装置构架上，不额外占用场地。

3. 配电装置的布置在满足安全可靠、技术先进、运行维护方便的前提下紧凑、合理。站区围墙内用地面积为 7.2112 hm^2，小于《电力工程项目建设用地指标》（2010 版）里用同等技术条件和规模计算的用地面积 7.3583 hm^2。

四、节能与能源利用

1. 采用节能型空调。在名义制冷工况和规定条件下，当空调设备能效等级名义制冷量大于 7100 W，采用电机驱动压缩机的单元式空气调节机、风管送风式和屋顶式空调机组时，空调的能效等级不低于 2 级；采用房间空调器时，空调的能效等级不低于 1 级。继电器室采用高效单元式空调机组，通过采用风管送风、提高室内温度场分布的均匀性以提高空调能效，节约能源。

2. 采用低能耗风机。通风机的能效等级不低于 2 级，风机运行段效率不低于风机额定效率的 90%。

3. 空调房间的门设置闭门器。大部分的门设置闭门器，保证门处于常闭状态，减少室内空调能耗的损失。所有设备房如继电器室、交流配电室等，设置的门均为防火门，而防火门本身就设置了自动闭门器，以保证防火门在开启后自动关闭，保持防火门的常闭状态。

4. 采用可回收利用或循环使用的建筑材料。例如户外构支架均采用钢材，门主要采用钢质门，窗采用铝合金窗等，均为可回收利用材料。另外，所有建筑物的填充墙体均采用蒸压加气混凝土砌块，其本身就是废料回收循环利用的产品，是国家推广使用的节能环保材料。

5. 防止建筑物产生光污染。墙面砖为哑光瓷质面砖，均为低反光材料，不采用会对周边带来光污染的大面积玻璃幕墙。

6. 采取措施促进室内自然通风，改善室内通风环境。充分利用自然通风以降低空调使用时间，合理节电。主控通信楼门厅、走廊、楼梯等均设有可开启的采光通风窗，并在走廊端头设置可开启的门或窗，合理利用门厅、走道、楼梯间以形成良好的穿堂风。在平面布置上，把对噪声环境要求相对较高的休息室、办公室等布置在离主变压器场地远端侧，为值班人员提供一个相对舒适、安静的环境。

7. 主变压器的冷却器采用 PLC 智能控制方式，可根据负荷大小、油温高低进行最优化判断，自动投入或退出冷却器运行。

8. 户外端子箱采用驱潮自动控制装置，设定自动启停湿度，以利于节能。

9. 主变压器空载损耗限值为 60 kW，负载损耗限值为 300 kW，优于标准要求。

10. 35 千伏干式空心并联电抗器的损耗限值为 60 kW，满足标准要求。

11. 3 台变压器均为低损耗油浸式变压器，在户外布置。

12. 各房间或场所的正常照明功率密度值不高于《火力发电厂和变电站照明设计技术规定》（DL/T 5390）中的现行值。

13. 除配电装置的汇流母线外，较长导体的截面按经济电流密度选择。

14. 采用直接照明方式，在满足灯具最低允许安装高度及美观要求的前提下，降低灯具安装高度，根据设备情况采用 2.5 ~ 3 m 的灯具安装高度。

15. 户外照明采用自动节能控制，分组布置道路照明。对经常无人使用的场所、通道、出入口处的照明，设单独开关分散控制。户内建筑的通道照明设感应控制，应急照明设有应急蓄电池。

五、节水与水资源利用

1. 合理选用给水用水定额，按《建筑给水排水设计规范》（GB 50015—2009）及《变电所给水排水设计规程》（DL/T 5143—2016）选用给水用水定额，不超过最高值。

2. 生活给水设备采用变频、叠压等节能型给水设备。生活给水系统采用二次加压直供方式，站内设置一套生活给水机组，加压供水压力不大于 0.35 MPa。集水池、水泵机组和控制设备"三位一体"，采用变频调速控制，设备整机成套安装，外形美观、运行维护简单、工作稳定可靠，本工程采用的机组性能为 Q=6 m^3/h，H=30 m，N=2.2 kW，水池 V=10 m^3。站外补给水管道引入站内，送至给水机组的水池，给水机组的给水泵从水池吸水，通过生活给水管道向站内各用水点提供可靠稳定的水量和水压。

3. 采取有效措施避免管网漏损。

（1）给水系统中使用的管材、管件，符合现行产品行业标准的要求。新型管材和管件应符合企业标准的要求，并符合有关政府行政主管部门的文件规定及专家评估或鉴定通过的企业标准要求。

（2）选用性能高、零泄漏的阀门等，如在冲洗排水阀、消火栓、通气阀前增设软密封闭阀或蝶阀。

（3）合理设计供水压力，避免供水压力持续高压或压力骤变。

（4）做好管道基础处理和覆土，控制管道埋深。

4. 卫生器具选用《当前国家鼓励发展的节水设备（产品）目录》中公布的设备、器材和器具，所有器具满足《节水型生活用水器具》（CJ/T 164—2014）及《节水型产品技术条件与管理通则》（GB/T 18870—2002）的要求。

5. 含油废水处理达标后排放，生活污水回收利用。本站各变压器事故排油时，首先排至主变油坑，通过含油废水排放管道排至事故油池，事故油池具有油水分离功能。含油废水排放管道设计按 20 分钟将事故油与消防排水排尽和主变油坑汇流的雨水量两者中的较大者考虑。每台主变压器均设置油坑，站内分别设置主变事故油池和高抗事故油池各一座。油坑容积按设备油量 20% 设计，事故油池有效容积按最大一台设备油量 60% 设计。主变事故油池容积为 60 m^3，高抗事故油池容积为 20 m^3。

站内生活污水排放系统采用粪便污水与生活废水合流排放方式。各建筑生活污水通过立管及排出管排至室外污水检查井，经过处理后进入绿化水池，用于就地局部的绿化给水，确保站内生活污水不外排。

六、节材与材料利用

1. 生活给水管道、雨水及生活污水排水管道采用塑料类环保型管材。站区内室外生活给水管道采用 PE 给水管道，室内生活给水管道采用 PP-R 给水管道，室外雨水及生活污水排水管道均采用 PE 双壁波纹管道。

2. 合理安排电缆敷设的路径，符合路径短、转弯少、交叉少和便于扩建的要求等。

七、环境保护措施

1. 操作小道及人行道采用透水混凝土，透水混凝土具有较强的透水性及保水性，对水土保护具有积极意义。雨水通过透水混凝土渗入地下土层，减少地面雨水大量汇流到排水系统或江河，防止内涝及洪水泛滥。透水混凝土还具有保水性，雨水渗入地下后，透水混凝土可以有效阻止地下水的过快蒸发，保护地下水资源。

2. 采用低噪声风机，使噪声治理从声源上得到控制。空调设备采用 R410A 环保冷媒，满足绿色环保的要求。

3. 建筑生活污水经过处理后进入绿化水池，用于就地局部的绿化给水，确保站内生活污水不外排。

4. 可听噪声为变电站工程的环境污染重要参数，为把噪声对变电站周边居民生活的影响和危害降至最低，采用节能、降耗、降噪等措施，实现资源节约和环境友好的绿色理念。具体体现在将局部站区围墙升高及终期加设主变隔音墙等措施。

第三节　"五新"技术推广应用

一、光热储能发电技术应用

在警传室外采用太阳能光伏发电系统，供警传室照明使用，经济效益较为明显，且适用于北海地区。

二、风光储能综合式能源技术应用

1. 在站前区照明中设置风光储能一体化灯具，该灯具以太阳光及风力为能源，通过光能或风能给蓄电池充电，晚上蓄电池供电给灯源使用，无须复杂昂贵的管线铺设，且可任意调整灯具的布局，安全节能无污染，工作稳定可靠，节省电费免维护。

2. 采用 LED 作为光源，并由智能化充放电控制器控制，用于代替传统公用电力照明的路灯。无须铺设线缆、无须交流供电、不产生电费，采用直流供电、光敏控制，具有稳定性好、寿命长、发光效率高、安装维护简便、安全性能高、节能环保、经济实用等优点。

三、工厂化加工装配式结构应用

站区围墙采用预制装配式混凝土结构工艺，各构件经工厂化加工预制后，运至现场装配而成。构件产品品质均一且稳定；主要构件在工厂生产后运至现场进行组装，有效缩短工期；配件与构件一体化生产，确保现场施工安装精度；施工环境干净整洁。

四、节能环保建筑构件应用

站内电缆沟长度总计 2688 m。电缆沟盖板采用工厂化预制的无机复合材料盖板，该盖板具有承载力高、抗车载反复冲击力好、自修复能力强、重量轻、耐火、耐紫外线性能好、耐久性能好、表面光洁度好、外观色彩多样化等优点。

五、新型保温、隔热、隔声材料应用

1. 墙体材料采用蒸压加气混凝土砌块，与灰砂砖等墙体材料相比，其最大优点是隔热系数大、隔声性能强、重量轻、耐火性能好，是国家重点推荐的节能环保建筑材料。

2. 站区建筑所有空调房间均采用新型断桥式铝合金节能窗与中空玻璃结合的方式，利用内嵌于铝框内硬质隔热构造来阻隔内外热桥的形成，减少空调能耗损失，从而达到节能目的，同时具有很好的隔声性能。

六、混凝土裂缝控制技术应用

在结构设计中，根据建构筑物的使用功能，通过设置合理的结构受力体系、构件截面尺寸及配筋率等严格控制裂缝宽度，从源头上避免结构构件的不合理开裂。在材料选择上，选择抗裂性较好的混凝土也是控制裂缝的重要途径。在施工过程中，指导施工单位对混凝土原材料品质进行把控，选择符合现行国家标准规定的普通硅酸盐水泥或硅酸盐水泥、二级或多级级配粗骨料、高性能减水剂等，并根据原材料品质、混凝土强度等级、混凝土耐久性以及施工工艺对工作的要求，通过计算、试配、调整等步骤选定相应的配比。同时提醒施工单位采取积极有效的措施，管控施工中混凝土浇筑的时间以及速度，在浇筑过程中控制温度，合理安排施工工序，降低混凝土浇筑块体的内外温度差，加强混凝土的养护，避免各种裂缝的产生，达到裂缝控制的目的。

第四节　建筑业六项新技术应用

一、外墙体自保温体系施工技术应用

建筑分隔墙填充材料采用蒸压加气混凝土砌块。蒸压加气混凝土砌块的主要原料为粉煤灰、矿渣、水泥、石灰、砂、铝粉等，具有轻质、高强度、保温隔热、吸声、防火的特点，是国家禁止黏土砖后重点推荐的环保建筑材料。蒸压加气混凝土砌块的单位体积质量是黏土砖的三分之一，保温性能是黏土砖的 3～4 倍，隔声性能是黏土砖的 2 倍，抗渗性能是黏土砖的 1 倍以上，耐火性能是钢筋混凝土的 6～8 倍。通过使用蒸压加气混凝土砌块，可缩小结构梁柱截面以减少混凝土及钢筋用量，节约原材料；增强墙体的防火性能，提高变电站的安全性；增强墙体的隔声能力，减小变电站特别是主变噪声对周围环境的影响。

二、铝合金窗断桥技术应用

采用断桥式铝合金节能窗与中空玻璃结合的创新结构设计，兼顾了塑料和铝合金两种材料的优势，同时满足对装饰效果、门窗强度及耐老化性能的多种要求。超级断桥铝塑型材可实现门窗的三道密封结构，合理分离水气腔，成功实现气水等压平衡，显著提高门窗的水密性和气密性。这种窗的气密性比任何铝、塑窗都好，能保证风沙大的地区室内窗台和地板无沙尘，同时具有很好的隔声性能。

三、三元乙丙防水层无穿孔机械固定施工技术应用

建筑物屋面防水采用三元乙丙防水层。无穿孔增强型机械固定系统是轻型、无穿孔的三元乙丙防水层机械固定施工技术。该系统将增强型机械固定条带用压条或垫片机械固定在轻钢结构屋面或混凝土结构屋面基面上，然后将宽幅三元乙丙橡胶防水卷材粘贴到增强型机械固定条带上，相邻的卷材用自粘接缝搭接带粘结，形成连续的防水层。

四、聚氨酯防水涂料施工技术应用

建筑卫生间采用的聚氨酯防水涂料通过化学反应而固化成膜，分为单组分和双组分两种类型。聚氨酯防水涂料可采用喷涂、刮涂、刷涂等工艺施工。施工时需分多层进行涂覆，每层厚度不应大于 0.5 mm，且相邻两层应相互垂直涂覆。

五、高强钢筋技术应用

在主控通信楼、继电器室等所有框架结构钢筋混凝土，受力构件的主材钢筋全面采用 HRB400 钢筋。减少钢筋总用量。

六、透水混凝土应用

在操作小道、绝缘地面、设备基础周围地坪等部位采用透水混凝土。透水混凝土是具有一定强度的多孔混凝土，其内部为多孔堆聚结构，透水性较好。

第五节　技术创新　课题研发

一、科技进步奖课题研发

1. 电网工程设计与管理平台。

2. 智能化电气一次辅助设计系统。

二、QC 小组活动优秀成果奖课题研发

1. 降低变电站地下构件设计变更率。

2. 降低变电站电气一次施工图错误率。

3. 提升 BIM 变电站的初设效率。

4. 提高标准地质剖面出图效率。

三、软件著作课题研发

智能电气二次设计系统 V2.0 计算机软件。

第四章　建宁公司创优策划实施细则节选

第一节　落实项目创优目标　完善内部管理制度

为确保 500 千伏北海（福成）变电站工程各项目标圆满完成，建宁公司建立和完善了以下管理制度，并全过程严格执行。

1. 工程项目管理标准。
2. 施工组织设计及施工技术方案编审管理标准。
3. 工程竣工档案管理标准。
4. 现场施工调查管理标准。
5. 施工技术管理标准。
6. 施工技术交底管理标准。
7. 施工质量管理标准。
8. 质量管理小组活动管理标准。
9. 设备机具管理标准。
10. 设计变更管理标准。
11. 施工图会审管理标准。
12. 施工设备机具保养修理实施细则。
13. 员工培训管理标准。
14. 工程项目管理考核办法。
15. 安全文明施工管理标准。
16. 电力安全工器具管理标准。
17. 物资管理标准。
18. 工程物资到货检验实施细则。
19. 物资采购管理办法。
20. 档案管理标准。

第二节　质量标准偏差分析和控制措施

一、土建工程

1. 测量定位及放线工序见表 2-2。

表 2-2　测量定位及放线工序

类别	序号	检查项目	南方电网质量验评标准	国家标准	控制要求
主控项目	1	控制桩测设	根据建（构）筑物的主轴线设控制桩，主要建（构）筑物不应少于 3 个	根据建（构）筑物的主轴线设控制桩，主要建（构）筑物不应少于 3 个	建（构）筑物设置 3 个控制桩
	2	平面控制桩精度	二级导线的精度要求及现行有关标准的规定	二级导线的精度要求及现行有关标准的规定	符合二级导线的精度要求
	3	高程控制桩精度	三等水准的精度要求	三等水准的精度要求	符合三等水准的精度要求
	4	全站仪定位精度	现行有关标准的规定	现行有关标准的规定	符合现行有关标准的规定

2. 土方开挖工序见表 2-3。

表 2-3　土方开挖工序

单位：mm

类别	序号	检查项目		南方电网质量验评标准	国家标准	控制要求
主控项目	1	基底土性		符合设计要求	符合设计要求	符合设计要求
	2	边坡、表面坡度		符合设计要求和现行有关标准的规定	符合设计要求	符合设计要求
	3	标高偏差	柱基、基坑、基槽	0～-50（0～-45）	0～-50	0～-45
			管沟	0～-50（0～-45）	0～-50	0～-45
			地（路）面基层	0～-50（0～-45）	0～-50	0～-45
	4	长度、宽度（由设计中心线向两边量）偏差	柱基、基坑、基槽	+200～-50（+150～-45）	+200～-50	+150～-45
			管沟	+100～0（+80～0）	+100～0	+80～0
一般项目	1	表面平整度	柱基、基坑、基槽	≤20（18）	20	≤18
			管沟	≤20（18）	20	≤18
			地（路）面基层	≤20（18）	20	≤18

3. 土方回填工序见表 2-4。

表 2-4 土方回填工序

单位: mm

类别	序号	检查项目			南方电网质量验评标准	国家标准	控制要求
主控项目	1	基底处理			符合设计要求和现行有关标准的规定	符合设计要求	符合设计要求
	2	标高偏差	柱基、基坑、基槽		0~50(0~45)	0~-50	0~-45
			场地平整	人工	±30(25)	±30	±25
				机械	±50(45)	±50	±45
			管沟		0~±50(0~±45)	0~±50	0~±45
			地(路)面基层		0~±50(0~±45)	0~±50	0~±45
一般项目	1	回填土料			符合设计要求	符合设计要求	符合设计要求
	2	表面平整度	柱基、基坑、基槽		≤20(15)	20	≤15
			管沟		≤20(15)	20	≤15
			地(路)面基层		≤20(15)	20	≤15

4. 填充墙砌体工序见表 2-5。

表 2-5 填充墙砌体工序

单位: mm

类别	序号	检查项目	南方电网质量验评标准	国家标准	控制要求
主控项目	1	块材强度等级	符合设计要求和现行有关标准的规定	符合设计要求	符合设计要求
	2	砂浆强度等级	符合设计要求和现行有关标准的规定	符合设计要求	符合设计要求
一般项目	1	无混砌现象	蒸压加气混凝土砌块砌体和轻骨料混凝土小型空心砌块砌体不应与其他块材混砌		执行南方电网质量验评标准
	2	拉结钢筋或网片的位置	填充墙砌体留置的拉结钢筋或网片的位置应与块体皮数相符合;拉结钢筋或网片应置于灰缝中,埋置长度应符合设计要求,竖向位置偏差不应超过一皮高度		执行南方电网质量验评标准
	3	错缝搭砌	填充墙砌筑时应错缝搭砌,蒸压加气混凝土砌块搭砌长度不应小于砌块长度的1/3;轻骨料混凝土小型空心砌块搭砌长度不应小于90 mm;竖向通缝不应大于2皮		执行南方电网质量验评标准
	4	灰缝厚度和宽度	填充墙砌体的灰缝厚度和宽度应正确。空心砖、轻骨料混凝土小型空心砌块的砌体灰缝应为8~12 mm。蒸压加气混凝土砌块砌体的水平灰缝厚度及竖向灰缝宽度分别为15 mm和20 mm	同左	执行国家标准

续表

类别	序号	检查项目		南方电网质量验评标准	国家标准	控制要求
一般项目	5	梁底砌法		填充墙砌至接近梁、板底时，应留一定空隙，待填充墙砌完并间隔至少7天后，再将其补砌挤紧	《砌体结构工程施工质量验收规范》（GB 50203—2011）第9.3.7条	执行《砌体结构工程施工质量验收规范》（GB 50203—2011）第9.3.7条
	6	轴线位移		≤10（8）	≤10（8）	≤8
	7	垂直度每层	≤3 m	≤5（4）	≤5（4）	≤4
			>3 m	≤10（8）	≤10（8）	≤8
	8	砂浆饱满度		≥80%	≥80%	≥90%
	9	表面平整度		≤8（6）	≤8（6）	≤6
	10	门窗洞口高度、宽度偏差		±5（4）	±5（4）	±4
	11	外墙上、下窗口偏移		≤20（15）	≤20（15）	≤15

5. 现浇混凝土模板安装工序见表2-6。

表2-6 现浇混凝土模板安装工序

单位：mm

类别	序号	检查项目	南方电网质量验评标准	国家标准	控制要求
主控项目	1	模板及其支架	根据工程结构形式、荷载大小、地基土类别、施工设备和材料供应等条件进行设计。模板及其支架应具有足够的承载能力、刚度和稳定性，能可靠地承受浇筑混凝土的重力、侧压力以及施工荷载	《混凝土结构工程施工质量验收规范》（GB 50204—2015)第4.2.1条	执行国家标准
	2	上、下层支架的立柱	对准，并铺设垫板	同上	执行国家标准
	3	隔离剂	不得玷污钢筋和混凝土接槎处	同左	执行国家标准
一般项目	1	模板安装要求	（1）模板的接缝不应漏浆，木模板应浇水湿润，但模板内不应有积水；（2）模板与混凝土的接触面应清理干净并涂刷隔离剂；（3）模板内的杂物应清理干净；（4）对清水混凝土及装饰混凝土工程，应使用能达到设计效果的模板	同左	执行国家标准
	2	地坪、胎膜	平整光洁，不得产生影响结构质量的下沉、裂缝、起砂或起鼓	同左	执行国家标准

续表

类别	序号	检查项目		南方电网质量验评标准	国家标准	控制要求
一般项目	3	梁、板起拱度（L_2≥4 m）	设计有要求	符合设计要求	同左	符合设计要求
			设计无要求	为全跨长的 1/1000～3/1000		执行国家标准
	4	预埋件、预留孔（洞）		齐全、正确、牢固	无此项	执行南方电网质量验收标准
	5	预埋件制作、安装		符合南网公司标准附录B的规定	无此项	执行南方电网质量验收标准
	6	轴线位移		≤5（4）	5	≤4
	7	标高偏差	杯形基础的杯底	−10～−20	无此项	−8～−15
			其他基础模板	±5（4）		±4
			底模上表面	±5（4）	无此项	±4
			有装配件的支撑面	0～±5		无此项
	8	截面尺寸偏差	基础	±10（8）	±10	±8
			柱、墙、梁	+4～−5	+4～−5	+3～−4
	9	垂直度	≤5 m	≤6（5）	≤6	≤5
			>5 m	≤6（6）	≤8	≤6
	10	侧向弯曲	基础	不大于 L_2/750，且不大于 20 mm	无此项	≤10
			梁、墙	不大于 L_2/1000，且不大于 10 mm		≤6
			柱	不大于 L_2/1000，且不大于 15 mm		≤10
	11	相邻两板表面高低差		≤2	≤2	≤2
	12	表面平整度		≤5（4）	≤5（4）	≤4
	13	预留孔中心位移		≤3	≤3	≤3
	14	预留洞	中心位移	≤10（8）	≤10	≤8
	15		截面尺寸偏差	+10～0	+10～0	+8～0
	16	插筋	中心位移	≤5（4）	≤5	≤4
	17		外露长度偏差	+10～0	+10～0	+8～0

注：L_2 为长度。

6. 模板拆除工序见表2-7。

表2-7 模板拆除工序

类别	序号	检查项目				南方电网质量验评标准	国家标准	控制要求
主控项目	1	模板及其支架拆除的顺序及安全措施				按施工技术方案执行	同左	执行国家标准
	2	底模及支架拆除时的混凝土强度	设计有要求时			符合设计要求	同左	执行国家标准
			设计无要求时	板	≤2 m	≥50%	≥50%	≥50%
					>2 m ≤8 m	≥75%	≥75%	≥75%
					>8 m	≥100%	≥100%	≥100%
				梁拱壳	≤8 m	≥75%	≥75%	≥75%
					>8 m	≥100%	≥100%	≥100%
				悬臂构件		≥100%	≥100%	≥100%
	3	后浇带模板				拆除和支顶按施工技术方案执行	同左	执行国家标准
一般项目	1	侧模拆除				混凝土强度应能保证其表面及棱角不受损伤	同左	执行国家标准
	2	模板拆除				模板拆除时，不应对楼层形成冲击荷载。拆除的模板和支架宜分散堆放并及时清运	同左	执行国家标准

7. 钢筋加工工序见表2-8。

表2-8 钢筋加工工序

单位：mm

类别	序号	检查项目	南方电网质量验评标准	国家标准	控制要求
主控项目	1	原材料抽检	钢筋进场时，按《钢筋混凝土用热轧带肋钢筋》（GB 1499.2—2007）等的规定抽取试件做力学性能试验，其质量必须符合有关标准的规定	《混凝土结构工程施工质量验收规范》（GB 50204—2015）第5.2.1条	执行《混凝土结构工程施工质量验收规范》（GB 50204—2015）第5.2.1条
	2	有抗震要求的框架结构	对有抗震设防要求的框架结构，其纵向受力钢筋的强度应满足设计要求。当设计无具体要求时，对一、二级抗震等级检验所得的强度实测值应符合下列规定：①钢筋的抗拉强度实测值与屈服强度实测值的比值不应小于1.25；②钢筋的屈服强度实测值与强度标准值的比值不应大于1.3	同左	执行国家标准
	3	化学成分专项检验	当发现钢筋脆断、焊接性能不良或力学性能显著不正常等现象时，应对该批钢筋进行化学成分检验或其他专项检验	同左	执行国家标准

续表

类别	序号	检查项目		南方电网质量验评标准	国家标准	控制要求
主控项目	4	受力钢筋弯钩和弯折		（1）HPB235级钢筋末端应做180°弯钩，其弯弧内直径不应小于钢筋直径的2.5倍，弯钩的弯后平直部分长度不应小于钢筋直径的3倍。（2）当设计要求钢筋末端需做135°弯钩时，HRB335级、HRB400级钢筋的弯弧内直径不应小于钢筋直径的4倍，弯钩的弯后平直部分长度应符合设计要求。（3）钢筋做不大于90°的弯折时，弯折处的弯弧内直径不应小于钢筋直径的5倍	同左	执行国家标准
	5	箍筋末端弯钩		除焊接封闭环式箍筋外，箍筋的末端应做弯钩，弯钩形式应符合设计要求。当设计无具体要求时，应符合下列规定：①箍筋弯钩的弯弧内直径除应满足本表主控项目第4项的规定外，尚应不小于受力钢筋直径。②箍筋弯钩的弯折角度，对一般结构，不应小于90°；对有抗震等要求的结构，应为135°。③箍筋弯后平直部分长度，对一般结构，不宜小于箍筋直径的5倍，对有抗震等要求的结构，不应小于箍筋直径的10倍	同左	执行国家标准
一般项目	1	钢筋表面质量		钢筋应平直、无损伤，表面不得有裂纹、油污、颗粒状或片状老锈	同左	执行国家标准
	2	钢筋调直		采用机械方法，也可采用冷拉方法。当采用冷拉方法调直钢筋时，HPB235级钢筋冷拉率不宜大于4%，HRB335级、HRB400级、RRB400级钢筋的冷拉率不宜大于1%	符合设计要求和现行有关标准的规定	采用冷拉方法调直钢筋时，HPB300光圆钢筋冷拉率不大于4%，RRB400的冷拉率不大于1%
	3	钢筋加工偏差	受力钢筋顺长度方向全长的净尺寸	±10（8）	±10	±8
			弯起钢筋的弯折位置	±20（15）	±20	±15
			箍筋内净尺寸	±5（4）	±5	±4

8. 钢筋安装工序见表 2-9。

表 2-9　钢筋安装工序

单位：mm

类别	序号	检查项目	南方电网质量验评标准	国家标准	控制要求
主控项目	1	受力钢筋的品种、级别、规格和数量	符合设计要求	符合设计要求	符合设计要求
	2	纵向受力钢筋连接方式	符合设计要求和现行有关标准的规定	符合设计要求	符合设计要求
	3	焊接（机械连接）接头的质量	符合本标准附录C的规定		执行南方电网质量验评标准
一般项目	1	接头位置	设在受力较小处。同一纵向受力钢筋不宜设置两个或两个以上接头；接头末端至钢筋弯起点距离不应小于钢筋直径的 10 倍	同左	执行国家标准
	2	受力钢筋焊接（机械连接）接头设置	相互错开。在连接区段长度为 35 d 且不小于 500 mm 范围内，接头面积百分率应符合《混凝土结构工程施工质量验收规范》（GB 50204—2015）的规定	相互错开。在连接区段长度为 35 d 且不小于 500 mm 范围内，接头面积百分率应符合下列规定：①受拉区不宜大于50%；②不宜设置在有抗震设防要求的框架梁端、柱端的箍筋加密区，当无法避开时，机械连接接头不应大于50%；③直接承受动力荷载的结构构件中，不宜采用焊接接头，当采用机械连接时不应大于50%	执行国家标准
	3	绑扎搭接接头	同一构件中相邻纵向受力钢筋的绑扎搭接接头宜相互错开。接头中钢筋的横向净距不应小于钢筋直径，且不应小于 25 mm。搭接长度应符合标准的规定。连接区段 1.3L_1 长度内，接头面积百分率应符合：①对梁类、板类及墙类构件，不宜大于25%；②对柱类构件，不宜大于50%；③当工程中确有必要增大接头面积百分率时，对梁内构件不宜大于50%，对其他构件，可根据实际情况放宽	按规范要求相互错开。接头中钢筋的横向净距不应小于钢筋直径，且不应小于 25 mm。搭接长度应符合规范规定。连接区段 1.3L_1 长度内，接头面积百分率应符合：①对梁类、板类及墙类构件，不宜大于25%；②对柱类构件，不宜大于50%；③确有必要增大接头面积百分率时，对梁内构件不宜大于50%	执行国家标准

续表

类别	序号	检查项目			南方电网质量验评标准	国家标准	控制要求
一般项目	4	箍筋配置			在梁、柱类构件的纵向受力钢筋搭接长度范围内，应按设计要求配置箍筋。当设计无具体要求时，应符合《混凝土结构工程施工质量验收规范》（GB 50204—2015）的规定	在梁、柱类构件的纵向受力钢筋搭接长度范围内，应按设计要求配置箍筋。当设计无具体要求时：①箍筋直径不应小于搭接钢筋较大直径的 0.25 倍；②受拉搭接区段的箍筋间距不应大于搭接钢筋较小直径的 5 倍，且不应大于 100 mm；③受压搭接区段的箍筋间距不应大于搭接钢筋较小直径的 10 倍，且不应大于 200 mm；④当柱中纵向受力钢筋直径大于 25 mm 时，应在搭接接头两个端面外 100 mm 范围内各设置两个箍筋，其间距宜为 50 mm	执行国家标准
	5	钢筋网	网片长、宽偏差		±10（8）	±10	±8
			网眼尺寸偏差		±20（15）	±20	±15
			网片对角线差		≤10（8）	无此项	≤8
	6	钢筋骨架	长度偏差		±10（8）	±10	±8
			宽、高度偏差		±5（4）	±5	±4
	7	受力钢筋	间距偏差		±10（8）	±10	±8
			排距偏差		±5（4）	±5	±4
			保护层厚度偏差	基础	±10（8）	±10	±8
				柱、梁	±5（4）	±5	±4
				板、墙、壳	±3	±3	±3
	8	箍筋、横向钢筋间距偏差			±20（15）	±20	±15
	9	钢筋弯起点位移			≤20（15）	20	≤15
	10	预埋件	中心位移		≤5（4）	5	≤4
			水平高差		+3～0	+3～0	+3～0

注：d 为纵向受力钢筋的较大直径；L_1 为搭接长度。

9. 现浇混凝土结构外观及尺寸要求见表 2-10。

表 2-10 现浇混凝土结构外观及尺寸要求

单位：mm

类别	序号	检查项目			南方电网质量验评标准	国家标准	控制要求
主控项目	1	外观质量			不应有严重缺陷。对已经出现的严重缺陷，应由施工单位提出技术处理方案，并经监理（建设）、设计单位认可后进行处理。对经处理的部位，应重新检查验收	同左	执行国家标准
	2	尺寸偏差			不应有影响结构性能和使用功能的尺寸偏差。对超过尺寸允许偏差且影响结构性能和安装、使用功能的部位，应由施工单位提出技术处理方案，并经监理（建设）、设计单位认可后进行处理。对经处理的部位，应重新检查验收	同左	执行国家标准
一般项目	1	外观质量			不宜有一般缺陷。对已经出现的一般缺陷，应由施工单位按技术处理方案进行处理，并重新检查验收	同左	执行国家标准
	2	轴线位移	独立基础		≤10（8）	10	≤8
			其他基础		≤15（10）	15	≤10
			墙、柱、梁		≤8（6）	8	≤6
			剪力墙		≤5（4）	5	无此项
	3	垂直度	层高	≤5 m	≤8（6）	8	≤6
				>5 m	≤10（8）	10.	≤8
			全高（H_4）		不大于 $H_4/1000$，且不大于 30 mm	同左	同左
	4	标高偏差	杯形基础杯底		0～-10	无此项	0～-8
			其他基础顶面		±10（8）	无此项	±8
			层高		±10（8）	10	±8
			全高		±30（25）	30	±25
	5	截面尺寸偏差			+8～-5	+8～-5	+5～-3
	6	表面平整度			≤8（6）	8	≤6
	7	电梯井井筒长、宽对定位中心线偏差			+25～0	+25～0	无此项
	8	预留洞中心位移			≤15（1）	15	≤10
	9	预留孔	中心位移		≤5（4）	5	≤4
			截面尺寸偏差		+10～-5	无此项	+8～-3
	10	混凝土预埋件拆模后质量			应符合本标准附录 B 的规定	无此项	执行南方电网质量验评标准

10. 构支架保护帽混凝土检查见表 2-11。

表2-11 构支架保护帽混凝土检查

类别	序号	检查项目	南方电网质量验评标准	国家标准	控制要求
主控项目	1	柱帽混凝土（砂浆）组成材料、强度、配合比设计	符合设计要求和现行有关标准规定	同左	执行国家标准
	2	柱帽混凝土（砂浆）强度	符合设计要求和现行有关标准规定	同左	执行国家标准
	3	混凝土运输、浇筑及间歇	全部时间不应超过混凝土的初凝时间，同一柱帽混凝土应一次连续浇筑完毕	同左	执行国家标准
	4	模板安装	牢固、不漏浆；对清水混凝土柱帽，应使用能达到设计效果的模板	同左	执行国家标准
	5	拆模后柱帽外观质量	密实，无蜂窝、麻面；柱帽顶坡度符合设计要求，不积水；有清水要求的柱帽混凝土，其表面平整光滑、颜色均匀、棱角方正，达到清水混凝土效果	同左	执行国家标准

二、安装工程

1. 高强度螺栓连接要求见表 2-12。

表2-12 高强度螺栓连接要求

类别	序号	检查项目		南方电网公司质量验评标准	控制要求
主控项目	1	钢结构连接用材料的品种、规格、性能等		符合现行国家产品标准和设计要求	执行南方电网质量验评标准
	2	摩擦面的抗滑移系数试验和复验		符合设计要求	执行南方电网质量验评标准
	3	高强度大六角头螺栓连接副扭矩系数或扭剪型高强度螺栓连接副预拉力复验		符合现行有关标准的规定	执行南方电网质量验评标准
	4	终拧扭矩		符合现行有关标准的规定	执行南方电网质量验评标准
一般项目	1	螺栓、螺母、垫圈外观表面		涂油保护，不应出现生锈和沾染脏物等现象，螺纹不应损伤	执行南方电网质量验评标准
	2	高强度螺栓表面硬度试验		高强度螺栓不得有裂纹或损伤，表面硬度试验应符合现行有关标准的规定	执行南方电网质量验评标准
	3	高强度螺栓连接副的施拧顺序和初拧、复拧扭矩		符合设计要求和现行有关标准的规定	执行南方电网质量验评标准
	4	摩擦面		干燥、整洁，不应有飞边、毛刺、焊接飞溅物、焊疤、氧化铁皮、污垢等，且不应涂漆（除设计要求外）	执行南方电网质量验评标准
	5	连接外观质量	丝扣外露	2～3 mm	2 mm
			丝扣外露1扣或4扣	≤10%	≤8%
	6	扩孔孔径		≤1.2 d	≤1.0 d

2. 钢构件（多节钢柱）组装要求见表 2-13。

表 2-13 钢构件（多节钢柱）组装要求

单位：mm

类别	序号	检查项目		南方电网质量验评标准	控制要求
主控项目	1	端部铣平	两端铣平时构件长度偏差	±2.0	±1.5
			两端铣平时零件长度偏差	±0.5	±0.3
			铣平面的平面度	≤0.3	≤0.2
			铣平面对轴线的垂直度	≤$L_2/1500$	≤$L_2/1500$
	2	外形尺寸	多节柱铣平面至第一安装孔距离偏差	±1.0	±0.8
			构件连接处的截面几何尺寸	±3.0	±2.5
			柱连接处的腹板中心线偏移	≤2.0	≤1.5
			受压构件（杆件）弯曲矢高	不大于$L_2/1000$，且不大于10.0 mm	≤$L_2/1000$，≤8.0 mm
一般项目	1	焊接"H"形钢接缝		符合现行有关标准的规定	执行南方电网质量验评标准
	2	顶紧接触面		有75%以上的面积紧贴	执行南方电网质量验评标准
	3	外露铣平面		防锈保护	执行南方电网质量验评标准
	4	焊接"H"形钢精度	截面高度 $h_1≤500$	±2.0	±1.5
			截面高度 $500<h_1≤1000$	±3.0	±2.5
			截面高度 $h_1>1000$	±4.0	±3.5
			截面宽度偏差	±3.0	±2.5
			腹板中心偏移	≤2.0	≤2.5
			翼缘板垂直度	不大于$b_1/100$，且不大于3.0 mm	≤$b_1/100$，≤2.5 mm
			弯曲矢高（受压构件除外）	不大于$L_2/1000$，且不大于10.0 mm	≤$L_2/1000$，≤8.0 mm
			扭曲	不大于$h_1/250$，且不大于5.0 mm	≤$h_1/250$，≤4.5 mm
			腹板局部平面度行度 $t<14$	≤3.0	≤2.5
			腹板局部平面度行度 $t≥14$	≤2.0	≤1.5
	5	对口错边		不大于$t/10$，且不大于3.0 mm	≤$t/10$，≤2.5 mm
		间隙偏差		±1.0	±1.0
		搭接长度偏差		±5.0	±5.0
		缝隙		≤1.5	≤1.5

续表

类别	序号	检查项目		南方电网质量验评标准	控制要求
一般项目	5	高度偏差		±2.0	±2.0
		垂直度		不大于 $b_1/100$，且不大于 3.0 mm	$\leq b_1/100$，$\leq$ 2.5 mm
		中心偏移		±2.0	±2.0
		型钢错位	连接处	≤1.0	≤1.0
			其他处	≤2.0	≤2.0
		箱形截面	高度偏差	±2.0	±2.0
			宽度偏差	±2.0	±2.0
			垂直度	不大于 $b_1/200$，且不大于 3.0 mm	$\leq b_1/200$，$\leq$ 2.5 mm
	6	安装焊缝坡口	坡口角度	±5°	±5°
			钝边	±1.0	±1.0
	7	外形尺寸	一节柱高度偏差	±3.0	±3.0
			两端最外侧安装孔距离偏差	±2.0	±2.0
			柱身弯曲矢高	不大于 $H_5/1500$，且不大于 5.0 mm	$\leq H_5/1500$，$\leq$ 4.5 mm
			一节柱的柱身扭曲	不大于 $H_5/250$，且不大于 5.0 mm	$\leq H_5/250$，$\leq$ 4.5 mm
			梁托端孔到柱轴线距离偏差	±3.0	±3.0
			梁托的翘曲或扭曲 ≤1000	≤2.0	≤2.0
			梁托的翘曲或扭曲 >1000	≤3.0	≤3.0
			柱截面尺寸偏差 连接处	±3.0	±3.0
			柱截面尺寸偏差 非连接处	±4.0	±4.0
			柱脚底板平面度	≤5.0	≤5.0
			翼缘对腹板的垂直度 连接处	≤1.5	≤1.5
			翼缘对腹板的垂直度 其他处	不大于 $b_1/100$，且不大于 5.0 mm	$\leq b_1/100$，$\leq$ 4.5 mm
			柱脚螺孔对柱轴线的距离	≤3.0	≤3.0
			箱型截面连接处对角线差	≤3.0	≤3.0
			箱型柱身板垂直度	不大于 $h_1(b_1)/150$，且不大于 5.0 mm	$\leq h_1(b_1)/150$，$\leq$ 4.5 mm

3. 钢构件（钢梁）组装要求见表 2-14。

表 2-14 钢构件（钢梁）组装要求

单位：mm

类别	序号	检查项目		南方电网质量验评标准	控制要求
主控项目	1	吊车梁和吊车桁架		不应下挠	
	2	端部铣平	两端铣平时构件长度偏差	±2.0	±2.0
			两端铣平时零件长度偏差	±0.5	±0.5
			铣平面的平面度	≤0.3	≤0.3
			铣平面对轴线的垂直度	≤L_2/1500	≤L_2/1500
	3	外形尺寸	梁受力支托（支承面）表面至第一安装孔距离偏差	±1.0	±1.0
			实腹梁两端最外侧安装孔距离	±3.0	±3.0
			构件连接处的截面几何尺寸偏差	±3.0	±3.0
			梁连接处的腹板中心线偏移	≤2.0	≤2.0
一般项目	1	焊接"H"形钢接缝		符合现行国家标准的规定	执行南方电网质量验评标准
	2	顶紧接触面		有 75% 以上的面积紧贴	执行南方电网质量验评标准
	3	外露铣平面		防锈保护	执行南方电网质量验评标准
	4	焊接"H"形钢精度	截面高度 $h_1 \leq 500$	±2.0	±2.0
			截面高度 $500 < h_1 \leq 1000$	±3.0	±3.0
			截面高度 $h_1 > 1000$	±4.0	±4.0
			截面宽度偏差	±3.0	±3.0
			腹板中心偏移	≤2.0	≤2.0
			翼缘板垂直度	不大于 b_1/100，且不大于 3.0 mm	≤b_1/100，≤2.5 mm
			弯曲矢高（受压构件除外）	不大于 L_2/1000，且不大于 10.0 mm	≤L_2/1000，≤8.0 mm
			扭曲	不大于 h_1/250，且不大于 5.0 mm	≤h_1/250，≤4.5 mm
			腹板局部平面度行度 $t < 14$	≤3.0	≤3.0
			腹板局部平面度行度 $t \geq 14$	≤2.0	≤2.0
	5	焊接组装精度	对口错边	不大于 t/10，且不大于 3.0 mm	≤t/10，≤2.5 mm
			间隙偏差	±1.0	±1.0
			搭接长度差	±5.0	±5.0

续表

类别	序号	检查项目			南方电网质量验评标准	控制要求
一般项目	5	焊接组装精度	缝隙		≤1.5	≤1.5
			高度偏差		±2.0	±2.0
			垂直度		不大于 $b_1/100$，且不大于 3.0 mm	≤$b_1/100$，≤2.5 mm
			中心偏移		±2.0	±2.0
			型钢错位	连接处	≤1.0	≤1.0
				其他处	≤2.0	≤2.0
			箱形截面	高度偏差	±2.0	±2.0
				宽度偏差	±2.0	±2.0
				垂直度	不大于 $b_1/200$，且不大于 3.0 mm	≤$b_1/100$，≤2.5 mm
	6	安装焊缝坡口	坡口角度		±5°	±5°
			钝边		±1.0	±1.0
	7	外形尺寸	梁长度	端部有凸缘支座板	0~5.0	0~5.0
				其他形式	±$L_2/2500$，±10.0 mm	±$L_2/2500$，±10.0 mm
			端部高度	≤2000 m	±2.0	±2.0
				>2000 m	±3.0	±3.0
			拱度	设计要求起拱	±$L_2/5000$	±$L_2/5000$
				设计未要求起拱	+10.0~5.0	+10.0~5.0
			侧弯矢高		不大于 $L_2/2000$，且不大于 10.0 mm	≤$L_2/2000$，≤8.0 mm
			腹板局部平面度	$t≤14$	≤5.0	≤5.0
				$t>14$	≤4.0	≤4.0
			翼缘板对腹板的垂直度		不大于 $b_1/100$，且不大于 3.0 mm	≤$b_1/100$，≤2.5 mm
			吊车梁上翼缘与轨道接触面平面度		≤1.0	≤1.0
			箱型截面对角线差		≤5.0	≤5.0
			箱型截面两腹板到翼缘板中心线距离	连接处	≤1.0	≤1.0
				其他处	≤1.5	≤1.5
			梁端板的平面度（只允许凹进）		不大于 $h_1/500$，且不大于 2.0 mm	≤$h_1/500$，≤1.5 mm
			梁端板与腹板的垂直度		不大于 $h_1/500$，且不大于 2.0 mm	≤$h_1/500$，≤1.5 mm
			箱型柱身板垂直度		不大于 $h_1(b_1)/150$，且不大于 5.0 mm	≤$h_1(b_1)/150$，≤4.5 mm

4. 主变压器本体安装要求见表 2-15。

表 2-15　主变压器本体安装要求

类别	检查项目		性质	南方电网质量验评标准			控制要求
				合格	推荐值	检验方法及器具	
基础安装	预埋件			按设计规定		对照图纸检查	执行南方电网质量验评标准
	基础水平误差			< 5 mm	< 3 mm	用水准仪检查	< 3 mm
	轨道间距误差			< 5 mm	< 3 mm	用尺检查	< 3 mm
就位前检查	密性封能	充气运输气体压力		0.01 ~ 0.03 MPa		检查压力表	0.01 ~ 0.03 MPa
		带油运输		不渗油, 顶盖螺栓紧固		观察检查	执行南方电网质量验评标准
	油绝缘性能		主要	标准规定值		检查试验报告	执行南方电网质量验评标准
本体就位	滚装轮配	滚轮安装		能灵活转动		扳动检查	执行南方电网质量验评标准
		制动器安装		牢固, 可拆			执行南方电网质量验评标准
	支墩与变压器及预埋件连接			牢固		观察检查	执行南方电网质量验评标准
	本体接地		主要	牢固, 导通良好			执行南方电网质量验评标准
	冲击值和次数			按制造厂规定		对照厂家规定检查	执行南方电网质量验评标准
其他	油箱顶部定位装置			无变形, 无开裂		观察检查	执行南方电网质量验评标准

5. 主变压器附件安装要求见表 2-16。

表 2-16　主变压器附件安装要求

类别	检查项目			性质	南方电网质量验评标准			控制要求
					合格	推荐值	检验方法及器具	
高压套管安装	套管及电流互感器试验			主要	合格		检查试验报告	执行南方电网质量验评标准
	高座安装	外检观察	接线端子		牢固, 无渗漏油		观察检查	执行南方电网质量验评标准
			放气塞		升高座最高处			执行南方电网质量验评标准
		安装位置			正确		观察检查	执行南方电网质量验评标准
		绝缘筒装配			正确、不影响套管穿入			执行南方电网质量验评标准
		法兰连接			紧密			执行南方电网质量验评标准
		套管检查			清洁无损伤, 油位正常		观察检查	执行南方电网质量验评标准
		法兰连接螺栓		主要	齐全、紧固		用力矩扳手检查	执行南方电网质量验评标准

续表

类别	检查项目			性质	南方电网质量验评标准			控制要求
					合格	推荐值	检验方法及器具	
高压套管安装	引出线安装		穿线			顺直、不扭曲	观察检查	执行南方电网质量验评标准
		220 kV 500 kV	应力锥			在均压屏蔽罩内，深度合适		执行南方电网质量验评标准
			均压球			在均压屏蔽罩内间距15 mm左右	用尺检查	执行南方电网质量验评标准
			等电位铜片			连接可靠	扳动检查	执行南方电网质量验评标准
	引线与套管连接			主要		连接螺栓紧固密封良好	观察并用力矩扳手检查	执行南方电网质量验评标准
低压套管安装	套管检查					清洁，无损伤	观察检查	执行南方电网质量验评标准
	法兰连接			主要		连接螺栓紧固	用力矩扳手检查	执行南方电网质量验评标准
	与低压侧母线连接的母线桥			主要		采用绝缘护套包封	观察检查	执行南方电网质量验评标准
电压切换装置	无励磁分接开关		传动连杆			回装正确，转动无卡阻	转动检查	执行南方电网质量验评标准
			指示器			密封良好	观察检查	执行南方电网质量验评标准
	有载调压开关		分接头位置与指示器指示	主要		对应，且连锁、限位正确	操动检查	执行南方电网质量验评标准
			油室密封			良好	观察检查	执行南方电网质量验评标准
	就地指示					应与远方指示一致	观察检查	执行南方电网质量验评标准
储油柜安装	内部检查					清洁、无杂物	触摸、观察	执行南方电网质量验评标准
	胶囊或隔膜					无变形、损伤，且清洁	观察检查	执行南方电网质量验评标准
	胶囊或隔膜气密性			主要		无泄漏	缓慢充气试验	执行南方电网质量验评标准
	胶囊口密封					无泄漏，呼吸通畅	观察检查	执行南方电网质量验评标准
	油位计检查					反映真实油位		执行南方电网质量验评标准

续表

类别	检查项目		性质	南方电网质量验评标准			控制要求
				合格	推荐值	检验方法及器具	
吸湿器安装	连通管				无堵塞、清洁	观察检查	执行南方电网质量验评标准
	油封油位				在油面线处		执行南方电网质量验评标准
	吸湿剂				颜色正常		执行南方电网质量验评标准
安全气道安装及压力释放阀安装	内部检查				无杂物、污迹	观察检查	执行南方电网质量验评标准
	隔膜				完好		执行南方电网质量验评标准
	隔膜与法兰连接		主要		严密，不与大气相通		执行南方电网质量验评标准
	隔膜位置接点				动作准确，绝缘良好	试灯、兆欧表	执行南方电网质量验评标准
	释放器压力	位置			正确	观察检查	执行南方电网质量验评标准
		阀盖及弹簧	主要		无变动		执行南方电网质量验评标准
		电接点检查			动作准确，绝缘良好	检查试验报告	执行南方电网质量验评标准
气体继电器安装	继电器校验		主要		合格	检查试验报告	执行南方电网质量验评标准
	继电器安装				位置正确，无渗漏	观察检查	执行南方电网质量验评标准
	连通管升高坡度		主要		便于气体排向气体继电器		执行南方电网质量验评标准
	防雨罩安装				符合要求，避免接点受潮	观察检查	执行南方电网质量验评标准
温度计安装	温度计校验				制造厂已校验	检查校验报告	执行南方电网质量验评标准
	插座内介质及密封				与箱内油一致，密封良好	观察检查	执行南方电网质量验评标准
	测温包毛细导管				无压偏、死弯，弯曲半径 > 50 mm		执行南方电网质量验评标准
	就地指示				应与远方指示一致		执行南方电网质量验评标准

续表

类别	检查项目	性质	南方电网质量验评标准			控制要求
			合格	推荐值	检验方法及器具	
冷却器安装	外观检查			无变形，法兰端面平整	观察检查	执行南方电网质量验评标准
	密封性试验	主要		按制造厂规定	检查记录	执行南方电网质量验评标准
	支座及拉杆调整	主要		法兰面平行，密封垫居中不偏心受压	观察检查	执行南方电网质量验评标准
	潜油泵			结合面严密		执行南方电网质量验评标准
	流速、差压继电器			按制造厂规定	对照厂家规定检查	执行南方电网质量验评标准
	风扇			牢固，叶片无变形	观察检查	执行南方电网质量验评标准
	阀门动作			操作灵活，开闭位置正确	操动试验	执行南方电网质量验评标准
	外接管路			内壁清洁，流向标志正确	观察检查	执行南方电网质量验评标准
净油器安装	内部检查			清洁，无杂物、污迹	观察检查	执行南方电网质量验评标准
	滤网检查	主要		完好		执行南方电网质量验评标准
	吸湿剂			白色不透明		执行南方电网质量验评标准
其他	耐油绝缘导线			排列整齐，保护措施齐全	观察检查	执行南方电网质量验评标准
	接线箱盒			牢固，密封良好		执行南方电网质量验评标准
	控制箱安装			牢固	扳动检查	执行南方电网质量验评标准

6. 隔离开关安装要求见表 2-17。

表 2-17　隔离开关安装要求

类别	检查项目		性质	南方电网质量验评标准			控制要求
				合格	推荐值	检验方法及器具	
瓷柱安装	外观检查		主要	清洁，无裂纹		观察检查	执行南方电网质量验评标准
	瓷铁胶合处检查		主要	粘合牢固		观察检查	执行南方电网质量验评标准
	瓷柱与底座平面操作轴间连接螺栓			紧固		用扳手检查	执行南方电网质量验评标准
	均压环外观检查			清洁，无损伤、变形		观察检查	执行南方电网质量验评标准
导电部分	可挠软连接检查			连接可靠，无折损		扳动检查	执行南方电网质量验评标准
	接线端子检查		主要	清洁、平整，无外应力并涂有电力复合脂		观察检查	执行南方电网质量验评标准
	接触部位检查	触头表面镀银层		完整，无脱落		观察检查	执行南方电网质量验评标准
		线接触	主要	塞尺塞不进		用 0.05 mm×10 mm 塞尺检查	执行南方电网质量验评标准
		接触面宽度 ≤50 mm	主要	≤4 mm	≤3 mm	用 0.05 mm×10 mm 塞尺检查	≤3 mm
				注：塞尺塞入深度			执行南方电网质量验评标准
		接触面宽度 ≥60 mm	主要	≤6 mm	≤4 mm	用 0.05 mm×10 mm 塞尺检查	≤4 mm
				注：塞尺塞入深度			执行南方电网质量验评标准
传动装置	部件安装			连接正确，固定牢靠		观察检查	执行南方电网质量验评标准
	操作检查		主要	咬合准确，轻便灵活		操动检查	执行南方电网质量验评标准
	定位螺钉调整		主要	可靠，能防止拐臂超过死点			执行南方电网质量验评标准
	辅助开关检查		主要	动作可靠，触点接触良好		操动检查	执行南方电网质量验评标准
	接地开关与主触头间机械或电气闭锁		主要	准确可靠			执行南方电网质量验评标准
	限位装置动作检查		主要	在分、合闸极限位置可靠切除电源			执行南方电网质量验评标准
	机构箱密封垫检查			完整		观察检查	执行南方电网质量验评标准

续表

类别	检查项目	性质	南方电网质量验评标准			控制要求
			合格	推荐值	检验方法及器具	
隔离开关调整	触头间相对位置	主要	按制造厂规定		对照厂家规定检查	执行南方电网质量验评标准
	备用行程					执行南方电网质量验评标准
	触头两侧接触压力	主要				执行南方电网质量验评标准
	分闸状态触头间净距或拉开角度	主要	按制造厂规定		对照厂家规定检查	执行南方电网质量验评标准
	触头接触时不同期允许值	主要				执行南方电网质量验评标准
	引弧触头与主动触头按顺序动作		正确		操动检查	执行南方电网质量验评标准
	隔离开关与操作机构联动试验	主要	动作平稳，无卡阻			执行南方电网质量验评标准
接地	底座接地		牢固，导通良好		扳动并进行导通检查	执行南方电网质量验评标准
	机构箱接地					执行南方电网质量验评标准
	隔离开关安装用支架接地	主要	应有2点与接地网可靠连接		观察并进行导通检查	执行南方电网质量验评标准
其他	防松件检查	主要	防松螺母紧固，开口销打开		观察检查	执行南方电网质量验评标准
	相色标志		正确，清晰			执行南方电网质量验评标准
	孔洞处理		密封良好			执行南方电网质量验评标准
	机构箱内元器件标识		正确，清晰，不易脱色		观察检查	执行南方电网质量验评标准
	机构箱内电加热装置		齐全，且能正常使用		观察并用表计检查	执行南方电网质量验评标准
	机构箱内照明装置		齐全，且能正常使用		观察并用表计检查	执行南方电网质量验评标准

7. SF$_6$断路器安装要求见表2-18。

表2-18　SF$_6$断路器安装要求

类别	检查项目		性质	南方电网质量验评标准			控制要求
				合格	推荐值	检验方法及器具	
基础检查	基础中心距离误差			≤10 mm	≤8 mm	用尺检查	≤8 mm
	基础高度误差			≤10 mm	≤8 mm	用水准仪检查	≤8 mm
	预留孔或预埋件中心距离误差			≤10 mm	≤8 mm	用尺检查	≤8 mm
	预埋螺栓中心距离误差			≤2 mm			≤2 mm
支架安装	与基础间垫铁检查			不超过3片，总厚度≤10 mm，各片间焊接牢固		用尺检查	执行南方电网质量验评标准
	支架固定			牢固		扳动检查	执行南方电网质量验评标准
	接地		主要	应有2点与接地网可靠连接		观察并进行导通检查	执行南方电网质量验评标准
机构箱安装	外观检查			完整，无损伤		观察检查	执行南方电网质量验评标准
	机构箱固定		主要	牢固		用扳手检查	执行南方电网质量验评标准
	接地	连接面检查		接触良好		导通检查	执行南方电网质量验评标准
		接地连接	主要	可靠，导通良好		扳动并进行导通检查	执行南方电网质量验评标准
支柱瓷套安装	外观检查		主要	完整，无裂纹		观察检查	执行南方电网质量验评标准
	相间中心距离误差			≤5 mm	≤3 mm	用尺检查	≤3 mm
	支柱与机构箱连接	密封圈（垫）检查		完好，无变形、破损		观察检查	执行南方电网质量验评标准
		螺栓紧固力矩	主要	按制造厂规定		对照厂家规定用力矩扳手检查	执行南方电网质量验评标准
灭弧室安装	外观检查		主要	清洁，无损伤		观察检查	执行南方电网质量验评标准
	吸附剂检查			干燥		对照厂家规定检查	执行南方电网质量验评标准
	三联箱	气路连接	主要	正确可靠		观察检查	执行南方电网质量验评标准
		传动杆连接	主要	正确可靠			执行南方电网质量验评标准
		密封圈（垫）检查		完好，无变形、破损			执行南方电网质量验评标准

续表

类别	检查项目		性质	南方电网质量验评标准			控制要求
				合格	推荐值	检验方法及器具	
灭弧室安装	密封槽面检查		主要	清洁，无划痕		观察检查	执行南方电网质量验评标准
	螺栓紧固力矩		主要	按制造厂规定		对照厂家规定用力矩扳手检查	执行南方电网质量验评标准
	导电部分检查		主要	清洁，无损伤，且连接		观察并用扳手检查牢固情况	执行南方电网质量验评标准
均压电容安装	外观检查			清洁，无损伤		观察检查	执行南方电网质量验评标准
	均压电容值			按制造厂规定		检查试验报告	执行南方电网质量验评标准
	安装位置		主要			对照厂家规定检查	执行南方电网质量验评标准
操动机构	分、合闸线圈铁芯动作检查		主要	可靠，无卡阻		操动试验检查	执行南方电网质量验评标准
	辅助开关检查			接点无烧损，接触良好		观察检查	执行南方电网质量验评标准
	加热装置			无损伤，绝缘良好		用万用表及兆欧表检查	执行南方电网质量验评标准
	电气回路绝缘检查			绝缘良好		用兆欧表检查	执行南方电网质量验评标准
	弹簧机构	切换开关、离合器动作配合检查		符合厂家规定		操动试验检查	执行南方电网质量验评标准
		牵引杆下端或凸轮与合闸锁扣检查	主要	储能后，锁扣可靠			执行南方电网质量验评标准
		分合闸闭锁装置动作检查	主要	灵活、准确、可靠			执行南方电网质量验评标准
		合闸位置保持程度检查	主要	可靠			执行南方电网质量验评标准
		分／合闸弹簧检查	主要	无变形、锈蚀		观察检查	执行南方电网质量验评标准
		转动部分检查		灵活且涂润滑脂		操动试验检查	执行南方电网质量验评标准
		分合闸缓冲器行程检查		符合厂家规定		对照厂家规定检查	执行南方电网质量验评标准

续表

类别	检查项目		性质	南方电网质量验评标准			控制要求
				合格	推荐值	检验方法及器具	
SF₆气体充注	充气设备及管路检查			洁净，无水分、油污		观察检查	执行南方电网质量验评标准
	充气前断路器内部真空度		主要	按制造厂规定		对照厂家规定检查	执行南方电网质量验评标准
	密度继电器			报警、闭锁压力值按制造厂规定整定			执行南方电网质量验评标准
	SF₆气体含水量		主要			检查试验报告	执行南方电网质量验评标准
	SF₆气体压力		主要	按制造厂规定		观察密度继电器	执行南方电网质量验评标准
	整体密封试验		主要			对照厂家规定检查	执行南方电网质量验评标准
其他	断路器与操作机构联动试验		主要	正常，无卡阻		操作试验检查	执行南方电网质量验评标准
	分、合闸指示			与断路器分、合位置对应			执行南方电网质量验评标准
	操作计数器指示			正确			执行南方电网质量验评标准
	控制箱	零部件检查		齐全，完好		观察检查	执行南方电网质量验评标准
		接地		牢固，导通良好		扳动并进行导通检查	执行南方电网质量验评标准
		照明装置		齐全，且能正常使用		观察并用表计测量	执行南方电网质量验评标准
	机构箱及控制箱密封			密封良好		观察检查	执行南方电网质量验评标准
	相色标志			正确			执行南方电网质量验评标准

8. 手车式高压成套配电柜安装要求见表 2-19。

表 2-19　手车式高压成套配电柜安装要求

类别	检查项目		性质	南方电网质量验评标准			控制要求
				合格	推荐值	检验方法及器具	
柜体就位找正	间隔布置		主要	按设计规定		对照设计图检查	执行南方电网质量验评标准
	垂直度（每米）		主要	＜1.5 mm		用铅坠检查	＜1.5 mm
	水平误差	相邻两柜顶部		＜2 mm		拉线检查	＜2 mm
		成列柜顶部		＜5 mm	＜3 mm		＜3 mm
	盘面误差	相邻两柜边		＜1 mm			＜1 mm
		成列柜面		＜5 mm	＜3 mm		＜3 mm
柜体固定	柜间接缝			＜2 mm		用尺检查	＜2 mm
	螺栓固定			牢固		观察或扳动检查	执行南方电网质量验评标准
	紧固件检查			完好、齐全		观察检查	执行南方电网质量验评标准
	紧固件表面处理			镀锌		观察检查	执行南方电网质量验评标准
	震动场所的防震措施			按设计规定		对照设计图检查	执行南方电网质量验评标准
柜体接地	底架与基础连接		主要	导通良好		观察并进行导通检查	执行南方电网质量验评标准
	装有电器可开启屏门的接地			用软铜导线可靠接地			执行南方电网质量验评标准
开关柜机械部件检查	柜面检查			平整、齐全		观察检查	执行南方电网质量验评标准
	设备附件清点			齐全		对照设备清单检查	执行南方电网质量验评标准
	门销开闭			灵活		操动检查	执行南方电网质量验评标准
	柜内照明装置			齐全		观察检查	执行南方电网质量验评标准
	手车推拉试验		主要	轻便，不摆动		操动检查	执行南方电网质量验评标准
	电气"五防"装置			齐全、灵活可靠		操动试验	执行南方电网质量验评标准
	安全隔离板开闭			灵活		操动检查	执行南方电网质量验评标准

续表

类别	检查项目		性质	南方电网质量验评标准			控制要求
				合格	推荐值	检验方法及器具	
开关柜电气部件检查	设备型号及规格			按设计规定		对照设计图检查	执行南方电网质量验评标准
	设备外观检查			完好		观察检查	执行南方电网质量验评标准
	活动接地装置的连接			导通良好，通断顺序正确		操动试验	执行南方电网质量验评标准
	电气联锁接点接触			紧密、导通良好		导通检查	执行南方电网质量验评标准
	触头检查	动、静触头中心线		一致		观察检查	执行南方电网质量验评标准
		动、静触头接触	主要	紧密、可靠			执行南方电网质量验评标准
		动、静触头接触间隙		按制造厂规定		用尺检查	执行南方电网质量验评标准
		小车与柜体接地触头接触		紧密、可靠		观察检查	执行南方电网质量验评标准
	仪表继电器防震措施			可靠		观察检查	执行南方电网质量验评标准
	带电部分对地距离	一次回路		按《电气安装工程母线装置施工及验收规范》（GB 50149—2010）中表 2.1.13-1 规定		对照规范检查	执行南方电网质量验评标准
		二次回路		按《电气装置安装工程盘、柜及二次回路结线施工及验收规范》（GB 50171—1992）中表 3.0.6 规定			执行南方电网质量验评标准
	电加热装置			齐全，且能正常使用		观察并用表计检查	执行南方电网质量验评标准
	高压带电显示装置			指示正确		通电检查	执行南方电网质量验评标准

9. 管形母线安装要求见表 2-20。

表 2-20　管形母线安装要求

类别	检查项目		性质	南方电网质量验评标准			控制要求
				合格	推荐值	检验方法及器具	
铝合金管及金具	铝合金管外观检查				光洁，无裂纹	观察检查	执行南方电网质量验评标准
	铝合金管口				平整，且与轴线垂直	用尺检查	执行南方电网质量验评标准
	铝合金管弯曲度				按《电气安装工程母线装置施工及验收规范》（GB 50149—2010）规定	对照规范检查	执行南方电网质量验评标准
	金具检查				光洁，无损伤、裂纹	观察检查	执行南方电网质量验评标准
管母线焊接	焊接方式		主要		氩弧焊	观察检查	执行南方电网质量验评标准
	焊口尺寸		主要		按《电气安装工程母线装置施工及验收规范》（GB 50149—2010）规定	对照规范检查	执行南方电网质量验评标准
	坡口处理	两侧 50 mm 范围内表面处理			清洁、无氧化膜	观察检查	执行南方电网质量验评标准
		坡口加工面	主要		无毛刺、飞边	观察检查	执行南方电网质量验评标准
	对口	弯折偏移			≤ 0.2%	用尺检查	≤ 0.2%
		中心线偏移			≤ 0.5 mm	用尺检查	≤ 0.5 mm
	衬管	纵向轴线位置	主要		位于焊口中央	用尺检查	执行南方电网质量验评标准
		与管母线间隙			≤ 0.5 mm	用尺检查	≤ 0.5 mm
	焊缝检查	焊缝高度			2 ～ 4 mm	用尺检查	2 ～ 4 mm
		焊缝外观	主要		符合《铝母线焊接技术规程》（DL/T 754—2001）规定	观察检查	执行南方电网质量验评标准
	管母焊接试件检查		主要		符合规定	查看检验报告	执行南方电网质量验评标准
管母线安装	阻尼线安装				符合设计要求	管母安装前观察检查	执行南方电网质量验评标准
	金具连接		主要		无闭合磁路	观察检查	执行南方电网质量验评标准
	金具固定				平整，牢固	观察检查	执行南方电网质量验评标准
	焊口距支持器边缘距离				≥ 50 mm	用尺检查	≥ 50 mm
	母线与滑动式支持器轴座间隙				1 ～ 2 mm	用尺检查	1 ～ 2 mm

续表

类别	检查项目	性质	南方电网质量验评标准			控制要求
			合格	推荐值	检验方法及器具	
管母线安装	伸缩节外观	主要		无裂纹、断股、褶皱	观察检查	执行南方电网质量验评标准
	母线终端防晕装置			表面光滑，无毛刺、凹凸不平	观察检查	执行南方电网质量验评标准
	三相母线管段轴线			互相平行	观察检查	执行南方电网质量验评标准
	均压环及屏蔽罩检查	主要		完整，无变形，且固定牢靠	观察检查	执行南方电网质量验评标准
整体检查	带电体间及带电体对其他物体间距离			按《电气安装工程母线装置施工及验收规范》（GB 50149—2010）规定	对照规范检查	执行南方电网质量验评标准
	母线相色标志			齐全，正确	观察检查	执行南方电网质量验评标准

10. 引下线及设备连线安装要求见表2-21。

表2-21　引下线及设备连线安装要求

类别	检查项目	性质	南方电网质量验评标准			控制要求
			合格	推荐值	检查方法及器具	
导线及金具检查	导线外观	主要		无断股、松散及损伤；扩径导线无凹陷、变形	观察检查	执行南方电网质量验评标准
	导线切断口			整齐，无松散、毛刺，并与线股轴线垂直		执行南方电网质量验评标准
	金具型号及规格	主要		与连接导线相匹配		执行南方电网质量验评标准
	金具及紧固件外观	主要		光洁，无裂纹、毛刺及凹凸不平		执行南方电网质量验评标准
	导线与连接线夹接触面处理	主要		清洁、无氧化膜，并涂有电力复合脂		执行南方电网质量验评标准
液压压接	扩径导线与耐张线夹压接	主要		中心空隙填满相应的衬料	观察检查	执行南方电网质量验评标准
	导线插入线夹长度	主要		等于线夹长度		执行南方电网质量验评标准
	压接钢模及压接钳检查			规格匹配		执行南方电网质量验评标准
	相邻压接段重叠长度			≥5 mm	用尺检查	≥5 mm

续表

类别	检查项目		性质	南方电网质量验评标准			控制要求
				合格	推荐值	检查方法及器具	
液压压接	压接后检查	压接管弯曲度		≤2%		用尺检查	≤2%
		压接管表面		光滑，无裂纹、凹陷		观察检查	执行南方电网质量验评标准
		管端导线外观	主要	无隆起、松股			执行南方电网质量验评标准
		六角形对边尺寸	主要	≤0.866D+0.2 mm接续管外径		用尺检查	执行南方电网质量验评标准
	压接试件试验		主要	合格		检查试件试验报告	执行南方电网质量验评标准
螺栓连接	导线与线夹间铝包带绕向			与外层铝股旋向一致		观察检查	执行南方电网质量验评标准
	铝包带露出线夹口长度			≤10 mm	≤8 mm	用尺检查	≤8 mm
	铝包带端口处理			压回线夹内		观察检查	执行南方电网质量验评标准
	连接螺栓		主要	紧固均匀，且螺栓露出螺母2～3扣		用力矩扳手检查	执行南方电网质量验评标准
	耐张线夹引至设备的母线配置			完整，无断口		观察检查	执行南方电网质量验评标准
导线安装及整体检查	相同布置分支线弯曲度及弛度			一致		观察检查	执行南方电网质量验评标准
	跳线和引下线线间及对构架距离		主要	按《电气安装工程母线装置施工及验收规范》（GB 50149—2010）规定		对照规范检查	执行南方电网质量验评标准
	导线与电器接线端子连接		主要	端子无变形、损坏，无外应力		观察检查	执行南方电网质量验评标准

11. 控制柜及端子箱安装要求见表 2-22。

表 2-22 控制柜及端子箱安装要求

类别	序号	检查项目	南方电网质量验评标准	控制要求
主控项目	1	垂直度误差（每米）	<1.5 mm	执行南方电网质量验评标准
	2	固定连接	牢固	执行南方电网质量验评标准

续表

类别	序号	检查项目		南方电网质量验评标准	控制要求
一般项目	1	外观质量		完好无损伤,盘上标志正确、齐全、清晰、不易脱色,油漆无脱落、褶皱、污染	执行南方电网质量验评标准
	2	水平误差	相邻两盘顶部	＜2 mm	执行南方电网质量验评标准
			成列盘顶部	＜3 mm	执行南方电网质量验评标准
	3	盘面误差	成列盘顶部	＜1 mm	执行南方电网质量验评标准
			成列盘面	＜3 mm	执行南方电网质量验评标准
	4	盘间接缝		＜2 mm	执行南方电网质量验评标准
	5	屏柜固定	紧固件检查	完好、齐全、紧固	执行南方电网质量验评标准
			紧固件表面处理	镀锌	执行南方电网质量验评标准
	6	屏柜接地	底架与基础间接触	牢固,导通良好	执行南方电网质量验评标准
			有防震垫的盘接地	每段盘有2点以上明显接地	执行南方电网质量验评标准
			装有电器可开启屏门的接地	用软铜导线可靠接地	执行南方电网质量验评标准
			屏蔽接地检查	符合反措要求,与接地网1点可靠连接	执行南方电网质量验评标准

12.电缆、光缆敷设要求见表2-23。

表2-23　电缆、光缆敷设要求

类别	序号	检查项目	南方电网质量验评标准	控制要求
主控项目	1	绝缘检查	良好	执行南方电网质量验评标准
	2	电缆弯曲半径	按《电气安装工程电缆线路施工及验收规范》(GB 50168—2006)规定	执行南方电网质量验评标准
	3	标志	电缆线路设计编号、型号、规格及起讫地点清晰;字迹清晰,不易脱落	执行南方电网质量验评标准
	4	电缆外观检查	无机械损伤	执行南方电网质量验评标准

续表

类别	序号	检查项目		南方电网质量验评标准	控制要求
一般项目	1	敷设路径		按设计规定	执行南方电网质量验评标准
	2	敷设时环境温度		按《电气安装工程电缆线路施工及验收规范》（GB 50168—2006）规定	执行南方电网质量验评标准
	3	外观检查		排列整齐，弯度一致，少交叉	执行南方电网质量验评标准
	4	电缆管	畅通检查	内部无积水、杂物	执行南方电网质量验评标准
			内径	按设计规定	执行南方电网质量验评标准
			电缆管口封闭	按《电气安装工程电缆线路施工及验收规范》（GB 50168—2006）规定	执行南方电网质量验评标准
一般项目	5	电缆标志牌	装设位置	电缆头两端、接头、拐弯处、夹层内及竖井两端	执行南方电网质量验评标准
			固定	牢靠	执行南方电网质量验评标准
			规格	统一	执行南方电网质量验评标准
	6	电缆固定	电缆支持点间距离	按《电气安装工程电缆线路施工及验收规范》（GB 50168—2006）规定	执行南方电网质量验评标准
			水平敷设	电缆首末端及转弯处、接头两端	执行南方电网质量验评标准
			超过45°倾斜敷设	电缆每个支持点	执行南方电网质量验评标准
			固定强度	固定强度	执行南方电网质量验评标准
	7	电缆接地	电缆钢铠层	符合规范	执行南方电网质量验评标准
			电缆屏蔽层	符合规范及反措要求	执行南方电网质量验评标准
	8	敷设后检查	电缆外观检查	无机械损伤	执行南方电网质量验评标准
			电缆管口封闭	按《电气安装工程电缆线路施工及验收规范》（GB 50168—2006）规定	执行南方电网质量验评标准
			电缆孔洞处理	电缆沟、隧道、竖井、建筑物及盘（柜）电缆出入口封闭良好	执行南方电网质量验评标准
			电缆沟	无杂物、积水，清洁	执行南方电网质量验评标准

13. 二次回路要求见表2-24。

表2-24 二次回路要求

类别	序号	检查项目		南方电网质量验评标准	控制要求
主控项目	1	导线外观		绝缘层完好,无中间接头	执行南方电网质量验评标准
	2	配线连接(螺接、插接、焊接或压接)		牢固、可靠	执行南方电网质量验评标准
	3	导线配置		按设计要求	执行南方电网质量验评标准
	4	导线芯线外观		无损伤	执行南方电网质量验评标准
一般项目	1	配线	导线端头标志	清晰正确,且不易脱色	执行南方电网质量验评标准
			箱内配线绝缘等级	耐压≥500 V	≥1000 V
			箱内配线截面积	电流回路≥2.5 mm²,信号、电压回路≥1.5 mm²	执行南方电网质量验评标准
			用于可动部位的导线	多股软铜线	执行南方电网质量验评标准
	2	电缆接线	线束绑扎松紧和形式	松紧适当、匀称,形式一致	执行南方电网质量验评标准
			导线束的固定	牢固	执行南方电网质量验评标准
			每个接线端子并接芯线数	≤2根	执行南方电网质量验评标准
			备用芯预留长度	至最远端子处	执行南方电网质量验评标准
			导线接引处预留长度	适当,且各线余量一致	执行南方电网质量验评标准
			电气回路连接(螺接、插接、焊接或压接)	紧固可靠	执行南方电网质量验评标准
一般项目	2	电缆接线	导线芯线端部弯圈	顺时针方向,且大小合适	执行南方电网质量验评标准
			多股软导线端部处理	加终端附件或搪锡	执行南方电网质量验评标准
			裸露部分表面漏电距离	按《电气装置工程安装盘、柜及二次回路结线施工及验收规范》(GB 50171—1992)规定	执行南方电网质量验评标准

第三节　施工工艺质量保证措施

一、土建工程

（一）砌体、抹灰工序施工工艺质量保证措施

1. 材料质量要求。砖的品种、规格、强度等级必须符合设计要求，并有出厂合格证，色泽均匀，边角整齐。水泥采用普通硅酸盐水泥，砂为中砂，含泥量不超过规范要求。材料按要求取样送检合格。

2. 砌筑工艺要求。

（1）砖必须在砌筑前一天浇水湿润。

（2）选砖：砖墙应选择棱角整齐，无弯曲、裂纹，颜色均匀，规格一致的砖。

（3）盘角：砌转前应先盘角，每次盘角不要超过五层，及时进行吊靠。盘角时要仔细对照皮数杆的砖层和标高，控制好灰缝大小，使水平灰缝均匀一致，平整和垂直完全符合要求后再挂线砌墙。

（4）挂线：砌筑围墙时要双面挂线，每层砖都要穿线看平，使水平灰逢均匀一致，平直通顺。

（5）砌砖：水平灰缝厚度和竖向宽度一般为 10 mm，但不应小于 8 mm，也不应大于 12 mm。为保证墙面主缝垂直，不游丁走缝，当砌完一步架高时，每隔 2 m 水平间距在丁砖立楞位置弹两道垂直立线，可以分段控制游丁走缝，不允许有三分头，七分头要用锯切割，随砌随划缝，划缝深度为 8 ~ 10 mm，深浅一致，墙面清扫干净。

（二）清水混凝土工程施工工艺质量保证措施

清水混凝土施工工艺应用于构支架基础、防火墙柱、外露设备基础、构支架保护帽等，其工艺质量保证措施为：

1. 几何尺寸准确。

2. 外露基础结构棱角为倒圆角，线条通顺。

3. 表面平整，颜色一致。

4. 无接槎痕迹，无蜂窝麻面，无气泡。

5. 执行精细化设计及施工图要求的清水混凝土等级。

（三）模板工程施工工艺质量保证措施

1. 清水混凝土模板体系：清水混凝土模板使用规格 2440 mm × 1220 mm × 18 mm 的黑色清水面大模板，配电区外露基础、主变及高抗基础等用塑料模倒圆角线条。

2. 模板制作：为保证基础在宽范围不留竖缝，且考虑在周转过程中模板拼缝不受损害，决定将木模板水平制作，模板接缝错台处用木条补齐。施工前安排专人检查木模板及方木的制作质量，制作允许偏差为长宽不超过 2 mm，对角线不超过 3 mm，方木厚度、平整度偏差不超过 2 mm。

3. 拼模板缝：模板接缝必须平顺，缝隙不超过 1.5 mm。

4. 基础、柱角塑料模倒圆线条安装方法：在基础、柱模面上将塑料模与模板固定牢固，钉子不准露出塑料模。

5. 柱模安装：按照模板边线，在柱边四周距地 5～8 cm 处的主筋焊接模板定位支杆，从四面顶住模板，以防止位移。要检查并纠正移位和垂直度，最后再安装柱箍。

6. 梁模板安装：梁底架子应稳定；设计标高，调整立杆标高；梁底模、梁侧模均纵向布置；在主、次梁交接处，应在主梁侧板上留缺口并钉上衬口档，次梁的侧和底板钉在衬口档上；柱顶与梁交接处要留出缺口，缺口尺寸即为梁的高及宽（梁高以扣除板厚度计算），并在缺口两侧及口底钉上衬口档，衬口档离缺口边的距离即为梁侧及底板厚度；梁底模安装后，要挂中线进行检查，校核各梁模中心位置是否对正，并校核梁底标高；梁侧模、梁底模拼装时，只允许有横向接缝，不允许出现纵向接缝。拼缝处先用泥子填平，再用单面胶带纸粘牢。梁底、梁侧其他预埋件用螺丝与模板固定牢固。

7. 模板必须待混凝土达到要求的脱模强度后方可拆除。柱模板应在混凝土强度能保证其表面及棱角不因拆模而受损坏时，方可拆除；梁底模板在混凝土强度达到设计后方可拆除。

（四）防水工程施工工艺质量保证措施

1. 防水施工选用具有专业资质、信誉好的作业队伍，施工操作人员均要持证上岗，并要求具有多年的施工操作经验。

2. 对防水卷材进行优选，对确定的防水卷材除必须具有认证资料外，还必须对进场的材料复试，满足要求后方可进行施工。

3. 严格按操作工艺进行防水卷材施工，施工完成后必须及时进行蓄水试验，合格后及时做好防水保护层的施工，以防止防水卷材被人为破坏，造成渗漏。

4. 加强过程控制与检查，严格管理，以确保防水施工质量。

（五）装饰工程施工工艺质量保证措施

根据现场实际情况，为使装饰工程更加美观和适用，对装修图纸进行细化优化，经设计认可后出二次装修施工图。

1. 确定卫生间地漏安装高度，明确地面各层做法厚度，避免返坡。根据卫生间地砖尺寸，将地漏安装在整块地砖的正中央，地砖沿对角线双向套割，排水更加顺畅。根据空间尺寸以及瓷砖、地砖尺寸，确定排砖方式及管道井尺寸、吊顶高度，尽量使用整砖，减少套割量。

2. 根据地砖、不同地板材质厚度确定施工做法，确保在接茬处找平整。

3. 科学安排装饰面板、卫生洁具及五金安装位置，使其既合理，又保证跟瓷砖、地砖缝对称安装；强弱电、讯号等外露设备，应有规律地对称安装。

4. 大理石、成品饰面挂板等材料在工厂加工成型，运抵现场按编号安装就位，在现场不允许再重新切割加工。选购相应吊顶板材，确保切割最少，不得出现小于半块的窄跳，板材对称安装。

5. 熟悉施工工艺和细部做法，掌握材料特性。

6. 结合样板施工期间各专业在吊顶内、墙体内、地面下的各种管线相互交叉、相互制约、相互影响的实际情况，确定各专业管道之间的合理位置和标高；制定各专业间合理的工序搭接和工艺流程。

7. 墙、地面分格对缝。门厅和公共走廊地面块材分格是对缝设计的，这就要求测量的平面轴线间距尺寸非常准确。如果稍有偏差，则墙面块材施工后，地面在施工时就很难和墙面垂直。设定统一测定的柱网来施工，使地面石材分缝笔直，所有缝隙均匀一致。

8. 顶棚放线控制。吊顶天棚四周高度一致，起拱交圈正中点位置正确。对设备安装需提供精确的位置，使先期安装的风口和消防喷淋头的位置能与成品天花板配合准确。

9. 瓷砖施工。将排砖美观、砖缝线顺直、防空鼓作为工程质量突破点。

10. 吊顶施工。安装龙骨在栓紧螺栓、螺母时要顺着丝扣紧固，切忌强力损坏丝扣；吊杆要求是合格的新钢筋且经过冷拉或调直；主、副龙骨挂件及大吊有变形的用铁钳加工，以满足施工要求。挂副龙骨时主、副龙骨要紧贴，挂件与主龙骨连接时用铁钳夹紧，让其连接无活动间隙。避免金属饰面板因质量轻、强度不高出现曲翘、拆边，随龙骨的起浮而不平的情况。

二、安装工程

（一）构架及设备支架接地安装工艺质量保证措施

1. 根据构架及设备支架接地端子样式、位置，实行样板带路。
2. 接地线平顺，横看水平，纵看竖直。
3. 采用冷弯工艺制作接地线。

（二）设备底座接地施工工艺质量保证措施

1. 做到相同设备、相同位置材质一致、规格一致、高度一致、方向一致；黄绿接地漆在相同设备、相同位置上的宽度一致。
2. 强调样板带路。
3. 采用冷弯工艺制作接地线。

（三）软母线施工工艺质量保证措施

1. 金具螺栓的穿入方向全站统一。当金具平置时，贯穿螺栓应由下往上穿；金具立置时，贯穿螺栓应由左向右、由里向外穿。
2. 同档距内弛度一致，三相弛度误差应控制在 −1% ～ +3%。

3.成排设备的软母线弯曲一致，间隔棒成行、整齐、美观。

（四）主变及附属设备施工工艺质量保证措施

1.散热片风扇电源电缆管弯曲一致，电缆挂牌高度统一。

2.合理布置变压器电缆布线，不拘泥于厂家设计布置，做到合理、美观。

3.进行密封试验，确保主变压器投运后不出现油渗漏现象。

4.在施工中采取措施确保油类不遗洒，做到文明施工，保护环境。

（五）硬母线施工工艺质量保证措施

1.各相管母线平直、表面光洁、同一水平，管母线各相管之间距离按设计尺寸保持一致。

2.管母线焊缝应呈圆弧形，光滑连续，无毛刺和凹凸不平现象。

（六）电缆支架施工工艺质量保证措施

1.电缆支架水平距离一致，同层横撑应在同一水平面上。

2.在支架横档端部套热缩管，增大电缆与支架间的摩擦力，防止电缆侧向滑落，保证同侧的热缩管在同一立面上。

3.保证电缆支架安装牢固、整齐、美观。

（七）电缆敷设施工工艺质量保证措施

1.电缆排列整齐、美观。

2.电缆进入设备、转弯处的弧度一致。

3.固定牢固，电缆标牌位置统一、排列整齐，方便查看。

4.电缆挂牌采用分色标识，与电缆逐一对应，便于查找。

第四节　施工质量通病控制措施

一、土建工程

（一）清水混凝土施工质量通病的防治

1.柱根部漏浆的防治。

（1）柱模板支设前，应对柱根部模板支设处用1∶2水泥砂浆找平，找平层要用水平尺进行检查，确保水平平整（适用于承台面、楼层面上的柱构件）。

（2）柱模板下口全部过手推刨，确保下口方正平直。柱模板底部还要粘贴一道双面海绵胶带（要与柱内边尺寸齐平），以利于模板与找平层挤压严密。

（3）柱根部应留设排水孔，以利于排除模板内冲洗水，浇混凝土前要用砂浆将排水孔与柱根部模板周围封堵牢固。

（4）对于柱与柱接头处，可在下层柱面、模板根部部位水平粘贴两道一定厚度的海绵胶带，可保证支设加固模板时模板底部与柱面挤压紧密。

（5）浇筑混凝土前必须做接浆处理，即在柱根部均匀浇筑一层厚 5 ~ 10 cm 的同配合比的水泥砂浆，严禁无接浆浇筑混凝土。

2. 模板接缝明显、混凝土错台的防治。

（1）对清水混凝土工艺的施工，模板和模板体系的选择相当重要，因此要选用规格、厚度一致的木胶合板。胶合板可采用酚醛覆膜木胶合板模板，该模板选用优质主体材料，表面为防水性强的酚醛树脂浸渍纸，光洁平整，强度高，质量轻，防水性强，加固用统一刨光方木，以确保尺寸精确统一。清水模板使用前要仔细检查，确保厚度一致的材料用到同一构件中。

（2）模板组合拼装时严禁出现模板缝，方木加固要与模板拼缝垂直设置。

（3）大组合模板接头处应将模板边缘用手工刨推平，然后贴上双面海绵胶带，保证对齐后再拼接。

（4）加固用的钢管箍或槽钢箍严禁挠曲、变形，且必须具备足够的强度和刚度，确保清水镜面混凝土表面平整。

3. 基础及柱线角漏浆、起砂与不顺直的防治。

（1）塑料线条要确保规格一致，线条顺畅，使用前要统一逐根挑选，挠曲变形及开裂者严禁使用。塑料线条上刷胶及胶带纸粘贴要专人施工，专人负责，粘贴胶带纸要宽一些，每边宽出塑料线条边 2 cm，要双面收头。若发现有胶带纸鼓包现象，用针刺破以排出气体。塑料线条安装时与模板接触部位要粘贴双面海绵胶带，以便安装时与模板挤紧挤密。塑料线条上海绵胶带与塑料线条边要贴齐，禁止出现两者间里出外进的情况。

（2）塑料线条往模板上钉时，必须拉出塑料线条边线，逐根挑选，确保把规格一致的塑料线条钉在同一构件上。一般固定在小面模板上，钉子间距 200 ~ 250 mm，以保证塑料线条在支设大面模板时不变形。塑料线条接头处全部为 45° 角接头，不允许直接对接。

4. 混凝土表面起皱的防治。

为达到清水混凝土效果，拆除模板后要及时清理维护，出现表面起皱的模板要及时更换。

5. 混凝土表面气泡的防治。

（1）清水镜面混凝土模板在混凝土浇筑过程中排水、透气性差，因此混凝土振捣的质量水平很大程度上取决于混凝土表面气泡的多少。

（2）混凝土应分层浇筑，采用测杆检查分层厚度，如每层 50 cm，测杆每隔 50 cm 刷红蓝标志线。测量时直立在混凝土表面上，以外漏测杆的长度来检验分层厚度，并配备检查、浇筑用到的照明灯具，分层厚度应满足要求。待第一层混凝土振捣密实，直至混凝土表面呈水平且不再明显下沉和产生气泡为止，再浇筑第二层混凝土；在浇筑上层混凝土时，应插入下层混凝土 5 cm 左右，以消除两层之间的接缝。

（3）混凝土振捣应插点均匀，快插慢拔，每一插点要掌握好振捣时间，过短不利于捣实和气泡排出，过长可能造成混凝土分层离析现象，致使混凝土表面颜色不一致。

（4）混凝土振捣时，振动棒若紧靠模板振捣，则很可能将气泡赶至模板边，反而不利于气泡排出；振动棒与模板内边缘应保持 5～10 cm 的距离，以利于混凝土振捣，同时减少混凝土气泡的产生。

6. 混凝土表面颜色不一致、无光泽的防治。

混凝土表面颜色一致、光滑、有光泽是清水镜面混凝土的显著特征，如何防止混凝土表面颜色不一致或无光泽就显得较为重要，根据以往工程施工经验总结如下。

（1）涉及混凝土配合比问题，即同一批混凝土构件、混凝土所用地材、水泥应同厂家、同品牌、同批号，搅拌混凝土必须严格按配合比施工，材料计量应准确。

（2）在全面开展施工前，先按设计要求配合比做一些样板墙，若有问题，将配合比做适当变动与调整。

（3）混凝土在保证振捣密实的情况下，不宜长时间过振和重复振捣，以免造成混凝土分层离析，致使混凝土表面颜色不一致。若因构件表面浮浆较厚，可加入适当清洁石子再适度二次振捣，避免表面混凝土与下部混凝土颜色不一致。

（4）在不影响周转材料使用的情况下，尽量晚拆模板。一方面使构件在模板内充分养护，防止水分过早散失；另一方面可避免浇水养护造成掺有砂灰尘的污水意外流至混凝土构件表面，造成污染，影响观感。

7. 预埋件不平、歪斜、内陷的防治。

变电站土建工程预埋件较多，施工难度较大，易出现一系列如预埋件不平、歪斜、内陷等质量问题，为保证预埋铁件位置准确，表面与混凝土同一平面，具体可采取措施如下。

（1）因预埋件上有较多锚筋或其他锚固件需电焊焊接，而焊接时因受热受力不均，极易产生埋件变形，这对于平面埋件会造成表面不平等现象，因此使用前必须逐根逐块检查，对变形的可用千斤顶顶压进行矫正。

（2）预埋件必须采用适宜的安装方法，才能保证预埋件不易在混凝土浇筑时发生歪斜、内陷等质量问题。先在配好的模板上标出铁件位置，再在铁件和模件的相同位置上钻孔，预埋件与模板间贴双面海绵胶带，防止二者间夹浆，最后用直径 5 mm 的螺栓将预埋件紧固于模板表面。拆模时，先拆掉模板外螺帽，模板拆除后，将螺栓切除，用手持砂轮机磨平即可。

（二）模板工程质量通病的防治

对于模板有污染、模板截面尺寸不准、混凝土保护层过大、柱身扭曲等问题，防止方法：支模前按图弹线，校正钢筋位置；支模前柱子底部应做小方盘模板，保证底部位置准确，设好柱子四周支撑与拉杆。对于支梁板模板时梁身不平直、梁底不平、梁侧面鼓出、梁上口尺寸过大、板中部下挠等问题，防止办法：梁板模板支立杆、加固支撑间距要认真设计，使模板支撑系统有足够的刚度和强度，防止混凝土浇筑时模板变形；梁上口应有锁口杆接紧，防止上口变形。

（三）钢筋工程质量通病的防治

1. 钢筋位移：在浇筑前检查钢筋位置是否准确，并用钢筋套箍固定钢筋。如梁主筋伸进支座长度不够，应熟悉图纸后再绑扎。对于板的弯起钢筋、钢弯矩钢筋被踩到下面等问题，应在钢筋绑好后禁止施工人员在上面行走，浇筑混凝土前派专人负责。

2. 板钢筋绑扎不直、位置不准：绑扎时要划线，随时纠正，一次成活。柱钢筋骨架不垂直：在绑竖向钢筋时，要调正后再绑。

3. 钢筋保护层：执行设计及规范要求的保护层厚度，使用预制的混凝土垫块或塑料保护圈进行钢筋保护层控制，在屋楼面板双层钢筋中设置统一"梅花"形摆放的马凳。如有运输通道需进行铺板或采用其他措施进行保护，避免钢筋受人或外物外力作用产生变形。

（四）墙体工程裂缝质量通病的防治

1. 砌体工程的顶层和底层设置通长现浇钢筋混凝土窗台梁，其他层在窗台标高处设置通长现浇钢筋混凝土板带；房屋两端顶层砌体沿高度方向设置间隔不大于 1.3 m 现浇钢筋混凝土板带。

2. 采用蒸压加气混凝土砌块，每天砌筑高于不宜大于 1.8 m，按设计施工图及规范要求设置构造柱。

3. 在两种不同基体交接处，采用钢丝网抹灰，钢丝网与各基体的搭接宽度不小于 150 mm。

（五）楼地面裂缝、渗漏的防治

1. 厨房、卫生间及有防水要求的建筑楼地面必须设置防水隔离层。

2. 厨房、卫生间及有防水要求的建筑楼板周边（除门外），合理设置挡水反边混凝土带。

二、电气安装、调试工程

变电站电气安装常见质量问题、原因分析及预防措施见表 2-25。

表 2-25　变电站电气安装常见质量问题、原因分析及预防措施

序号	名称	常见质量问题	原因分析	预防措施
1	构架和设备支架	构架和设备支架镀锌不够均匀，色差过大；设备支架锈蚀	材料、设备进场验收和基础工程把关不够严格	严格材料、设备进场验收，并与物资供应部门联系，加强运输和现场的保管
2	端子箱、操作机构箱	户外端子箱、操作机构箱锈蚀，箱内设备受潮、锈蚀	运输和现场保管不当，造成损坏、进水锈蚀	加强运输和现场的保管
3	设备连接螺栓	锈蚀	部分使用电镀螺栓及垫片，施工中损伤镀锌层造成螺栓锈蚀	（1）按规范要求，户外紧固件全部采用热镀锌制品；（2）施工中要求使用套筒和力矩扳手，使螺栓紧固达到规定值，以免用力过度，损伤螺栓镀锌层

续表

序号	名称	常见质量问题	原因分析	预防措施
3	设备连接螺栓	如主变、PT、CT、CTV等的二次接线盒盖固定螺栓未拧紧或缺失，部分二次接线端缺少平垫或螺栓固定不牢靠，导致二次接线盒进水导线受潮	进行二次设备施工和调试中，施工和试验完毕后工作人员未恢复	（1）加强施工和调试人员的防范意识； （2）施工完毕后恢复设备螺栓
4	变压器	变压器油箱、法兰连接处渗油	各部件密封处理不当，未按规范要求进行整体密封试验	（1）仔细处理每个密封面，所有大小法兰密封面或密封槽在安装密封垫前均应清理干净，密封面光滑平整，显出本色；采用与密封面尺寸配合良好的耐油密封垫圈，并将变形、失效垫圈全部更换；对于无密封槽的法兰，将密封垫用密封胶粘在有效密封面上；紧固法兰时，采取对角线方向，交替、逐步拧紧各个螺栓，最后统一紧固一次，并用力矩扳手检查，以保证压紧程度一致； （2）变压器注油完毕后，按照制造厂家要求做整体密封试验，对渗漏处进行处理
5	隔离开关	未进行二次调整	隔离开关安装和调整完毕后，由于再进行母线设备连接安装，隔离开关受到外加应力，同期、触头间相对位置等会产生变化	待调隔离开关与设备连接好后，再进行二次调整
		开口销未完全打开	施工人员责任心不强	加强技术交底，加强施工过程控制
		水平或垂直连杆切割口处未做防锈处理		
5	隔离开关	机构箱顶面有焊渍	施工人员责任心不强，没有做好对机构箱的成品防护	在已安装好的机构箱上方进行焊接作业时，应先用较厚的纸皮遮盖以防止焊渣飞溅
6	电容器	电池连接条接触部位没有全部涂电力复合脂	施工人员责任心不强，质量控制不严	在技术交底中明确工艺要求，质检员进行严格的质量监督检查
7	悬式绝缘子/瓷瓶	悬式瓷瓶的弹簧销子开口方向不统一	技术员没有对此作统一要求	在施工作业指导书中作明确要求，并做技术交底
8	屏柜安装	屏柜搬运、安装过程中造成屏柜损伤（脱漆、变形）	安装搬运过程中，采取保护措施不力	搬运安装过程中要轻搬轻放，采取正确的起吊搬运方案，落实防划防碰措施；找正时用木段或橡皮锤垫上木板敲击，严禁用铁锤直接敲击

续表

序号	名称	常见质量问题	原因分析	预防措施
9	管母安装	管形母线不平直、不美观	安装方法不当	（1）安装前焊接母线时，可根据经验预留一定弯度，安装时母线上凸，受重力作用使母线趋于平直； （2）正确采取防微风振动措施
10	软母线及设备连线安装	架空线架设弛度不一致	架空线下线尺寸计算不合理	架空线下线采用统一计算公式计算导线长度，下线时将导线尽量放直测量，保证测量准确
11	电缆敷设	电缆敷设不整齐，交叉处理不好	未做好敷设工作的合理规划，敷设次序不正确	根据设计图做好电缆敷设路径规划，电缆敷设时合理配备人员分段指挥并控制敷设质量；敷设时，同一路径电缆尽量一批敷设完，按先长后短、先上后下、先内后外顺序敷设，敷设一根及时整理绑扎固定一根，排列整齐；增加中间验收环节，敷设不合格的马上整改
		电缆牌标识不清，字迹模糊	敷设电缆时对电缆牌没有做好防护措施	敷设电缆时使用临时电缆标识，待全部完成电缆敷设后换上正式的电缆牌
12	二次接线及调试	芯线损伤	施工人员使用工具不当	使用专用工具对不同型号电缆进行试剥，调整剥切深度
		盘、柜内各电器元件、端子排未标识	标识不全、漏标识	认真按设计图纸、规程规范要求进行标识
		二次结线不正确	施工人员接错、漏接，施工图纸有误	对施工人员进行培训，施工技术员认真审核图纸
		电气回路传动、联动不正确	与厂家配合不好	按调试大纲、规程、规范要求进行传动、联动试验，与各厂家配合并验收合格
13	接地	接地体（线）焊接搭接长度不够	施工人员对规范要求不清楚，责任心不强	加强质量监督检查；接地体焊接采用搭接焊，其搭接长度必须满足规程要求

第五节 施工工艺控制亮点

1. 土建工程施工工艺控制情况见表 2-26。

表 2-26 土建工程施工工艺控制情况

序号	工艺名称	工艺标准	施工要点	图片示例
1	外露清水混凝土基础	（1）混凝土表面无蜂窝麻面、截面尺寸准确； （2）预留空、预埋件留置准确	（1）模板安装强度、刚度满足要求； （2）混凝土分层振捣均匀； （3）基础面采用木批收浆抹平，钢批进行收边压光，确保棱角分明，根据天气情况掌握压光间隔时间	
2	基础倒角	（1）混凝土表面光亮、色泽一致； （2）倒角棱角分明	（1）模板尺寸规整，固定牢固； （2）使用清水模板，保证基础面光滑、无气泡、蜂窝麻面； （3）对于基础阳角塑料倒角线条，保证其倒角顺直、接口严密	
3	卫生间地漏	（1）地漏安装平正、牢固，低于排水表面，周边无渗漏，地漏安装面板比完成面低 5 mm 为宜 （2）地漏水封高度不小于 50 mm	（1）复核设计图纸地漏安装的位置尺寸与地面砖排砖后所落位置，根据情况进行适当调整（保证地漏落在同一块砖的中间或两块砖的中线上，即地漏两边要求对称） （2）卫生间地面砖应通过电脑排砖，并确定地漏具体位置尺寸进行下料安装排水管	
4	主控楼地面铺砖	（1）地面砖无空鼓、表面洁净、图案清晰、色泽一致，缝宽均匀、接缝平整、深浅一致，周边顺直； （2）板块无裂纹、掉角和缺棱等缺陷； （3）表面平整度≤2 mm； （4）接缝高低差≤0.5 mm	（1）选砖（颜色、图案）对比，并绘制效果图； （2）铺砖前应现场实测各房间、走廊尺寸并进行电脑排砖，尺寸不足整砖倍数时也不应小于整砖的 1/2，且应对称铺设； （3）门厅、走廊及楼梯砖缝应相互对齐； （4）在面层铺设后 24 h 内，表面应覆盖、湿润，其养护时间不应少于 7 天，养护期间不能踩踏； （5）地面砖铺设完成后，表面铺盖地面胶对面层加以保护	

续表

序号	工艺名称	工艺标准	施工要点	图片示例
5	散水	建筑物散水美观无裂缝	（1）地基夯实，压实度达到94%； （2）施工时严格控制标高； （3）混凝土原浆收压光面； （4）表面平整，排水坡度合理顺畅	
6	排水检查井及雨水井	排水井工艺	采用定型组合圆模板	
7	主变油坑卵石摆设	主变油坑卵石表面一层排放整齐、干净、颜色均匀	（1）主变压器已经就位安装及试验完毕； （2）格栅加工安装完毕； （3）分层铺设合格卵石； （4）面层厚200 mm，选定色泽均匀卵石	
8	构支架设备基础保护帽	（1）混凝土表面结实、平整、光滑、颜色一致，无气孔、麻面，边线顺直； （2）隔离缝密封胶封堵密实，边线分明、封口平滑	（1）根据设计图纸尺寸在模具厂定制钢模； （2）采用5 mm厚柔软材料包裹构支架顶部，高出保护帽面不少于20 mm； （3）严格控制混凝土配合比； （4）采用小型两相插入式振动器振捣混凝土； （5）采用木批收浆抹平，钢批收边压光，确保棱角分明（至少进行3次，且根据天气温度高低掌握压光间隔时间）； （6）根据天气温度情况掌握脱模时间； （7）覆盖洒水养护不少于7天	
9	基础阳角成品保护	成品保护标志明显，坚固	（1）基础阳角保护前先使用薄膜覆盖以防污染； （2）利用废弃木模板制作； （3）保护板的规格尺寸统一	

2. 安装工程施工工艺控制情况见表2-27。

表2-27　安装工程施工工艺控制情况

序号	工艺名称	工艺标准	施工要点	图片示例
1	设备与地网连接	（1）连接可靠； （2）平直美观； （3）设备接地标识醒目统一，不易脱落； （4）接地灵活，方便拆卸，不死焊	（1）机构箱、设备底座接地采用铜排接地，铜排使用立/平弯机冷弯成型，采用硬质材料以保证工艺美观、平直，连接处搪锡后螺栓连接； （2）做到相同设备、相同位置材质一致、规格一致、高度一致、方向一致，黄绿接地漆在相同设备、相同位置上的宽度一致； （3）户外接地标识采用醒目反光材料，防止漆层脱落，方便夜间巡视； （4）设备支架缺少接地端时，需协调设备厂家加焊接地槽钢	
2	爬梯接地	风格大气，效果美观	（1）选用简单合理的爬梯接地方式； （2）设计增加户外构架爬梯接地铜排或热镀锌扁钢	
3	室内设备接地	工艺化处理，美观方便	（1）对于主控制室保护控制屏柜、10千伏小室开关柜接地，在屏柜固定槽钢处设置专用的接地螺栓并标识接地标志，其余部分采用暗敷方式（室内其他设备接地亦可参照实行）； （2）在采取暗敷设时协调现场监理，做好拍照签证存档； （3）定做接地标识若干	
4	设备与支架的连接	（1）安装牢固可靠； （2）合理布局，整齐美观	（1）互感器、断路器、隔离开关等与设备支架之间的连接，机构箱与支架之间的连接等采用铜排相连，冷弯加工防止漆层脱落，保证工艺美观、平直； （2）安装时要求同类设备接地点高度、位置、方向均一致； （3）在设备支架上加焊硬连接槽钢	
5	防雷接地	爬梯、照明、围栏、门窗框、楼梯铁件均有明显接地，确保落实强制性条文的执行	在进行主体工程装修时，引接接地点，楼梯扶手加焊接地开孔点，用铜线连接	

续表

序号	工艺名称	工艺标准	施工要点	图片示例
6	软母线安装	（1）档距测量放线精确； （2）软母制作及压接工艺优良； （3）安装规范、曲线自然、弛度一致，整齐、美观	（1）导线展放时，地面铺设柔软物品防止导线磨损。所有引线，包括设备引线，在挂线前应排直，采用软布擦拭导线表面，发现毛刺立即消除，避免导线带电时加大电晕放电； （2）在挂线中，应保证三相的弯曲度一致，没有死弯和松股现象； （3）软母线架设时，两端同时提起、同时挂线，以免与地面摩擦； （4）审核图纸，与设计师沟通更改不适合角度的设备线夹（比如 B 型更改为 C 型），在美观接线的同时，使导线更易满足电气距离要求； （5）更改更加美观、安装方便的设备线夹（比如将悬垂线夹更改为耐张跳接、TY 型更改为 TLY 型线夹等）	
7	金具	安装牢固，位置统一，整体美观	（1）安装间隔棒要先用仪器测量，确定各间隔棒的具体位置后再进行安装，做到统一美观； （2）采用仪器定位，跨马路调节螺丝高度统一； （3）采购质量良好相色漆为跨马路管母作相色标识，方便运行维护； （4）金具螺栓的穿入方向全站统一。当金具平置时，贯穿螺栓应由下往上穿；金具立置时，贯穿螺栓应由左向右、由里向外穿	
8	主变压器安装	（1）主变压器安装符合规范要求，外观检查良好，无渗漏油； （2）各项试验结果优良	（1）渗漏油主要发生在法兰连接处，安装前应详细检查密封圈材质及法兰面平整度是否满足标准要求； （2）确定螺栓紧固力矩满足厂家说明书要求后，在螺丝与螺帽之间用油性笔画道标识； （3）绝缘油的过滤和试验、变压器芯部检查、交接试验等满足要求	
9	地脚螺栓	螺栓露出丝扣一致，工艺美观	为断路器等设备的地脚螺栓露出部分定制内螺纹塑料帽	

续表

序号	工艺名称	工艺标准	施工要点	图片示例
10	隔离开关安装	（1）隔离开关安装满足国标及厂家要求； （2）主刀地刀闭锁可靠，各辅助接点正确	（1）瓷瓶安装牢固，垂直度满足要求，三相水平、一致； （2）操作灵活，无卡阻、冲击异常声响等 （3）触头接触紧密良好，插入深度符合产品技术要求； （4）设备安装面应水平，三相中心在同一直线上，铭牌位于易观察侧； （5）附件安装牢固、平整，无损伤，均压环底部打滴水孔； （6）设备试验性能良好	
11	保护屏柜安装	排列整齐美观	（1）屏眉、绝缘接地铜排等齐全，安装后屏底槽钢不外露； （2）采用螺栓固定屏柜，拆卸方便，且避免焊渣损伤表面	
12	支架端头	安装牢固、整齐美观	（1）为防止角钢伤人，电缆支架端部加装塑料保护帽； （2）增加电缆与支架间的摩擦力，防止电缆侧向滑落	
13	室内电缆敷设	工艺美观，布局合理	（1）电缆敷设前，根据路径设计合理走向，避免交叉； （2）主控室、通讯室静电地板下电缆设置小型电缆排架，便于整理	
14	电缆桥架安装	（1）在户外电缆沟、电缆夹层入口处加装电缆桥架； （2）在电缆层至保护屏柜电缆加装电缆桥架	（1）电缆沟的"T"字形和"十"字形交叉处适当位置增加特殊电缆支架，确保电缆敷设后转角处的弧度平顺、一致； （2）继电器室电缆沟内支架改为"H"形电缆桥架，大大减少屏与屏之间联络电缆交叉横穿现象，使室内电缆敷设整齐、美观	
15	户外电缆保护	电缆无外露	户外机构箱、主变本体端子箱、有载调压机构箱进线电缆管，应采用亚光不锈钢扣盖式矩形槽盒，确保美观、实用	

续表

序号	工艺名称	工艺标准	施工要点	图片示例
16	控制电缆头	（1）电缆固定规范、整齐； （2）电缆头制作工艺美观，排列整齐	（1）电缆绑扎牢固可靠，排列整齐； （2）控制电缆头采用热缩材料包绕，工艺美观，同屏柜内高度一致	
17	二次接线	（1）电缆线芯接线正确； （2）线芯排列横平竖直、工艺美观，弯曲度对称一致	（1）采用样板开路，确保二次电缆接线工艺美观，弯曲度对称一致； （2）按图施工，确保线芯接线正确，并连接牢固	
18	二次备用芯	（1）人性化设置； （2）运行方便	二次电缆备用芯置于屏柜、端子箱端子排的最上端，保持统一高度，采用彩色塑料套头封闭，并附带电缆编号	
19	二次芯线号头	（1）人性化设置； （2）运行方便	为利于检修和运行维护，二次芯线号头采用电缆编号、回路号和端子排号三段号，长度统一采用 25 mm	
20	二次电缆接地线	（1）接地线连接牢固可靠、符合规范要求； （2）工艺美观、排列整齐	电缆屏蔽层采用横截面积 4 mm² 的黄绿条纹的多股软铜线焊接引出，单芯接在专用接地铜排上	
21	保护压板	方便运行，标识清晰、无脱落	（1）粘贴保护压板标识，为防止运行误投，标签应按下列要求：①出口压板应采用"红标签黑字"；②功能压板采用"黄标签黑字"；③备用压板采用"白标签黑字"； （2）给不同装置的压板划分区域，用 5 mm 的红色线条区分	
22	电缆防火	（1）防火墙封堵严密； （2）电缆防火阻燃规范美观	为便于扩建施工，制作防火墙时设置预留管	

第六节　技术创新　课题研发

一、科技进步奖课题

1.新型钢模板清刷机研究应用。

2.气动校直机的研制和应用。

3.基于全球导航卫星系统高精度技术的变电站施工沉降观测智能系统。

二、QC小组活动优秀成果奖课题

1.减少设备支架基础表面气泡占比率。

2.提高变电站测控装置调试效率。

3.缩短主变防火墙框架结构施工时间。

4.缩短绝缘子绑扎时间。

5.提高断路器基础操作平台表面平整度。

6.减少地脚螺栓施工预埋施工耗时。

7.提高隔离开关安装合格率。

8.提高保护单体调试效率。

三、专利、工法课题

1.电缆同步输送机在电缆敷设施工中的施工工法。

2.基于全球导航卫星系统高精度技术的变电站施工沉降观测智能系统。

3.500千伏管型母线吊装工法。

4.同型号多套保护装置单体调试工法。

5.地埋式一体化污水处理回收利用系统。

6.清水混凝土保护帽施工工艺。

7.清水混凝土电缆沟施工工艺。

8.清水混凝土填充墙体防火墙施工工艺。

9.透水混凝土施工工艺。

四、实用新型专利

1.一种新型钢模板清刷机。

2. 一种气动校直机。

3. 活动式地脚螺栓定位架。

4. 电缆同步输送机组合式固定装置。

第五章 正远监理公司创优策划实施细则节选

第一节 落实项目创优目标 完善内部管理制度

根据业主创优策划大纲以及监理合同的有关约定，结合创优目标和工程所在地的特点，正远监理公司对监理工作进行了精心策划，先后编制了《500千伏北海（福成）变电站监理规划》《500千伏北海（福成）变电站创优监理实施细则》等17份监理指导性文件和34份质量管理制度。

一、创优策划研讨会制度

建立创优策划研讨会制度，在工程建设的各个阶段，组织参建各方对工程创优总体策划方案和实施细则，对施工过程中对每一个具体工序、质量细节进行充分研讨，集思广益，发挥集体智慧，确保工程质量在细节上充分落实计划目标。

二、定期质量讲评制度

专业监理工程师和现场监理人员定期（每月至少一次）组织相关施工管理人员总结分析质量活动情况，指出表现优异的强项和需要改进的弱项。

三、督促实施样板引路制度

监督落实样板引路制度，即首例试点制度。每个分部工程动工前组织施工单位先做出典型样板，监理项目部针对性提出监理意见或建议。对经验不足的新工艺，先做试验，试验成功后再全面推广，确保整个工序的质量和工艺达到创优要求。

四、质量问题纠正和预防措施制度

对已经出现的质量问题，及时组织相关单位进行会诊，找出原因，查清责任，深入剖析，举一反三，并立即采取纠正和预防措施，消除质量问题，杜绝类似问题再次发生。

五、健全工地例会制度

对现场采集的有关创优图片要及时编制整理。在工地例会上，采用图文并茂的形式，对照创优技术要求和各参建单位创优策划方案与实施细则，对阶段施工质量进行评价，检查创优活动实施力度和成果，总结前一阶段创优活动的经验，对下一步工作提出改进意见和要求，并督促有关各方执行。

六、监理监督措施自查制度

监理项目部加强内部监督检查，每月由总监组织进行工作自查，确保各岗位监理人员落实各项监理措施，按预定的方案全面开展质量控制工作，质量控制工作及时到位。

七、监理过程资料管理制度

按照中国南方电网有限责任公司基建工程监理项目部工作手册及《国家重大建设项目文件归档要求与档案整理规范》（DA/T 28—2002）的规定和业主创优策划大纲要求，对全过程工程建设资料进行分类收集整理组卷。工程质量报审材料按照单位、分部、分项工程进行分类，建立资料报审记录，及时对资料进行收集、滚动整理、精细归类、完整入档。

第二节　执行工程建设标准强制性条文措施

1. 审查设计及施工单位分别编制的《工程建设标准强制性条文实施细则》，填写审核意见，由监理项目部审查后报业主项目部批准；并督促设计、施工项目部按获批的强制性条文实施细则进行培训、实施、自检、记录等，确保工程建设标准强制性条文在本项目严格执行。

2. 针对本工程特点，编制包括设计和施工两阶段内容的《工程建设标准强制性条文监理实施细则》和监理检查计划。

3. 在参加设备材料采购技术规范书审查和施工图纸审查时，对照设计单位执行强制性条文情况，确保有关措施全部落实到位，检查结果填入"送变电工程施工强制性条文执行检查表"。

4. 督促施工单位在施工过程中严格执行强制性条文，对不符合的应及时整改，并保存整改记录。未整改合格的，严禁通过验收。

5. 设计和施工单位相关责任人应及时将强制性条文实施计划的落实情况，根据工程进展按分项工程据实记录、填写"送变电工程施工强制性条文执行情况月度报审表"，并由监理工程师审核。

6. 在分部工程验收时，由总监组织对施工单位执行强制性条文情况进行阶段性检查，检查结果填入"送变电工程施工强制性条文执行检查表"，并由施工单位签证。

7. 在工程竣工验收时，监理单位应及时对"送变电工程施工强制性条文执行检查表"进行复查汇总，对照经审批的强制性条文执行计划，填写"送变电工程强制性条文执行汇总表"，报建设单位审核、确认。

第三节　旁站监理计划

对本工程质量控制关键项目旁站监理计划进行策划，并拟定检查控制要点，确保关键项目的实体施工质量。旁站监理项目如下。

1. 土方回填。

2. 梁柱节点钢筋绑扎和隐蔽工程。

3. 混凝土施工。

4. 设备基础二次灌浆。

5. 屋面防水层。

6. 屋面卷材防水层细部。

7. 屋面保温层、找平层。

8. 站内导线压接。

9. 管母线焊接。

10. 主变压器器身检查。

11. 主变压器注油及密封性检查。

12. 主变压器试验。

13. 电气设备高压试验。

14. 接地装置试验。

15. 继电保护及二次回路调试。

第四节　隐蔽工程验收管理

一、隐蔽工程验收监理措施

1. 为有效控制隐蔽工程的施工质量，做好隐蔽工程的质量检查和记录，监理项目部编制了"隐蔽工程验收监理计划表"并实行签证记录的管理模式，确保各工序施工质量处于全面受控状态。

2. 所有隐蔽工程在隐蔽前停工待检，施工单位进行三级验收，经验收合格后，提前 48 h 以书面形式通知监理项目部，监理工程师应按工程施工合同中关于隐蔽验收的时限规定进行隐蔽验收。

3. 监理方接到隐蔽验收通知，安排符合验收资格的各方人员到场，参加隐蔽工程验收以及对工程实体进行监督检查，对经验收合格的项目签字确认后，施工单位方能隐蔽。隐蔽工程验收应形成完整的记录归档。发现问题及时责成施工方予以纠正，并重新验收。

4. 监理单位按隐蔽工程验收书面通知中约定的时间、地点同时参加工程隐蔽验收，不能按时进行验收的，应在验收前 24 h 以书面形式向承包人提出延期需求，延期不能超过 48 h。

二、隐蔽工程主要验收内容

1. 基坑验槽。

2. 基础、主体结构工程。

3. 基础、屋面防水工程。

4. 模板工程。

5. 钢筋工程。

6. 砖砌体工程。

7. 门窗塞缝。

8. 屋面、墙体保温。

9. 吊顶工程。

10. 水电线管暗埋和预留。

11. 全站防雷、接地工程。

第五节　设备材料进场管控

对进场原材料、半成品、成品设备等材料进行层层审查把控，确保所使用材料必须符合质量要求和国家强制性标准。设备、配件及相关质量资料验收率、合格率必须达 100%，对原材料进场检验批次要达到 100%，对原材料和试块、试件见证送检批次达到 100%。

第六节　应用社交软件进行信息传递和工程管理

加强项目安全、质量及进度管理，提高项目管理信息传递的及时性和有效性，进一步统筹规范项目实施信息记录，有效发挥项目管理社交软件（微信群、QQ 群）作用，及时发送现场安全、质量管控信息。

1. 实时发布现场每天开展的"四步法"交底内容和执行情况，即用清晰的照片展示站班会的开展情况。

2. 发布现场使用的工器具情况（重点是租赁设备、受力的安全工器具，如脚扣、涉及停送电的接地线、安全带等）。

3. 发布现场安建环情况（重点关注有无进行现场区域划分，施工现场 5S 实施状况、现场安全围栏、标识牌等）。

4. 发布现场作业情况及存在问题。

5. 发布现场施工受外部干扰情况。

第六章　北海供电局创优实施细则节选

第一节　协调合规性文件办理

按照建设程序，在项目前期及建设过程中及时向北海市政府有关部门申请办理项目建设合规性文件，并积极协调推进取证，确保工程建设合规和满足创中国鲁班奖所有条件。

第二节　提前准备　迎接运维

为更好掌握变电站工程设计先进性、适用性，建设质量状况和设备技术水平，北海供电局安排了接管变电站运行的专业人员，全过程参与见证变电站建设工作，特别是作为新员工的培训操练课程。

1. 根据工程竣工投产时间，按《生产准备大纲》要求配备各级管理人员、专业技术人员、各生产岗位人员并培训。

2. 生产人员提前介入基建工作，跟踪设备选型、生产与厂验、安装调试过程，熟悉资料、设备、系统，并参加试运行和验收工作，经培训考试合格后方可上岗。

3. 编制适合 500 千伏北海（福成）变电站的安全规程、运行规程、检修规程、各专业系统图等，编制生产用的各类表单（运行日志、操作票、工作票、设备清册、材料清册、备品备件清册、全站设施、沟道、管道图册、设备编号、保护定值、检修运行巡视等）。

4. 按照工程的启动验收组织计划，参与启动方案审查，落实值班操作人员，圆满完成启动投运工作。

5. 成立北海供电局相关工程验收、移交接收组织机构，按照工程管理移交生产的要求进行全面检查。

第三节　管理创新　课题研发

凭借 500 千伏北海（福成）变电站争创鲁班奖的优势，让班组积极投身于新技术研发活动，拟定班组运维优化研究课题。

一、适用新型专利和科技进步课题研发

1. 一种变电站空气开关标示牌。

2. 一种变电站端子箱清洁装置。

3. 按照二十四节气特点开展设备运维保养。

4. 用蚁群活动方式缩短变电站巡检时间。

5. 变色硅胶再生装置。

6. 变电站蓄电池室内有毒气体实时监测装置。

7. 多功能巡视杆。

8. 变电站故障跳闸与运维控制分析系统。

二、软件著作课题研究

变电站故障跳闸与运维控制分析系统。

第四节　精益运维　勇创标杆

1. 根据500千伏北海（福成）变电站创中国建设工程鲁班奖的目标，运行维护管理将以国内一流运维变电站为标杆，精益管理，创建安全运行、高效运行的标杆变电站。

2. 引进和创新先进的设备运行和维护检修管理方法，积极开展技术攻关和QC活动，改善设备运行状况，提升管理绩效。

3. 创建中国南方电网公司变电站运行维护示范变电站。

实体实施

　　无论是获得国家优质工程奖的 500 千伏美林变电站工程，还是获得中国安装优质工程奖的 220 千伏排岭变电站工程、220 千伏北海紫荆变电站工程，实体建造无不是精雕细琢，而获得中国建设工程鲁班奖的 500 千伏北海（福成）变电站工程，更是优中选优，为精品中的精品。

第一章　鲁班奖实体工程检查要素

第一节　实施过程检查内容和执行标准

　　创建鲁班奖项目，实施过程检查内容和执行检查标准见表 3-1。

表 3-1　鲁班奖实体工程实施过程检查内容和执行检查标准

分部	分部分项	关键点	具体内容	国家规范依据（包括但不限于）
整体工程安全适用	地基基础与主体结构安全、可靠、耐久	地基基础、沉降观测	地基，复合地基、桩基等各类地基基础，以及建（构）筑物的沉降变形等，均应满足或优于设计及相关规范的要求	《建筑变形测量规范》（JGJ 8—2007）
			沉降以及位移等观测数据正常	《建筑变形测量规范》（JGJ 8—2007）
			现场检查无因地基与基础质量问题引起主体结构工程出现裂缝、倾斜或变形，建（构）筑物周围回填土沉陷造成散水被破坏等情况，变形缝、防震缝的设置合理，且无开裂变形	现场复查
		混凝土分部工程	在混凝土子分部工程验收前，应进行结构实体检验	《混凝土结构工程施工质量验收》（GB 50204—2015）
			结构工程实体混凝土强度和实体钢筋保护层厚度检测	（1）第三方混凝土强度评定报告参见《混凝土强度检验评定标准》（GB/T 50107—2010）；（2）第三方钢筋保护层检测报告参见《混凝土钢筋检测技术规程》（JGJ/T 152—2008）
			工程测量	具体内容可参见《工程测量规范》（GB 50026—2007）

续表

分部	分部分项	关键点	具体内容	国家规范依据（包括但不限于）
整体工程安全适用	地基基础与主体结构安全、可靠、耐久	混凝土分部工程	施工试验报告及见证检测报告等应符合设计及相关规范要求	（1）混凝土试验报告； （2）氯离子检测报告参见《混凝土中氯离子含量检测技术规程》（JGJT 322—2013）； （3）水质检测报告参见《混凝土用水标准》（JGJ 63—2006）； （4）钢筋的报告参见《钢筋混凝土用钢》（GB/T 1499.1—3）； （5）第三方钢筋头、钢筋等检测报告参见《钢筋焊接及验收规程》（JGJ 18—2012）； （6）水化热报告参见《干式电力变压器技术参数和要求》（GB/T 10228—2015）； （7）其他补充的报告参见《混凝土质量控制标准》（GB 50164—2011）
			结构不存在影响安全的裂缝、变形等隐患情况以及明显外观缺陷	现场复查
		钢结构分部工程	钢结构分部工程验收前，应检查钢结构焊缝内部质量	一般情况仅需相关厂家质保资料
			高强螺栓连接副紧固质量	一般情况不涉及，涉及的情况参见《钢结构高强度螺栓连接技术规程》（JGJ 82—2011）
			涂装、防腐和防火质量等应达到或超过设计及相关规范要求，现场观感如焊缝、钢结构表面、涂层、防火涂料表面、压型钢板安装及钢平台、钢梯、钢栏杆等安装质量上乘	（1）进场前对进场的钢构支架表面、涂层进行检查； （2）钢构支架安装应注意符合《钢结构工程施工规范》（GB 50755—2012）、《钢结构工程施工质量验收规范》（GB 50205—2002）的要求
		砌体工程	砌体工程层高及全高垂直度质量偏差值控制标准优于国家标准	一般不涉及
		开展优质结构工程评选的地区和行业	获得省（部）级优质结构奖的项目，应有省、自治区、直辖市建筑业协会或有关行业建设协会的证明文件，或创鲁班奖工程中间检查评价记录	广西地区未开展

续表

分部	分部分项	关键点	具体内容	国家规范依据（包括但不限于）
整体工程安全适用	地基基础与主体结构安全、可靠、耐久	附件1中表2、表3提出的其他要求	表2　创鲁班奖工程备案表	
			表3-1　创鲁班奖工程地基基础、主体结构工程施工项目管理工作质量评价表	
			表3-2　创鲁班奖工程地基基础、主体结构工程施工管理资料质量评价表	
			表3-3　创鲁班奖工程地基基础、主体结构工程实体质量评价表	
整体工程安全适用	装饰工程做工讲究、精致细腻	功能	满足建筑功能和使用安全的要求，其性能检测达到或优于设计及规范要求	现场复查
		舒适	工程在舒适性等方面应满足用户要求，观感质量精良	（1）可采取参考国家规范中"宜"类要求，如建筑物内开关边缘距门（框）的距离宜为0.15～0.20 m；（2）可结合实际进行优化，但一定不可违反强条
		特殊功能	有特殊要求的功能质量应达到相关的专业要求	参考其他相关要求
		工程限值	工程限值实测质量偏差优于国家标准和规范的允许值	参考其他相关要求
	防水工程不渗不漏	防水	防水质量满足设计等级标准要求	一般情况仅涉及屋面防水及消防蓄水，需提供蓄水报告或雨水观测报告
		防水试验	蓄水（淋水）或大雨观察记录等试验资料齐全，防水层及细部无渗漏和积水	
	电气与设备安装工程安全可靠、功能完善、美观先进	电气与设备安装工程	建筑给排水及采暖工程、建筑电气安装工程、通风空调工程、智能建筑工程性能检测一次测试实得分值应分别达到100%	鲁班奖电气专家一般抽取中国电力建设企业协会专家，其审查范围按照电力行业标准执行
积极推广应用新技术，工程技术含量高	创新成果		工程施工过程中积极开展科技创新，有关创新成果应由主管部门组织相关专家鉴定，其成果达到国内先进水平	依据科技进步奖、QC、工法等进行佐证
	建筑业10项新技术		工程项目被列为住房和城乡建设部或各地区（行业）协会的科技示范工程，采用了"建筑业10项新技术"，或者是其他新技术应用特别突出的工程	相关技术目录参见建设部网站，采用2017版
	"四新"技术应用		积极应用其他新技术、新材料、新工艺和新设备并取得显著社会效益和经济效益的工程	相关技术目录参见中国电力建设企业协会网站，采用2017版
	工法		根据工程项目内容编制了相关工法，并被评为省（部）级及以上等级工法的工程	工法申报可向中国电力建设企业协会申报，或向中国施工企业管理协会、中国建筑业协会等申报

续表

分部	分部分项	关键点	具体内容	国家规范依据(包括但不限于)
工程积极推行建筑节能,搞好环境保护	智能建筑工程	接地保护	电源接地保护、接地电阻测试一次检测达到设计要求	相关检测报告及第三方防雷验收报告参见《建筑物防雷工程施工与质量验收规范》(GB 50601—2010),现场实体主要符合接地要求参见《电气装置安装工程接地装置施工及验收规范》(GB 50169—2016)
		主控合格	分部工程、分项工程(子系统)主控项目全部合格	
		智能系统	智能系统先进实用	
	建筑节能验收合格,能耗处于同行业先进水平	节能工程采用的"四新"技术	建筑节能工程采用的"四新"技术或首次采用的施工工艺,应有专项施工方案	一般情况不涉及
		节能材料、设备	使用的材料、设备等,必须符合设计要求及国家有关标准的规定	需要质监站开具证明
		保温措施	屋面,外墙保温措施到位。热工性能权衡判断合理	
		建筑能耗	建筑能耗处于同行业先进水平	
	环境保护检测达标、专项验收合格	环保指标	经法定的检测单位检测,所用材料、设备、物资环保指标达到国家相关标准要求	详见项目环保验收
			室内环境污染控制检测指标达到相应建筑类别标准	室内环境检测报告参见《民用建筑工程室内环境污染控制规范》(GB 50325—2010)(2013年版)
	专项验收合格		专项验收(环境、卫生、人防、消防等工程)合格,工程抗震设防和耐火等级符合有关规范要求	
工程项目始终坚持科学管理	工程质量实行目标管理		施工单位在开工前应制定创建鲁班奖工程的质量目标	创优策划、合同、施工组织等应出现相关文件
	质量策划		质量策划书中应编制各分部工程质量创优计划,明确各分部分项工程及各类专业分包的质量目标和相应的责任,质量保证体系健全	

第二节　实体工程细部要求

一、地基与基础工程

1. 实体要求。

（1）沉降观测应该有相应资质单位的观测。

（2）回填土要有压实系数的检测。

（3）回填土不得有因沉陷造成散水坡破坏的情况。

（4）变形缝/防震缝的设置和构造要合理。

2. 资料要求。

（1）工程地质勘察报告。

（2）回填土的密实度检验报告。

（3）沉降观测记录。

（4）地基基础分部工程质量的检验评定。

二、混凝土结构工程

1. 实体要求。

（1）结构无裂缝、渗水的痕迹。

（2）混凝土无过振、漏振及结构裂缝的情况。

（3）整体建筑物无沉降不均、贯通裂缝及倾斜变形的情况。

（4）无其他原因引起墙体及构件的过大变形或裂缝。

2. 资料要求。

（1）主体结构所使用材料、构配件的质量检验报告及有关质量证明文件。

（2）主体工程重大设计变更洽商记录。

（3）钢筋保护层实测记录。

（4）同条件养护试块。

（5）主体工程的测量记录。

（6）重要隐蔽工程验收记录。

三、屋面工程

1. 实体要求。

（1）屋面排水组织合理。

（2）各种出屋面管道、管线规范美观。

（3）细部处理精致。

（4）不允许渗漏。

2. 资料要求。

（1）所用的防水、保温隔热材料应有产品合格证和性能检测报告，材料的品种、规格、性能等符合现行国家标准和设计要求。

（2）检查所用材料的出厂合格证明、质量检验报告、现场抽样送检报告和保温层质量验收记录。

（3）新型材料应经省级及其以上有关部门鉴定通过后才能使用。

（4）细部防水构造的隐蔽工程验收记录、施工方案、施工检验记录、淋水或蓄水检验记录。

（5）设计文件符合要求。

四、地面工程

1. 实体要求。

（1）地面施工细腻、做法新颖，特殊部位的处理在满足使用功能的情况下要有创意。

（2）镜面花岗岩（大理石）无空鼓和二次打磨的情况，放射性元素不超标。

（3）拼花大理石及拼花马赛克地面做工精细、美观，没有空鼓、不平、蹦边等影响美观的情况。

（4）地砖、块材地面排列对称、铺设平整、图案清晰、色泽一致、接缝均匀、周边顺直、镶嵌正确，没有空鼓和不规范的窄条，地漏、立管等套割整齐。

（5）木质地面铺设平整、无开裂和明显的裂缝。

（6）侧浴间、厨房等符合高差要求，没有倒坡和积水的现象。

（7）室外台阶、大门外地坪坡度合理，没有泛减现象。

2. 资料要求。

（1）大理石、花岗岩：有害物质（放射性）的含量检验报告。

（2）胶黏剂、沥青胶结料涂料：有害物质［游离甲醛、苯、总挥发性有机化合物（TVOC）］的含量检验报告。

（3）人造板：游离甲醛的含量检验报告。

（4）对重要材料如水泥、大理石、花岗岩、人造板等要有进场的复试报告。

（5）对防滑材料要有泼水检查效果和防滑材料的检验报告。

（6）有防水要求的厕浴间、厨房、立管套管的地面要有防水隐蔽工程的验收记录及 24 h 蓄水检验记录。

（7）变形缝的位置、宽度、地面分格、楼梯踏步等的综合评价记录。

五、外墙面工程

1. 实体要求。

（1）排砖要尽量使用整砖，非整砖宽度不宜小于整砖宽度的 1/3。

（2）不得有空鼓现象。

（3）应平整、洁净、无歪斜、无缺棱掉角和裂缝。

（4）色泽应均匀一致，无色差、无泛减、无污痕。

（5）勾缝密实，宽度和深度均匀一致。

（6）腰线、窗口、阳台、女儿墙压顶处，应有滴水线（槽）或排水措施。

（7）外墙面支架及突出物周围，饰面砖要求套割，且缝隙要求美观整齐。

（8）不得有明显的处理痕迹。

2. 资料要求。

（1）饰面砖进场后的验收、吸水率、抗冻性等复试报告。

（2）水泥及界面剂等试验报告。

（3）饰面砖的拉拔试验报告。每组试样平均粘接强度不应小于 0.4 MPa，当每组有一个试样粘接强度小于 0.4 MPa 时，但不应小于 0.3 MPa。

六、内装修工程

1. 实体要求。

（1）严禁使用国家明令淘汰的建筑材料。

（2）含有有害物质的主要装饰装修材料要符合限量标准。

（3）对易燃、易腐、易蛀的木质材料要进行处理。

（4）对使用的金属材料要进行防火、防腐处理。

（5）对吊顶的要求应符合规程规范。

（6）对墙体、门窗、油漆工程的要求应符合规程规范。

（7）对防护栏杆的要求应符合规程规范。

2. 资料要求。

（1）进场材料有害物质含量的复试报告。

（2）防火、防腐、防虫的处理方法。

（3）防水项目蓄水试验记录。

（4）重要建筑的环境有害气体的测试记录。

（5）外窗的风压变形性能、空气渗透性能、雨水渗透性能试验报告。

（6）饰面砖的拉拔试验报告。

（7）每批硅酮结构胶的质量保证书和产品合格证及相容性检测报告。

七、水、暖、卫工程

1. 实体要求。

（1）地下室外墙有管道穿过的墙面无漏水或渗水的情况。

（2）生活给水系统必须要达到饮用水卫生标准。

（3）管道坡向准确设置，严禁有倒坡现象。

（4）消火栓箱设备齐全，位置、规格与设计相符。

（5）各种阀门安装正确，开启和关闭灵活。

（6）各种管道的标识要清楚（包括管道介质）。

（7）无跑、冒、滴漏的现象。

（8）管道的保温外观细腻美观，支架及吊杆平直，烟感、灯具布局合理、造型美观。

（9）无不安全的因素。

2. 资料要求。

（1）系统的试压记录。

（2）生活饮用水管材、管件，有卫生防疫部门的认可文件。

（3）生活饮用水要有有关部门的检测报告，管道冲洗和消毒要有记录。

（4）各管道隐蔽前的质量检查记录。

（5）各系统的试运行、调试方案和运行记录。

（6）各种检查、试验及记录有无违反国家规范和国家强制性条文的情况。

（7）重型灯具等安装记录和隐检报告。

（8）饰面砖的拉拔试验报告。

（9）每批硅酮结构胶的质量保证书和产品合格证及相容性检测报告。

八、通风与空调工程

1. 实体要求。

（1）防火风管及辅材必须为不燃材料，耐火等级符合设计规定。

（2）防火风管绝热材料应为不燃或难燃 B1 级，且对人体无害。

（3）防排烟系统柔性短管必须为不燃材料。

（4）防火及排烟阀等关闭严密，动作可靠。

（5）各管道、阀门及仪表安装位置正确，系统无渗漏。

（6）软性接管位置正确，自然无强扭。

（7）各种机组的安装正确、牢固。

（8）油漆附着牢固，油漆厚度均匀不流坠。

（9）绝热层材料表面平整，无断裂和脱落。

2. 资料要求。

（1）主要材料、设备、成品、半成品和各种仪表的出厂合格证明及进场检（试）验报告。

（2）隐蔽工程检查验收记录。

（3）设备、风管系统、管道系统安装及检验记录。

（4）管道试验记录。

（5）观感质量综合检查记录。

（6）饰面砖的拉拔试验报告。

（7）每批硅酮结构胶的质量保证书和产品合格证及相容性检测报告。

九、电气工程

1. 实体要求。

（1）电气设备或导管等有可靠的接地或接零。

（2）明确干线和支线的区别，尽可能地采用熔焊连接。

（3）线路的端部要标识清楚，以便维修。

（4）电缆桥架的支架与电缆桥架之间有可靠的电气导通。

（5）有软包装饰及木装修的房间，所有开关内应有隔热及防火措施。

（6）防雷装置与防雷接地电阻符合规范要求。

（7）配电箱（柜）内的电线布局规范、精致、美观。

（8）插座中的接地（PE）或接零（PEN）线不应串联连接，配管及穿线分项中严格按国标分色。

（9）建筑物接地测试点布局合理、造型美观，防雨。

（10）各种线路的标识规范清楚，接地安全可靠。

2. 资料要求。

（1）线路的绝缘、耐压及施工中的接地电阻等检测记录。

（2）接地装置隐蔽记录，连地电阻值测试记录或实测值。

（3）检查所选用的电动机、电加热器及电动执行机构等的接地（PE）或接零（PEN）安装记录。

（4）熔焊焊缝的质量情况，并检查焊工的合格证。

（5）插座中的接地（PE）或接零（PEN）线的安装记录，并用检验器或仪表抽测接线的正确性。

（6）调试、运行及分项工程质量验收记录。

第二章　施工准备

　　500 千伏美林变电站、500 千伏北海（福成）变电站和 220 千伏排岭变电站、220 千伏紫荆变电站，都按照此方法开展施工准备工作。

第一节　学习培训

　　为确保 500 千伏北海（福成）变电站成功创建中国建设工程鲁班奖，电网建设分公司不仅在项目管理和实体施工工艺上积极组织各参建单位向外省已获奖项目取经，还聘请国内创优资深专家进行现场培训及指导。

一、向外取经

　　电网建设分公司组织参建单位，先后三次分别到南方电网公司超高压输变电公司金官 500 千伏金官换流站和广东省电网有限责任公司 500 千伏纵江变电站，国家电网公司山东省电力公司 500 千伏岱宗变电站、500 千伏济南变电站和江苏省电力公司南京 500 千伏南京变电站参观学习，观摩工程实体质量和请教争创中国建设工程鲁班奖管理经验。

二、聘请专家培训

　　电网建设分公司聘请争创中国建设工程鲁班奖资深专家，到公司本部对各参建单位开展全过程系统培训并详细解答参会人员提出的疑问，对各参建单位编写的创优策划进行详细点评和指导改进，同时到施工现场对实体工程质量进行指导，帮助改进提升。

三、质量通病预防和培训

　　电网建设分公司汇编了在 500 千伏美林变电站争创中国建设工程优质奖和 220 千伏排岭变电站争创中国安装工程优质奖过程中，经评优专家在评审项目实体工程质量和档案资料过程中指出的亮点和不足，在 500 千伏北海（福成）变电站开工前组织各参建单位学习，同时学习南方电网公司与广西电网公司近年质量管理培训总结的质量通病和有关管理规定。组织各参建单位对照创优策划书和实施细则、设计图纸、施工组织设计和监理细则进行进一步改进和完善，以更好地指导实体实施。

第二节　开工资料报审

项目开工前，业主项目部对各参建单位报送材料，包括争创中国建设工程鲁班奖实施细则、项目部管理组织机构设置与个人执业资格、施工组织设计、三级进度计划、专业及劳务分包合同、执行规程规范清单、强制性条文实施计划、新技术应用方案、绿色施工方案、各项应急预案、乙供材料供应商资格、监理实施细则、各单位推进本工程目标落实的管理办法、开工申请等，从合规性、系统性、目标落实措施等内容进行了详细审查。

第三节　施工交底

1. 业主项目部组织项目设计组、施工项目部、监理项目部、北海供电局基建和运维两部，开展首次工地例会交底，会上详细交代本工程建设目标；合同条款约定各参建单位在本工程的职责；执行的工程建设规程规范和强条清单；执行南方电网公司和广西电网公司有关管理制度要求；工程资料收集归档要求和清单；各项应急预案后续培训、演练和总结要求；信息报送制度；开展工法、科技进步、QC 活动、创新成果等课题研究任务；图纸会审纪要；设计变更和现场签证要求；安全文明施工要求；廉洁防控要求等。执行每月对照工程创优计划实施状况进行检查、分析，发现不足及时采取措施纠正要求；实施每天"站班会"交底内容和将施工现场不同作业面图片发到"500 千伏北海送变管控"微信群等要求。

2. 项目设计组介绍了施工图纸中有关情况：一是项目争创中国建设工程鲁班奖在设计方案实施细节；二是设计图纸中节约资源、降低能耗、保护环境等绿色施工情况；三是新技术应用情况；四是 BIM 技术辅助设计在本工程中的应用情况；五是建筑装修二次设计要点；六是工程建设特点与难点，针对北海地区的施工难点与特点，采取相应措施等；七是设计强制性条文在施工图中的落实情况；八是施工过程注意事项；九是施工过程遇到与设计效果有差异的情况，及时沟通，以便采取措施处理等。

3. 施工项目部介绍了施工准备情况：建立了完善的项目施工建设保障体系，包括人财物的资源保障和管理制度，特种作业人员和设备满足施工和规定要求的保障措施；特别是挑选了施工工艺精湛的技师负责现场土建安装工程施工，自购材料均预定了优质品；施工项目成员、公司有关专业人员和劳务队伍已熟知施工图纸的施工工作要求；项目目标推进保障到位措施等。

4. 监理项目部介绍了监理准备情况：建立了保障项目目标落实的系列管理办法和人员、监理仪器仪表资源保障等措施；建立了对隐蔽工程、关键部分旁站到位清单；监理项目部已熟知施工图纸的监理工作要求；制定了施工全过程全方位监理系统记录的措施；制定了检查进场设备材料外观质量和证明材料完整收集的规定；制定了材料、试块及时检验、记录，做到规范、完整等要求的保证措施；监督进场材料批次使用跟踪记录及时完整措施；严格审查监理日志；及时报送项目建设信息等。

5.北海供电局基建和运维人员向各参建单位提出了要求：全程参与分部分项工程验收；全程参与设备安装调试；建筑物装修材料样品需经其单位确认等；及时沟通建设过程遇到的问题等。

第三章　安全文明施工管控

贯彻"安全第一、预防为主、综合治理"的方针，提升 500 千伏北海（福成）变电站工程现场安全文明施工水平，营造整洁、有序的作业环境，明确项目现场安全文明施工管理责任和标准，全力推进基建 5S 管理，实现安全文明施工，确保无事故、事件发生的安全管控目标。

第一节　现场安全管理职责划分

1. 业主项目部负责审批施工项目部报送的安全文明施工策划方案，落实安全文明施工措施费用并监督费用使用情况。开展现场安全文明施工巡视检查，每月至少开展一次安全文明施工的检查评价，记录检查巡视发现的问题，督促整改闭环。定期召开会议，协调解决工程建设中发现的重大的安全文明施工问题，落实上级检查评价工作中发现问题的整改和信息反馈工作。

2. 项目设计组充分考虑了施工安全条件和技术保证措施。在满足工程使用功能下，减少土方量的开挖，对弃土堆放、避免水土流失、处置施工废弃物和植被恢复等做出了合理处理方案和措施，为工程安全文明施工提供与设计有关的技术服务和支持。

3. 施工项目部开展现场安全文明施工二次策划并组织实施。保证工程项目的安全文明施工所需资金的投入，做到专款专用；落实绿色施工，减少施工对环境的危害和污染。为确保施工安全，向施工人员提供合格的安全防护用品，并指导其正确使用。按照项目进展情况动态进行区域划分，明确区域责任人。开展了现场安全文明施工管理日常巡视及检查工作；定期开展安全文明施工检查评价工作，对发现的问题及时闭环整改。

4. 监理项目部制定了相应的目标和控制措施，审查设计、施工单位安全文明施工工作方案并监督实施，检查和协调解决工程项目建设中遇到的安全文明施工问题。

第二节　施工阶段现场安全文明管控

1. 工程开工前，业主项目部督促施工项目部根据工程现场实际情况，基于危害辨识和风险评估，对工程项目的单位、分部、分项工程安全防护及文明施工措施的投入做好通盘计划，施工项目部编制完成"安全文明施工费使用计划"，报监理项目部、业主项目部审批通过后严格执行。每月检查现场安全文明施工设施配置落实情况。

2. 施工项目部是实施安全文明施工主体，按下列要求开展现场管控。

（1）结合《现场安全文明施工设施配置标准》以及现行标准规范，编制现场安全文明施工措施方案和配置计划，并报监理单位总监、业主项目部项目经理审批。

（2）为施工现场（图3-1）配置相应安全设施，按标准布置办公区、休息区（图3-2）和作业现场，落实文明施工和环境保护要求。

图 3-1　施工现场　　　　　　　　　　图 3-2　施工现场休息区

（3）抓好"四步法""八步骤"的施工现场管控，对作业指导书、风险评估与控制、安全施工作业票、站班会、设备清单、台账、三证合法合规性、操作手册、重大作业前专项计划和交底进行检查，加大对麻痹、违章、不负责任现象的查处力度。

（4）强化持证上岗人员持证率检查，新进场施工人员，需经安全培训、安规考试，成绩合格后，方可进场施工，严禁无证人员进场施工，做到施工现场人员"一人一证"，人证相符。

3. 监理项目部根据施工项目部安全文明施工费用提取和使用计划，编制《安全风险及文明施工监理实施细则》，履行安全文明施工的监督职责。加强对高风险作业工序施工到位督查或旁站，将隐患排查治理纳入风险评估与预控的日常管理中，固化基建现场安全风险分级管控模式的执行，开展好隐患排查和治理工作，对检查发现的问题发出整改通知并督促落实整改到位。

4. 业主项目部和监理项目部按《中国南方电网有限责任公司基建工程安全文明施工检查评价标准表式（2014年版）》开展安全和文明施工检查评价工作，推进施工现场反违章管理，严厉整治重复性安全违章行为。

第三节　现场安全文明施工布置要求

1. 对于施工区，要求按照功能、结构和施工道路划分区域。区域划分采用"大区域固定、小区域动态更新"的原则，划分为500千伏区、220千伏区等。根据物资到货情况和施工工序交接情况，细化和更新施工区域。将区域负责人责任区域与管理职责通过牌图进行公告，施工区域阶段性管理按照变电站工程的固有周期，将施工过程分为基础阶段、土建阶段和安装阶段，在施工过程的每个阶段，必须在所有区域持续运行5S机制，做好定点照相、看板管理和颜色管理。

2. 施工电源的布置，严格按照规程规范和强制性条文要求实施。配电箱所有进出线都采用穿管埋地敷设，并沿电缆走向设置标示桩，进出箱体电缆必须挂牌说明电缆型号、起止点及用途等内容。临时移动电缆均采用自制木电缆支架进行敷设。配电箱制作应符合相关规定，防雨（水），密封，加锁，并标有"有电危险"红色警示和专人管理标牌，箱体必须可靠接地；配电箱内部根据需要设置，接线整齐，走向标识清晰，并配有定期检查记录表；现场临时用电采用三级配电，满足"一机一闸一漏一箱"设置规范要求，施工现场必须按照要求配置灭火器，并定期检查和记录。

3. 消防设施布置，要求在办公室、宿舍、仓库、油务区、加工场地、动火作业区、各级配电箱及重要机械设备旁，设置相应的灭火器材；灭火器材定点存放时使用黄色划线或标识，清晰明显；所有灭火器均需由安全员定期检查。消防设施设置消防沙池，应有防雨、防晒的措施，消防设施内的工器具完整齐全，有台账记录并定期检查和更新，合格的消防设施需贴上检查标签（包括检查时间、使用时间和使用范围，并加盖项目章）。

4. 施工安全通道要求，在主控楼、配电间大门处设置施工安全通道，施工安全通道为施工人员安全进出建筑物而设置，防护设施应齐全、完整和有针对性，同时随着楼层的升高而向上铺设，做好垂直坠落防护和水平通道防护。安全通道的牌图、标识和宣传部分应醒目、齐全，为施工人员提供清晰而完整的指引和警戒。安全通道必须定期进行巡视、检查和维护，动态更新牌图指引。

5. 场地平整阶段，郊外环境的临时红线围蔽，需将征地红线范围内的区域用警示带等形式进行临时围蔽；在围蔽朝向场地内的一侧，按需悬挂警示标识；在围蔽出入口，按实际情况竖立五牌一图看板。

6. 基础施工阶段，在设备基础施工完毕后，要求设立防护基础或边角损伤的措施，做成红白木条直角搭接的方式进行防护，同时按区域或面积在成品保护区内设立警示标识和牌图。

7. 主体施工阶段，按照不同的类型和功能，将加工好的模板、钢筋和钢管，整齐地摆放在施工点附近，悬挂"土建施工准备点"标识牌。拆模时，拆卸下来的模板和钢管必须经过初步处理后，整齐地堆放在浇筑点附近，并临时设立围蔽，悬挂"土建建材临时堆放区"标识牌。在施工现场设置的临时材料堆放点，可利用彩条、围栏等进行划分，但应保持道路畅通。混凝土、砂浆送倒料时应有木制承接盒或钢垫板，严禁直接在地面、道路或混凝土地面拌和混凝土、砂浆或倒料，做到"工完、料净、场地清"。

8. 装饰装修阶段，装饰装修的材料可在建筑物内或室外场地设立临时材料房进行存放，避免受雨（水）的影响；存放的材料必须分类堆放，按照功能、用途进行标识和说明；易燃易爆的材料或物品必须单独存放，同时配备必要的消防器材。

9. 构支架安装阶段，构支架的主材和附件，按照间隔和材料主附件进行分类临时堆放。在吊装工作开始后，吊装的作业区域必须安排专人监护和负责，负责监控施工环境和机具的变化，动态更新现场防护措施。

10. 电气安装阶段，在电气设备运抵现场时，尽可能放在设备基础上或附近平整位置，需要另选场地进行集中堆放，必须分类放置在设立了固定围蔽的区域内，做好设备保护的工作；在围蔽上悬挂"电气设备暂存区"标识牌，同时对区域内设备进行标识，安排专人检查和巡视。电气施工区域内的附件、备件、工具和材料必须分类堆放，重点设备、附备件或流程必须进行挂牌说明；在电气施工区域内，同一场地安装作业和高压试验不得同时施工。安装工程结束后，施工人员必须对工器具、余料、附备件和场地进行整理、整顿和清扫，尤其是设备包装箱必须当天运至指定地点存放。

11. 电气调试阶段，在主控室或设备就地进行安装或继电保护调试工作时，采用塑料薄膜覆盖对地面砖进行保护，必须保持室内或场地清洁；主控室电缆未覆盖时，调试人员需在电缆上（方）铺设平板，严禁直接踩踏电缆（槽盒）。现场高压试验区域、被试系统的危险部位或端头，均应设置临时遮拦或标志旗绳，向外悬挂"止步，高压危险！"的标识牌，并设专人警戒。

12. 5S看板设置要求，看板功能明确，内容有助于落实施工现场的安建环管理；五牌一图（工程概况牌、管理人员名单及监督电话牌、消防保卫制度牌、安全生产制度牌、文明和环保制度牌、施工现场平面图）、施工现场区域划分图、"四步法"工作执行标示牌、质量控制措施牌、风险控制措施牌、安全管理活动看板、宣传牌、告示牌等。5S看板设置风格统一，根据功能划分版面内容，要求版面内容明确、真实、具体、有针对性。区域管理人员的责任描述牌图，要求有人员照片、联系电话、责任区域划分详图和管理责任的描述，树立在各自的责任区域显眼处，各区域间应加硬质围栏划分。

第四章　土建工程实施

第一节　基础样板工程

一、质量目标

混凝土基础内实外光、棱角分明、表面平整光滑、颜色均匀、观感质量良好,洞口几何尺寸准确,达到清水混凝土效果。

二、样板点

选取一段围墙地梁和一个设备支架基础做样板点施工。

三、执行规范

《建筑地基基础工程施工质量验收规范》(GB 50202—2002)等。

四、适用范围

全站建筑物地梁、构支架及设备基础等。

五、模板材料

清水模板。

六、基础材料

钢筋、商品混凝土。

七、施工工艺控制

1.工序流程:基底清理—模板安装—混凝土浇筑—拆模—清洁—养护。
2.工艺要点。
(1)按照规程规范标准、抗震烈度和施工图要求,调直、切割、弯曲、焊接、连接钢材,接头按规定做抽样试验、留存试验，并出具报告。

（2）结合施工图尺寸及现场批量情况，确定型材需求，定制成套钢模板（圆形、方形或等边多边形）及配件（紧固螺栓、垫片等），结构形式依据基础形式确定，满足强度、刚度要求，接缝严密、平整而不漏浆，规格尺寸准确，便于组装和支拆，边角顺直不变形。

（3）经验收基底落在实土上，基底清理，部分接触光滑面需凿毛处理并做好清理。

（4）确定轴（边）线定位并依据场地坡度进行标高控制测量、放线，并保存记录。

（5）钢模板脱模剂涂刷、拼装及紧固，模板加固，高度应为净层高度 + 浮浆厚度 +5 mm，用塑料倒圆角线条。

（6）按照施工图浇筑强度 C25 混凝土，按要求做有关试验。

（7）严格控制混凝土塌落度在 100 mm ± 20 mm；基底湿润，混凝土均匀平衡进料，每层浇筑高度宜控制在 300 mm 左右，振捣以气泡基本排出为宜。

（8）继续均衡进料并振捣，直至顶面标高。据天气情况，待初凝前 1 h 进行二次均衡振捣，进行抹压；复核标高及轴线并调整；对钢模外面散落混凝土进行初步清理，对外露面混凝土进行压光面处理。

（9）待 24 h 后，钢模板拆除，清洁涂刷，平稳摆放，注意保护。

（10）对混凝土表面进行自评估（对存在问题进行分析并总结改进），落实专人对混凝土表面清理及保养。

3. 记录养护过程和隐蔽前有关数据。

4. 检测验收评价，确定为样板工程。按进度计划管控要求全面铺开各单位工程基础施工。

八、资料整理归集

基础样板工程施工完成后，将所有资料进行整理归集，如对实施成品拍照归档等。（图 3-3、图 3-4）

 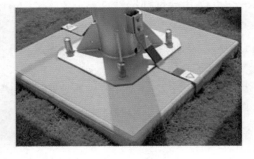

图 3-3　围墙地梁　　　　图 3-4　支架基础

第二节　沉降观测点和测量控制点工程

一、质量目标

1. 满足设计施工图及规程规范要求，设置牢靠稳固，能达到观测要求。
2. 标识清晰，美观大方。

二、执行规范

《建筑变形测量规范》（JGJ 8—2016）。

三、材料

钢板、不锈钢观测材料各一套，标识牌。

四、沉降观测点施工过程管控

1. 建筑物部分：预埋钢板应与框架柱（装饰柱）同步连接牢靠，柱模板拆除后安装观测螺杆，然后按质量验评及规程规范要求在阶段时间及荷载加载进行定期同步观测记录，此过程可通过加工简易木制护栏对观测点进行安全防护；待外饰面完成及细部处理后，及时安装不锈钢保护外罩，并据现场实际安装标识牌。

2. 构筑物部分：待基础施工完成，在设计图标定位置使用清水模板浇筑观测点基础并同步预埋观测螺杆，拆模并进行细部处理后，安装标示牌。

五、测量控制点施工过程管控

1. 站内总平面布置图，在站内东南侧、北侧及东北侧各设置一个永久的控制点。
2. 布设控制点均能通视且能测量、放样各建（构）筑物。
3. 根据北海市规划局盖章的 500 千伏北海变电站工程建设用地地界限坐标点为准，实地测量出两个桩点并对其进行控制，并整合设计单位提供的 E 级 GPS 控制测量成果表（Z1\Z2\Z3 中 85 国家高程）进行闭环控制。
4. 根据实际情况，分别设置控制轴线并转换为施工总平面图 A、B 坐标点。
5. 控制点放样采用极坐标法，为便于复测，控制点布置均呈直线型。
6. 所有控制点必须设专人保护，定期巡视，定期复核，使用前必须进行校核。

六、投运前阶段性观测数据齐全完整

站内控制桩数据有效，投运后向运行单位移交第三方观测资料，要求数据齐全，资料完整。

七、资料整理归集

沉降观测点和测量控制总工程施工完成后，将所有资料进行整理归集，如对实施成品拍照归档等。（图 3-5、图 3-6）

图 3-5　建筑物沉降观测点

图 3-6　测量控制点

第三节　建筑物主体结构工程

一、质量目标

主体结构应安全、可靠、耐久，内坚外美，达到鲁班奖工程实体质量目标。

1. 无影响结构安全和使用功能的裂缝、变形、外观缺陷。

2. 建筑物的垂直度偏差应满足设计及相关规范的要求。

3. 墙体、地面及顶板无结构裂缝和渗水情况。

4. 预留洞口符合设计及相关规格规范要求。

二、执行规范

《混凝土结构工程施工质量验收规范》（GB 50204—2015）。

三、模板安拆

1. 结构模板制作准备：模板尺寸准确、表面平整、构造简单、安拆方便，尽量扩大拼接板面积、减少拼缝，精确按设计承载力进行模板选型、设计、强度验算、难点处理等。

2. 楼板模板安装重点控制：按照设计和规范要求起拱高度支模，拱线顺直无拆线，与梁柱节点或与顶板、楼梯、阳台、檐口等接口处，尺寸准确，边角顺直，拼缝平整。成品接缝严密、平整、不漏浆、不错台、不胀模、不跑模、不变形。堵缝所用的胶条或泡沫塑料，不突出模板表面，严防搅入混凝土。

3. 柱模板安装重点控制。柱模面上塑料线条与模板固定牢固。钉子不露出塑料线条。按照模板边线，在柱边四周距地 5 ～ 8 cm 处的主筋焊接模板定位支杆，从四面顶住模板，以防止模板移位。检查并纠正位移和垂直度，最后再安装柱箍。

4. 梁模板安装重点控制。梁底架子应稳定，保证梁底不下沉。梁侧模、梁底模均纵向布置。梁侧模加固好后用钢管斜撑与架子顶牢固，另安装拉螺栓前一定要对其位置进行设计和弹线，确保螺丝在一条直线上。柱顶与梁交接处，要留出缺口，并在缺口两侧及口底钉上衬口档，衬口档离缺口边的距离即为梁侧及底板厚度。次梁模板的安装，要待主梁模板安装并校正后才能进行。梁侧模、梁底模拼装时，只允许有横向接缝，不允许出现纵向接缝。拼缝处先用泥子填平，再用单面胶带纸粘牢。梁底和梁侧其他预埋件用螺丝与模板固定。

5. 防漏浆措施。模板高度：净居高度 + 浮浆厚度 +5 mm，以保证剔除浮浆后混凝土墙（柱）顶高出板底 5 mm 左右。打楼板、梁、柱、墙不出接槎；窗、门滴水线用槽形塑料条一次打成；装隔板的位置用塑板条或三合板条钉在底模上形成凹槽，以便安装隔板；墙根地面抹找平砂浆并在里线外 5 mm 处贴直泡沫条，以防模底漏浆、烂根；防止梁根阳角漏浆和胀模，一定要拼严、牢固可靠，接缝处加泡沫条；在竖向施工缝时，施丁缝位置在横纵墙交接处，用 15 目 × 15 目的双层铁丝网绑扎在墙体钢筋上，外边用木板封挡混凝土。顶板施工缝，底板下垫 15 mm 厚木条保证下面钢筋保护层，上下层之间用木板保证净距，上口再加木板，抗渗混凝土底板不留施工缝。

6. 模板拆除。底模板的拆除必须待混凝土达到设计要求和规范要求强度后方可拆除，上部严格堆放材料，控制增加荷载；柱模板应在混凝土强度能保证其表面及棱角不因拆模而受损坏时，方可拆除；梁底模板在混凝土强度达到设计标准后方可拆除。拆下的模板要及时清理黏结物，修理并涂隔离剂，分类堆放整齐备用；拆下的连接件及配件应及时收集，集中统一管理。

四、钢筋加工、安装和验收

根据施工图做好钢筋加工、安装和验收。重点控制好包括梁柱节点放样、悬挑构件绑扎、钢筋接头处理、抗震结构加密处理等，从钢筋原材料采购、加工、堆放、绑扎、焊接和钢筋保护层控制等全过程做好管控，确保质量可控上好。

1. 使用钢筋必须符合国家规范、标准和有关规定，有出厂质量证明文件，进场做抽样复试试验和报告，施工单位做入库和出库、使用跟踪记录。

2. 按照图纸，钢筋半成品加工过程中，应调直，切割、弯曲、焊接、连接质量满足国家规程规范和本工程抗震要求。加工专业人员技术培训合格，特殊工种持证上岗。

3. 钢筋绑扎连接接头和焊接连接接头符合质量规范要求，按规定抽样试验，保存试验和检验报告。接头数量、质量和位置满足规范要求。经过自检、互检和专业验收、隐蔽工程验收。

4. 钢筋保护层控制措施到位，合理安放垫块，尺寸、位置、间距、数量满足质量控制要求，确保混凝土在振捣时不移位、不脱落。

5. 钢筋安装允许误差满足规范要求。

6. 门窗、洞口、构造柱、预埋件、强弱电线管、接线盒及其他配件等，位置安放准确，不碰撞、不咬伤受力钢筋。

7. 钢筋绑扎全过程符合规范要求（图3-7、图3-8），遵循"七不绑五不验"原则。七不绑：已浇筑混凝土浮浆未清除干净不准绑钢筋；钢筋污染清除不干净不准绑钢筋；控制线未弹好不准绑钢筋；钢筋偏位未检查、校正不合格不准绑钢筋；钢筋接头本身质量未检查合格不准绑钢筋；技术交底未到位不准绑钢筋；钢筋加工未通过验收不准绑钢筋。五不验：钢筋未完成不验收；钢筋定位措施不到位不验收；钢筋保护层垫块不合格，达不到要求不验收；钢筋纠偏不合格不验收；钢筋绑扎未严格按技术交底施工不验收。

图3-7　主控通信楼楼面钢筋　　　　　图3-8　51小室屋面钢筋

五、混凝土浇筑

1. 混凝土浇筑准备：混凝土浇筑是保证混凝土外观的重要环节。在混凝土浇筑前做好技术交底工作，落实操作人员工序作业控制要求。

2. 混凝土浇筑控制措施：先边角，后中部，先浇筑竖向结构后平面，确保混凝土不出现冷缝；混凝土自高处倾落的自由落体高度，不超过2 m；在浇筑柱墙等竖向结构混凝土前，先在底部填以厚50～100 mm与混凝土内砂浆相同的水泥砂浆；混凝土浇筑连续进行；混凝土浇筑时观察模板、钢筋、预留孔洞、预埋件和插筋等有无移动、变形或堵塞情况，发现问题应立即处理，并应在已浇筑的混凝土凝结前采取措施修正；混凝土的抗压强度未达到1.2 MPa前，不得在其上踩踏或安装模板。

3. 柱混凝土浇筑控制重点：柱、墙浇筑前，在底面上均匀浇筑 50 mm 与混凝土配比相同的水泥砂浆。砂浆应用铁铲入模，不能用料斗直接倒入模内；柱、墙混凝土分层浇筑振捣，每层浇筑厚度控制在 300 ～ 500 mm。混凝土下料点应分散布置循环推进，连续进行；柱子水平缝留置于主梁下面。

4. 梁、板混凝土浇筑控制重点：主控楼肋形楼板的梁板同时浇筑，浇筑方法应由一端开始，先将梁分层浇筑成阶梯形，当达到楼板位置时再与板的混凝土一起浇筑，用平板振动器垂直浇筑方向来回振捣，控制好混凝土板厚度。振捣完毕，用刮尺或拖板抹平表面。在浇筑与柱连成整体的梁和板时，应在柱浇筑完毕后停歇 1 ～ 1.5 h，使其获得初步沉实，再继续浇筑。施工缝设置宜沿着次梁方向浇筑楼板，施工缝应留置在次梁跨度的 1/3 范围内，施工缝表面应与次梁轴线或板面垂直。单向板的施工缝留置在平行于板的短边的任何位置。双向受力板、厚大结构、拱、薄壳、水池、多层钢架等结构复杂的工程，施工缝位置应按设计要求留置。与板连成整体的大截面梁，留置在板底面以下 20 ～ 30 mm 处，当板下有梁托时，留置在梁托下部。

5. 混凝土养护：混凝土浇筑完毕后，应在 12 h 内加以覆盖和浇水养护；混凝土浇水养护一般不少于 7 天；每日浇水次数应能保持混凝土处于足够的润湿状态；采用塑料薄膜覆盖时，其四周应压至严密，并应保持薄膜内有凝结水。

六、资料整理归集

建筑物体结构工程施工完成后，将所有资料进行整理归集，如对实施成品拍照归档等。（图 3-9、图 3-10）

图 3-9　主控通信楼梁板柱　　　　　　　　图 3-10　主变油池压顶

第四节　砌体工程

一、质量目标

横平竖直，砂浆饱满，错缝搭接，接槎可靠，坚固耐久。

二、材料要求

砌体工程所用的材料有产品合格证书和产品性能检测报告。块材、水泥、钢筋、外加剂等材料主要性能的进场复验报告。严禁使用国家明令禁止淘汰的材料。

1. 砌筑用砖。砖的品种、强度等级（MU）必须符合设计和规范要求。主变压器用防火清水墙砖，边角整齐，色泽均匀。

2. 砌筑砂浆。砌筑用自拌砂浆，对原材料质量进行严格控制，其中水泥、砂、水、石灰、掺料及其砂浆的质量符合规范和设计要求。

三、执行标准

《砌体结构工程施工质量验收规范》（GB 50203—2011）等。

四、砌体施工工艺控制

1. 脚手眼设置。脚手眼补砌不得用干砖填塞，应用细石混凝土填塞，灰缝填满。手眼不得在下列墙体部位设置。

（1）120 mm 厚墙、清水墙和独立柱。

（2）过梁跨中 1/2 应用内。

（3）宽度小于 1 m 的窗间墙。

（4）砌体门窗洞口两侧 200 mm 和转角处 450 mm 范围内。

（5）梁垫下 500 mm 左右范围内。

2. 墙拉筋结点连接。

（1）间距沿墙高每道不超过 500 mm。

（2）埋入长度从留搓处算起不应小于 1000 mm。

（3）后置拉筋结点，不应剔凿混凝土面层，应结合砌体材料模数，弹出墙体中心线、拉筋间距线，用膨胀螺栓将钢板固定在混凝土面层上，墙拉筋与钢板焊牢。

3. 构造柱结点处理。

（1）必须弹出构造柱边线。

（2）构造柱与墙体连接处应砌成马牙槎，马牙槎应先退后进，马牙槎尺寸为 60 mm。

（3）每一组马牙槎高度不超过 300 mm。

（4）不削弱构造柱截面尺寸。

4. 梁、板底部斜砌。填充墙砌至接近梁板底时，留置一定空隙，待填充墙砌筑完，间隔 7 天后再斜砌墙体。

5. 填充墙电线管安装。

（1）填充墙砌筑前，将所有电线管全部安装到位。

（2）严禁对填充墙剔凿，避免出现结构裂缝。

（3）管线稠密部位，采用混凝土填补。

五、砌体施工过程管控

1. 竖向灰缝不得出现透明缝、瞎缝和假缝。

2. 砌体水平缝的砂浆饱满度不得小于 80%。

3. 砌体的转角处和交接处应同时砌筑，对不能同时砌筑而又必须留置的临时断处应砌成斜搓，斜搓水平投影长度不应小于高度的 2/3。

4. 砌体上下错缝，内外搭砌，砖柱不能采用包心砌法。

5. 砌体的灰缝应横平竖直、厚薄均匀，水平灰缝厚度应在 10 mm ± 2 mm 间。

6. 防火墙小砌块墙体对孔错缝搭砌，搭接长度不小于 90 mm。

7. 防火墙小砌块水平灰缝内的钢筋应居中设置，水平灰缝厚度应大于钢筋直径 4 mm 以上，砌体外露砂浆厚度不应小于 15 mm。

8. 设置在砌体灰缝内的钢筋，应采取防腐措施。

9. 建筑物填充墙砌体砌筑前，提前 2 天浇水温润块材。

10. 砌体工程每步架砌筑完毕后，间隔 1 天，再进行上部墙体施工。

11. 每层间砌块砌体最好是每天 1 次，砌筑高度控制在 1 m 左右。

12. 为防止窗洞下角处因应力集中点产生 45° 斜裂缝，在窗台处增设钢筋混凝土板带，板带厚度为 12 cm，内配 6φ8 钢筋。

13. 建筑物顶层女儿墙砌体为防止温度裂缝的产生，将砌体改为约束砌体。

六、资料整理归集

砌体工程施工完成后，将所有资料进行整理归集，如对实施成品拍照归档等。（图 3-11、图 3-12）

图 3-11　建筑物砌体外墙　　　　　　　图 3-12　主变压器的清水防火墙

第五节　屋面工程

一、质量目标

屋面排水组织明晰、有序，屋面构造做法、防水设防符合规范和设计要求；各种突出屋面结构及基座排列整齐美观，变形缝处理符合设计要求；上屋面检查口防雨设施安装到位。

二、执行规范

《屋面工程质量验收规范》《屋面工程技术规范》及设计要求、相关强制性条文所规定的内容等。

三、屋面防水基层施工

屋面找平层表面平整，没有疏松、起砂、起皮现象并应在屋面排水坡向做好分格，分格缝间距宜在 6 m 以内，缝宽宜为 20 mm，并嵌填密封材料。天沟、檐口、泛水、变形缝和伸出屋面的结构均应符合设计和观感要求。

四、屋面防水卷材铺设

铺贴卷材做到压接接头密实牢固、线条平直、宽度均匀，无褶皱、鼓泡、翘边等现象。

五、屋面排水系统施工

1. 檐沟。纵向流水坡度不小于 1%，水落口周边直径 50 mm 范围内坡度不小于 5%；檐沟表面平整美观，线条顺直，流水畅通无积水现象。

2. 屋面直落式落水口安装。水落口杯与基层接触处应留宽 20 mm、深 20 mm 凹槽，嵌填密封材料；落水口面层排砖整齐、勾缝光滑平整、无积水现象、水箅子起落灵活。

六、屋面女儿墙施工

女儿墙防水构造施工做法：砖墙、卷材收头直接铺压在墙压顶下，压顶做防水处理。女儿墙压顶表面光滑平整，向内流水坡度明显。阳角通顺，鹰嘴明显，下口光滑平整。

七、突出屋面物做法

1. 突出屋面墩台根部做法。突出屋面空调基座根部周围的找平层做成墩台，墩台与找平层间留凹槽，并嵌填密封材料；管道防水层收头处用金属箍箍紧，并用密封材料封严。

2. 水落管。水落管在墙与管相交部位基底作屋面保护层，出水口线条圆顺。

3. 屋面避雷带敷设。屋面避雷带按照设计图纸和规范要求，敷设顺直，搭接合规。

4. 屋面管线敷设。各种管线排布适用，用套管保护，为便于检修，制作人行移动式小钢桥。

八、屋面整体面层施工

屋面面层设计先进，分块合理，面层平整，坡向及坡度准确，排水系统顺畅，瓷砖面层的砖缝宽窄、深浅均匀一致，色泽协调，勾缝光滑，无空鼓。

九、屋面和楼面卫生间试水

1. 建筑物坡屋面淋水试验。

（1）试水前提条件：屋面坡度、坡向满足施工图及规范要求；屋面防水层施工完成。在屋脊设置 PVC 水管，每间距约 100 mm 进行钻孔形成淋水管。连接完成并开始供水，屋面持续淋水时间大于 2 h。

（2）检查结果：自屋面持续淋水 2 h 后，全面检查功能房间、管道周围等渗漏情况，对屋面排水通畅性能等进行综合评价。坡度坡向符合设计要求，无渗漏，屋面排水顺畅、无积水，试验符合要求。

2. 楼面卫生间蓄水试验。

（1）第一次蓄水条件：第一层防水层（涂料）完成后，进行一次蓄水试验，蓄水水位需满足（比高位处地面）20 ～ 30 mm，蓄水时间不少于 24 h。

经蓄水试验后，对卫生间进行检查，无渗漏现象，排水后无积水现象，试验符合要求。

（2）第二次蓄水条件：第一次蓄水试验完成并合格，按施工图进行下一步工序施工，直至完成第二层防水层（涂料）后，再进行一次蓄水试验，蓄水水位需满足（比高位处地面）20 ～ 30 mm，蓄水时间不少于 24 h。

检查结果：经蓄水试验后，对卫生间进行检查，无渗漏，排水后无积水，试验符合要求。

十、资料整理归集

屋面工程施工完成后，将所有资料进行整理归集，如对实施成品拍照归档等。（图 3-13、图 3-14）

图 3-13 屋面全景图

图 3-14 屋面细部图

第六节 装修装饰工程

一、质量目标

1.外立面、内墙面、顶棚、地面饰面材料粘贴牢固；排列合理，缝隙均匀；表面平整，阴阳角方正顺直，线条清晰；表面色泽均匀，无明显色差，光洁无污染，无变形；相同饰面材料或不同饰面材料的交接处界线清晰、横平竖直、嵌缝饱满、无交叉污染。

2.门窗连接牢固，密封严密；表面平整洁净，无划痕、无翘曲变形现象；五金配件齐全，安装位置正确；开关灵活，关闭严密。

3.各种水电设备终端、线盒、插座、开关、卫生器具、地漏、雨水井及检查口等布置协调、整齐美观、接缝严密。不同材料交接处的缝隙处理得当，整体观感效果好。

4.整体质量表现：做工讲究、精致细腻。建筑外立面造型装饰精美、屋面及室内细部处理规范精致，展现较高的施工工艺水平和质量水平。建筑节能、外墙保温所用材料和做法满足相关规程规范要求，门窗内外的材料使用及细部处理精细美观。

5.满足建筑功能和使用安全的要求，其性能检测达到甚至超过设计和规范要求；工程在舒适性等方面满足用户体验要求。有特殊要求的功能质量达到相关的专业要求；工程限值实测值低于国家标准和规范的允许值。

二、绿色施工控制措施

1.严格遵照《关于加强建筑工程室内环境质量管理的若干意见》和《关于实施室内装饰装修材料有害物质限量10项强制性国家标准的通知》的要求，选择绿色建材，组织绿色施工。

2.选择经认证的绿色环保饰材，降低毒性、污染甚至抑菌。施工过程中，减少使用后散发的有害气体、有害辐射，实现抗霉防蚀、阻燃等作用。

3.选用国内知名度较高的品牌，从正规渠道进货，并现场取样分别对内墙涂料、黏合剂，木制品，人造板的有机化合物、甲醛、苯等 TVOC 含量进行检测，对墙砖、地砖做防辐射检测，工程完工后对室内空气质量进行检测。采购木作工程成品，现场安装，避免现场开料施工环境脏乱、边角料无法合理利用。

4. 装修过程中，建筑内保持良好的通风环境，释放苯、甲醛及有机化合物，保持室内空气的净化，减少因装修残留的苯、甲醛对人体的危害。

三、二次设计

根据现场实物参数，在满足设计要求及规范容许范围内，各参建方研究和审定了装修装饰二次设计施工和效果图，以达到创建鲁班奖实体质量要求。

1. 卫生间二次装修设计。确定卫生间地漏装设的高度和位置，根据卫生间地砖尺寸，将地漏安装在整块地砖的正中央，地砖沿对角线双向套割，保证排水顺畅。根据空间尺寸，使地砖缝隙、墙砖缝隙、吊顶线条对齐。卫生洁具及五金安装位置既要合理，又要保证与墙、地砖缝对称安装；强弱电、讯号等外露设备，有规律地对称安装。

2. 楼地面铺装二次设计。根据预选地砖大小和厚度进行排砖，杜绝使用少于 1/3 的切割砖，确保在接茬处平整。

3. 外墙面二次装修设计。外墙干挂面砖，按设计图纸在工厂加工成型，杜绝使用少于 1/3 的切割砖，板材对称安装。根据大样图及墙面尺寸进行横竖向排砖，保证瓷砖缝隙均匀，砖缝间隙在 1～3 mm 间调整和控制，在窗间墙或阴角处等，精确到一致和对称。

4. 门厅和公共走廊二次装修设计。地面块材分格对缝设计，设定统一测定的柱网施工，使地面块料分缝笔直，所有缝隙均匀一致。

5. 顶棚二次装修设计。放线控制，吊顶天棚四周高度一致，起拱交圈正中点位置，保证前期安装的风口和消防喷淋头的位置能与成品天花板配合准确。

6. 收口处理二次装修设计。装修收口是通过对装饰面的边、角以及衔接部分的工艺处理，以达到弥补饰面装修的不足之处，增加装饰效果的目的。收口线不能有明显断头，交圈要连贯、规整和协调。每条收口线在转弯、转角处能连接贯通，圆滑自然，不断头、不错位、宽度均匀一致。

四、外檐及外墙装饰施工管控

1. 施工流程及工艺控制。

（1）在房屋四角测定垂直线，贴标志块。垂直线应一次吊线，严禁两次吊线。外柱到顶的外墙，每个外柱边角必须吊线（即柱面双线），做双标志，然后再根据垂直线拉横向通线，沿通线每隔 1200～1500 mm 做一个标记；同时应在门窗或阳台等处拉横向通线，找出垂直方向后，做好标记，达到线直角方大面平整。须特别注意阳台和窗口的水平方向、竖向和进出方向，"三向"成线。

（2）弹线分格、排砖。

①弹线分格：按图纸要求进行分段分格弹线，同时亦可进行面层贴标准点的工作，以控制面层

出墙尺寸垂直、平整。

②排砖：根据大样图及墙面尺寸进行横竖向排砖，以保证面砖缝隙均匀，符合设计图纸和二次装修设计要求。

（3）镶贴面砖。

①外墙面砖镶贴应自上而下进行。在每一分段或分块内的面砖，均为自下而上镶贴，从最下一层砖下皮的位置线先稳好靠尺，以此托住第一皮面砖，在面砖外皮上口拉水平通线，作为镶贴的标准。内墙面砖镶贴顺序应自上而下进行。

②镶贴砂浆采用 1∶2 水泥砂浆，砂浆厚度为 6 ～ 10 mm；或用 1∶1 水泥砂浆加水重 20% 的 108 胶，砂浆厚度为 3 ～ 4 mm。

③在面砖背面镶贴砂浆，贴上后用灰铲柄轻轻敲打，使之附线，再用钢片开刀调整竖缝，并用小杠通过标准点调整平面和垂直度。当要求釉面砖拉缝镶贴时，面砖之间的水平缝宽度用米厘条控制，贴砖用的米厘条用贴砖用砂浆与中层灰临时镶贴，米厘条贴在已镶贴好的面砖上口，为保证其平整，可临时加垫小木楔。

④ 窗台平面镶贴面砖时，除流水坡度符合设计要求外，应采取正面砖压、立面砖压的做法，预防向内渗水，引起空裂；同时还应采取立面中最低一排面砖必须压底平面面砖，并低出底平面面砖 3 ～ 5 mm 的做法，让其起滴水线（槽）的作用，防止尿檐而引起空裂。

（4）勾缝与擦缝。面砖铺贴拉缝时，先勾水平缝再勾竖缝，干挤缝采用擦缝处理。

（5）面砖勾完缝后，用草酸将砖面擦洗干净，最后用清水清洗干净，施工过程加强对成品的保护，防止被其他工序污染。

2. 主控通信楼背面外墙及工程细部见图 3-15、图 3-16。

图 3-15 主控通信楼背面外墙　　　　　图 3-16 主控通信楼外墙细部

五、站内雨水口施工

1. 质量目标：雨水口顶面标高均比场地低 50 mm，饰面抹灰厚度控制在 15 mm 以内，卵石铺设间距均衡，外露 5 ～ 10 mm。不因雨水对泥土冲刷而流失。

2. 工艺要点控制。

（1）工序：管道安装→井池砌筑→井盖就位→井池侧饰面→铺浆及卵石压面。

（2）工艺做法。

①通至检查井的雨水口 200 mm 管径排水管按施工图已定位安装完毕。

②定位边线及标高，垫层施工；根据雨水口盖板尺寸，按内壁各面均预留 15 mm 进行抹灰饰面压光，确定雨水口砌筑净空尺寸。

③雨水口砌筑面标高控制在 100 mm；坐浆后井盖面标高控制在 50 mm，复核标高及轴线；内壁抹灰（湿润砖体，初步打底一层 7 mm，控制后面压尺，控制抹灰厚度）。

④卵石清洗干净，井池外沿至路边路缘石、场地侧 250 ～ 300 mm 坐浆，坡度自场地往雨水口盖板面 1%，砂浆初凝前就位卵石，用木拍压实。场地至雨水口 1 ～ 1.5 m 处设置 3% 坡度，雨水口外沿填土比卵石面约低 20 mm。

⑤卵石就位后，卵石与灰浆接触部位用小灰刀进行压实，并进行细部处理。

3. 雨水口做法详图及雨水井实物图（图 3-17、图 3-18）。

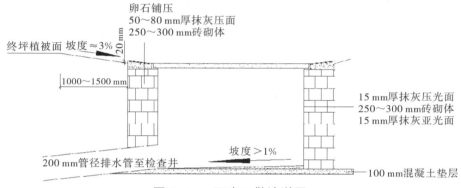

图 3-17 雨水口做法详图

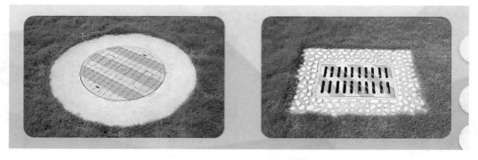

图 3-18 雨水井实物图

六、清水混凝土保护帽施工

1. 质量目标：混凝土内实外光，表面平整光滑，颜色均匀，棱角分明达到清水混凝土效果。

2. 施工流程及要点控制。

（1）工序流程：基底清理→模板安装→混凝土浇筑→拆模→养护→耐候硅酮胶灌注。

（2）细部要点控制。

①结合施工图尺寸及现场批量情况，确定型材需求，定制成套钢模板（圆形、方形或等边多边形，根据设计图制定）及配件（紧固螺栓、垫片等）。

②基底（杯口基础灌浆面）清理，部分接触光滑面需进行凿毛处理并做好清理。

③确定轴（边）线定位并据场地坡度进行标高控制测量。

④钢模板以脱模剂涂刷，拼装及紧固，模板加固；构件表面贴装 10 mm 厚泡沫薄板并包裹，构件混凝土浇筑顶面上下 300 mm 均包裹薄膜进行保护。

⑤严格控制混凝土塌落度在 100 mm ± 20 mm 内；基底湿润，混凝土均匀平衡进料，每层浇筑高度宜控制在 300 mm 左右，振捣以气泡基本排出为宜。

⑥继续均衡进料并振捣，直至面顶标高，振捣后以混凝土高出 15 mm 为宜。

⑦据天气情况，待初凝前 1 h 进行二次均衡振捣，进行抹压；复核标高及轴线并调整；对钢模外面散落的混凝土进行初步清理，对保护帽面顶的混凝土进行压光面。

⑧待 24 h 后，保护帽钢模板拆除，注意保护成品，对混凝土表面进行自评估（对存在问题进行分析总结改进），落实专人对混凝土养护。

⑨对混凝土表面清理及保洁，与构件接触部位使用耐候硅酮胶均衡灌封至饱满统一。

3. 保护帽施工详图及成品实物图（图 3-19、图 3-20）。

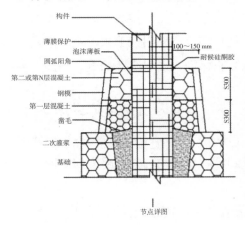

图 3-19　保护帽节点详图　　　　　图 3-20　保护帽实物图

七、室内涂饰工程

1. 执行规范：《建筑装饰装修工程质量验收规范》（GB 50210—2001）等。

2. 施工工艺控制：基层处理→打底刮泥子→分层施涂涂料→第三遍涂料施工→检查验收。

（1）基层处理。

①墙面孔洞、墙面裂缝及线槽修补采用砂浆进行修补封闭。

②墙面抹灰层空鼓部分应将砂浆清除，再进行修补。

③对高低不平的砂浆面层要进行铲磨并扫除表面浮砂，并用石膏泥子分层进行补平，以确保墙面平整。

④墙面污垢及油渍可采用洗涤剂洗净。

（2）找平刮泥子。

①填补缝隙局部刮泥子：用石膏泥子将墙面缝隙及坑洼不平处分遍找平。操作时要横平竖直，填实抹平，并将多余泥子收净，待泥子干燥后用砂纸磨平，并把浮尘扫净。如还有坑洼不平处，可再补一遍石膏泥子。

②满刮泥子：根据墙体基层的不同和浆活等级要求的不同，刮泥子的遍数和材料也不同，一般情况要刮 3 遍，泥子的配合比为重量比，有两种，一是适用于室内的泥子，其参考配合比为聚醋酸乙烯乳液（白乳胶）:滑石粉（或大白粉）:20% 羧甲纤维素溶液 =1∶5∶3.5；而适用于外墙、雨棚的泥子，其参考配合比为聚醋酸乙烯乳液（白乳胶）:水泥:水 =1∶5∶1。刮泥子时应横竖刮，并注意接槎和收头时泥子要刮净，每遍泥子干后要用砂纸打磨，将泥子磨平，磨完后将浮尘清理干净。

（3）分层施涂涂料。

①施涂底层涂料：涂刷施工前应遮盖门窗框及其他装修部位和设备（可用薄膜），避免造成污染。对已完工的地面也要进行遮盖。在涂料滚涂前，先进行涂料的稀释处理（按产品说明书实施），稀释时掺量应由专人计量。先施工局部样板，在样板验收合格后方可进行大面积涂刷。大面积墙面涂刷采用粗毛滚筒从上往下，分段分层进行涂刷，门窗等拐角部位应采用细毛排刷进行涂刷。墙面滚涂应均匀，不能漏涂；细部涂刷可采用美纹带粘贴，以防止污染，确保线条顺直。墙面有装饰线分色线时，施工前应先按标高弹划好粉线。

②施涂中层涂料：涂刷中层涂料应在底层涂料干燥后进行，分滚涂、拉毛两步进行。主层涂料可以采用专用滚涂工具，分段分层，从左往右或从上往下沿同一方向进行滚涂。门窗、墙体拐角及滚涂不到的部位，采用细毛刷粘涂料点缀施工。滚涂应做到涂料厚薄均匀，纹路方向相同。阴阳角部位涂料附着力强，隆起均匀，无明显疙瘩。

③施涂面层涂料：面层涂料待主层涂料完成并干燥后进行，涂料应从上往下顺刷、分层分段涂刷；涂料稠度要适当，涂刷中不要随意增减稀释剂；涂刷后应颜色均匀、分色整齐、不漏刷、不透底。每分格应一次性完成。

八、室内楼地面装修施工

1. 施工工艺控制：基层处理→找标高、弹线→铺找平层→弹铺砖控制线→铺砖→勾缝、擦缝→养护→踢脚板安装。

2. 基层处理、定标高：将基层表面的浮土或砂浆铲掉，清扫干净，有油污时应用 10% 火碱水刷净，并用清水冲洗干净。根据 +0.5 m 水平控制线和设计图纸找出板面标高。

3. 弹控制线。

（1）先根据排砖图确定铺砌的缝隙宽度。

（2）根据排砖图及缝宽在地面上弹纵、横控制线。注意该十字线与墙面抹灰时控制房间方正的十字线是否对应平行，同时注意开间方向的控制线是否与走廊的纵向控制线平行，不平行时应调整至平行，以避免在门口位置的分色砖出现大小头。

（3）排砖原则：开间方向要对称（垂直门口方向分中）；为了排整砖，可以用分色砖调整；与走廊的砖缝尽量对上，对不上时可以在门口处用分色砖分隔；根据排砖原则画出排砖图，有地漏的房间应注意坡度、坡向。

4. 铺砖。为了找好位置和标离，应从门口开始，纵向先铺 2～3 行砖，以此为标筋拉纵横水平标高线，铺时应从里向外退着操作，人不能踏在刚铺好的砖面上，每块砖应跟线，操作程序如下：

（1）铺砌前将砖板块放入半截水桶中浸水润湿，晾干至表面无明水时，方可使用。

（2）找平层上洒水润湿，均匀涂刷素水泥浆（水灰比为 0.4～0.5），涂刷面积不要过大，铺多少刷多少。

（3）结合层的厚度。一般采用水泥砂浆结合层，厚度为 10～25 mm；铺设厚度以放上面砖时高出面层标高线 3～4 mm 为宜，铺好后用大杠尺刮平，再用抹子拍实找平（铺设面积不得过大）。

（4）结合层拌和。干硬性砂浆，配合比为 1:3（体积比），应随拌随用，初凝前用完，防止影响黏结质量。干硬性程度以用手捏成团后落地即散为宜。铺贴时，砖的背面朝上抹黏结砂浆，铺砌到已刷好的水泥浆上。找平层上，砖上楞略高出水平标高线，找正、找直、找方后，在砖上面垫木板，用橡皮锤拍实，从里往外退着铺贴，做到面砖砂浆饱满、相接紧密、结实，与地漏相接处用云石机将砖加工与地漏相吻合。铺地砖时最好一次铺一间，大面积施工时，应分段、分部位铺贴。

5. 拨缝、修整：铺完 2～3 行，应随时拉线检查缝格的平直度，如超出规定应立即修整，将缝拨直，并用橡皮锤拍实。此项工作应在结合层凝结之前完成。

6. 勾缝、擦缝。应在面层铺贴 24 h 后进行勾缝、擦缝，并应采用同一品种、同强度等级、同颜色的水泥，或用专门的嵌缝材料。

（1）勾缝：用 1:1 水泥细砂浆勾缝，缝内深度宜为砖厚的 1/3，要求缝内砂浆密实、平整、光滑。随勾随将剩余水泥砂浆清走、擦净。

（2）擦缝：如设计要求缝隙很小时，则要求接缝平直，在铺实修好的面层上用浆壶往缝内浇水泥浆，然后用干水泥撒在缝上，再用棉纱团擦揉，将缝隙擦满，最后将面层上的水泥浆擦干净。

7. 镶贴踢脚板。踢脚板用砖，一般采用与地面块材同品种、同规格、不同颜色的材料，踢脚板的缝与地面缝形成骑马缝，铺设时应在房间的两端头阴角处各镶贴一块砖，出墙厚度和高度应符合设计要求，以此砖上楞为标准挂线开始铺贴，砖背面朝上抹黏结砂浆（配合比为 1:2 水泥砂浆），使砂浆粘满整块砖为宜，及时粘贴在墙上，砖上楞要跟线并立即拍实，随之将挤出的砂浆刮撑，将面层清洗干净（在粘贴前，砖块要浸水晒干，墙面刷水润湿）。

8. 主控通信楼相关细部实施成品图（图 3-21 至图 3-24）。

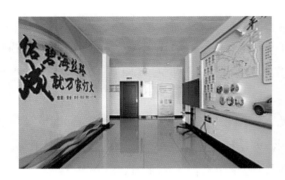

图 3-21　主控通信楼内通道

图 3-22　主控通信楼室外阳台

图 3-23　主控通信楼室内楼梯

图 3-24　主控通信楼公共卫生间

九、室外散水与坡道工程

1. 质量目标：严格控制水平标高和散水坡度；原浆压光，表面不得有裂缝；与建筑物外墙、通道、沟壁等应充分断开，分缝均衡，填缝饱满统一。

2. 施工工艺管控。

（1）定位放线。根据设计图纸放出散水边线及高程，作为散水模板安装控制使用。

（2）基层施工。基层开挖或回填完成后，按要求使用蛙式打夯机进行打夯，保证密实度满足设计要求。若设计设置碎石垫层，其垫层铺设密实度、平整度及厚度需满足要求。

（3）模板安装。

①散水模板常用［12 槽钢，模板安装前应先校直（校顺）。

②模板顶面应齐平，不得有高低错缝。模板拼接处应严密无缝隙，模板中的孔眼应封补平整，接缝处可用塑料薄膜封堵以免漏浆。内侧应均匀薄涂一层脱模剂或肥皂水等，以利于脱模。

③模板底面与基层应密封，以防漏浆。如有空隙，应用砂浆垫实，并在模板外侧沿缝隙处紧贴模板修筑防漏三角坡。

④ 模板接缝板必须严格按放样位置牢固定位，并用钢筋桩紧固，保证在混凝土浇筑过程中不移位、不变形。

（4）混凝土浇筑。

①使用插入式振捣器时应快插慢拔。插点要均匀排列，逐步移动，按顺序进行，不得遗漏，做

到均匀振实。

②振捣器在振捣过程中，应避免碰撞钢筋、模板等。

③混凝土浇筑应连续进行，如必须间歇，其间歇时间应尽量缩短，并应在上一层混凝土凝结之前，将次层混凝土浇筑完毕；间歇的最长时间应按所用水泥品种、气温及混凝土凝结条件确定。

④混凝土浇筑时应经常观察模板有无移动、变形情况，发现问题应立即处理，并应在已浇筑的混凝土凝结前修正好。

⑤混凝土浇筑应注意墙面的成品保护，避免混凝土飞溅至已经成型的墙面上。

⑥混凝土的抗压强度达到 1.2 MPa 前，不得在其上踩踏或安装模板及支架。

（5）浮浆和压光处理。

①混凝土浇筑到顶面时，其表面出现浮浆，施工时应刮去表面浮浆加少许新混凝土，压实抹平。

②压光：当混凝土施工到顶面没有明显下沉，在混凝土初凝前，打磨压实。

十、资料整理归集

装修装饰工程施工完成后，将所有资料进行整理归集，如对实施成品拍照归档等。（图 3-25、图 3-26）

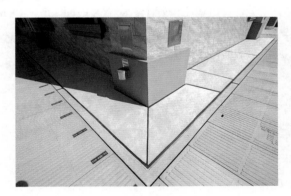

图 3-25　建筑物散水

图 3-26　消防小室坡道

第七节　给排水及电气照明工程

一、质量目标

符合设计施工图要求，管道横平竖直，排列整齐，布局美观，坡度符合设计要求；位置正确，据功能情况高度协调统一，安装牢固，配件齐全，接头良好，绝缘包裹可靠，外观整洁无污染等。

二、给排水安装过程管控

1. 管道施工工艺流程控制见图 3-27。

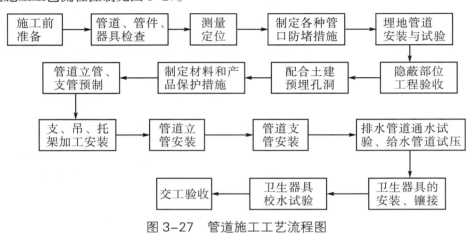

图 3-27　管道施工工艺流程图

2. 关键工序施工控制。

（1）排水管安装。

①按设计图纸及现场预留洞等实际情况，做出配管简图，决定各种管件的实际安装位置，选择合格的管材和管件，进行配管预制。并对各穿楼板、墙板孔洞进行吊线修整。

②立管安装要吊线打卡。层高小于或等于 4 m 时，每层立管可设 1 个管卡，管卡离地面 1.5～1.8 m；层高大于 4 m 时应设 2 个管卡，卡高按层高均匀分布。立管均应设置伸缩节，伸缩节位置应靠近立管三通底部（暗装三通除外）。立管自底层起，按设计要求设检查口，检查口中心距地面高 1 m，检查口活门朝向应便于检修。各立管底部要采用 2 个 45° 弯头连接。

③横支管的安装。先将预制好的管段用铁钩吊挂，查看无误后，再进行连接，黏结后，应立即摆正位置，按规定校正坡度，临时加以固定，待黏结固化后，再紧固支承件，但不宜卡箍过紧。

④各横管与横管应采用 45° 三通或 45° 四通和 90° 斜三通或 90° 斜四通连接。

⑤各横支管的坡度必须严格按照图纸设计要求施工。

⑥管道系统安装完毕后，应对管道的外观质量和安装尺寸进行复核检查，确认无误后，再分层进行通水试验。排水系统按给水系统 1/3 配水点同时开放，检查排水是否畅通，有无渗漏。埋地管灌水试验的灌水高度不得低于底层地面高度，灌水 15 min 后，若水面下降，再灌满延续 5 min，以液面不下降为合格，放水后应将存水弯水封内积水沾出。

⑦管道安装中，各敞开管口要随时做好有效可靠的临时封闭，以防杂物进入造成堵塞，各明装管道每装完一部分即用塑料薄膜缠包一层。

（2）双壁波纹排污管安装。

①铺管前，对管材应逐节进行质量检查，不符合标准的不得使用，并做好记号，另行处理。管材在现场搬运时，一般可用人工搬运，但必须轻抬轻放，严禁直接在地面上拖拉。

②下管可由人工进行，由地面人员将管材传给槽底施工人员。也可用非金属绳索溜管，使管材

平稳地放在沟槽内，严禁用金属绳索勾住管端或将管材从槽边翻滚抛入槽中。

③管材应将插口顺水流方向，承口逆水流方向，由下游向上游依次安装。

④连接前，应先检查橡胶圈是否配套完好，确认橡胶圈安放位置及插口应插入承口的深度。接口作业前，应先将承口的内壁及插口的外壁清理干净，不得有泥土等杂物，再涂上润滑剂，然后用葫芦拉之，同时辅用撬棍，使被安装的管材沿着对准的轴线慢慢插入承口内，逐节依次安装，管材插入必须到位。

⑤橡胶圈的位置应放置在管道插口第二至第三根管肋之间的槽内。

⑥管材长短的调整，可用手锯切割，断面应垂直平整，不应有损坏。

⑦雨季施工，应采取防止管材漂浮的措施。

⑧管道应顺直，管道坡度应符合设计，不能有倒落水的情况。管道铺设允许偏差范围见表3-2。

表3-2　管道铺设允许偏差范围

控制项目名称	允许偏差（mm）
中心线	20
管底标高	+20～10
承口插口间外表隙量	＜9

（3）水压试验。

①管道安装完毕后，按照相应规范或规程要求，分系统分管材进行水压试验。试验压力为工作压力的1.5倍。

②水压强度试验的测试点应设在系统管网的最低点。对管网注水时，应将管网内的空气排净，并缓慢升压，达到试验压力后稳压，10 min内目测管网应无泄漏和无变形，且压力下降不应大于规定值。

③水压严密性试验应在水压强度试验和管网冲洗合格后进行。试验压力应为设计工作压力，稳压24 h，应无泄漏。

（4）管道冲洗。

①管网冲洗所采用的排水管道，应与排水系统可靠连接，其排放应畅通和安全。排水管道的截面面积不得小于被冲洗管道截面面积的60%。

②管网冲洗的水流速度不宜小于3 m/s，其流量不宜小于表3-3的规定。当施工现场冲洗水流量不能满足要求时，应按系统的设计水流量进行冲洗，或采用水压气动冲洗法进行冲洗。

表3-3　冲洗水流量

管道公称直径（mm）	300	250	200	150	125	100	80	65	50	40
冲洗水流量（L/s）	220	154	98	58	38	25	15	10	6	4

③管网的地下管道与地上管道连接前，应在配水干管底部口设堵头后，对地下管道进行冲洗。

④管网冲洗应连续进行，当出口处水的颜色、透明度与入口处水的颜色基本一致时，冲洗方可结束。

⑤管网冲洗的水流方向应与使用时管网的水流方向一致。

⑥管网冲洗结束后，应将管网内的水排除干净，必要时可采用压缩空气吹干。

（5）蹲便器及坐便器安装。所有卫生洁具连接管闭水试验完毕，给水支管试压验收合格。土建在室内装修基本完毕后进行，安装冲洗阀、龙头时要求土建装好门锁。卫生洁具在安装前应进行检查、清洗，配件与卫生洁具应配套。

①按已安装至地面或楼板面的排水短管中心，画线确定蹲便器和坐便器的安装中心线，并将此中心线引至蹲便器后墙上，并弹出冲洗管的中心线（垂直线，用线吊弹）。

②在蹲便器安装中心线两侧，用水泥砂浆砌筑两排水泥砖，其净空宽度大于蹲便器宽度，高度比地坪（或台阶）高度低 20 mm。

③在蹲便器的出水口上缠上油麻、抹上油灰，同时在排水短管的承口内也抹上油灰，将便口插入排水短管承口内，按实，刮平多余的油灰。

④用水平尺校正蹲便器安装是否平稳，并校正便口中心是否对准墙上的垂直中心线。

⑤在蹲便器和砖砌中间填入细砂，并压实刮平。

⑥量出冲洗管的长度，锯好后，将其上端与冲洗阀连接，下端插入胶皮碗的小头内，用 14# 铜丝绑扎不少于 3 道；胶皮碗的大头套入蹲便器的进水瓷管头上，外扎绑 14# 铜丝 3 ～ 4 道。

⑦冲洗管和蹲便器的接合部位，须经多次试水不漏后方可隐蔽。

（6）洗脸盆安装。

①洗脸盆支架安装：按排水管口中心在墙上画出竖线，由地面向上量出规定的高度，画出水平线，根据盆宽在水平线上画出支架位置的十字线，按标记钻洞。将脸盆支架找平栽牢，再将脸盆置于支架上找平、找正。将螺栓上端插到脸盆下面固定孔内，下端插入支架孔内，带上螺母拧至松紧适度。

②P 型存水弯的连接：在脸盆排水口丝扣下端涂铅油，缠少许麻丝。将存水弯立节拧在排水口上，松紧应适度，再将存水弯横节按需要长度配好。把锁母和护口盘背靠背套在横节上，在端头缠好油盘根绳，检查高度是否合格，如不合格可用立节调整，然后把胶垫放在锁口内，将锁母拧至松紧适度。在护口盘内填满油灰后找平、按实。将外溢油灰除掉，擦净墙面。将下水口处外露麻丝清理干净。

（7）PP-R 给水管道安装。

①施工前认真阅读图纸，了解 PP-R 给水管道及管配件生产厂家的有关技术资料，做好施工前的准备工作。

②按设计图纸及现场预留洞等实际情况，制定好工艺流程，做出配管简图，决定各种管件的实际安装位置，选择合格的管材和管配件，进行配管预制，并对各穿楼板、墙板孔洞进行吊线修整。

③安排技术全面的师傅带班负责管道安装，给热熔机具通电几分钟，刚通电时机具内的红灯亮，表示温度不够；几分钟后绿灯亮则表示温度已够，可以进行焊接。

④操作时一手拿管材一手拿管配件，同时推进熔接器模具内加热，加热时间按规定进行。

⑤把已加热的管材和管配件垂直推进并维持 15 s 以上，推进时用力不要过猛，以防止管头弯曲。

⑥熔接施工应严格按规定的技术参数操作，在加热和插接过程中不能转动管材和管配件，应直线插入（熔接前要先进行试插，对好角度并做好标记）。冷却要达到规定时间，在冷却期间内不得在连接处施加任何外力。为防止管道堵塞或进入施工杂物，应在安装中注意对各敞开管口加以密封。各明装管道每装完一部分后即用塑料布薄膜缠包一层。

⑦管道安装完毕后，应使管道熔接口固化达 24 h 后方可进行水压试验。

三、电气照明安装过程管控

1. 关键工序施工技术。

（1）动力配电系统关键工序施工技术见图 3-28。

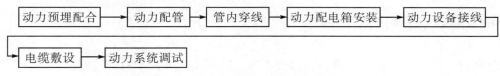

图 3-28　动力配电系统施工工序

（2）照明系统关键工序施工技术见图 3-29。

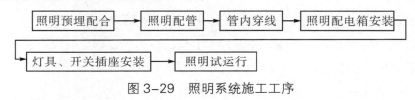

图 3-29　照明系统施工工序

（3）防雷接地系统关键工序施工技术见图 3-30。

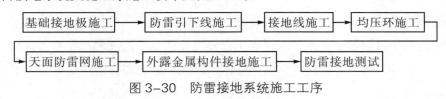

图 3-30　防雷接地系统施工工序

2. 电缆敷设。

（1）PVC 管安装。

①测定盒箱位置：根据施工图纸要求找出轴线和基准点进行放线测量，标出各管路、盒、箱的具体位置。

②固定盒、箱：楼板上的灯头盒、接线盒根据房间内的几何尺寸找准定位，自重超过 3 kg 的灯具在盒内用螺栓固定。墙体上的开关盒、接线盒等在同一室内、同一侧面上，水平标高安装一致。

3. 灯具、开关、插座安装。

①本工程的灯具为吸顶式，开关、插座为暗装，灯具、开关、插座在土建全部装修好后才能进行安装，安装前先检查灯具、开头、插座的型号、规格是否与施工图一致，有无损坏，附件、配件是否齐全等。

②灯具的位置正确，同样房间的位置一致，安装平正，成排灯具的中心偏差不超过 5 mm。吸顶式灯具紧贴在天花板面。

③灯具安装牢固可靠，吸顶灯用胶塞及螺钉固定，并不少于 2 个固定点。

④暗开关、暗插座的安装位置正确，暗盒在预埋时不凸出墙面，也不深埋，控制在 5 mm 以内，成排并列安装的高低差不大于 0.5 mm，同一室内的高低差不大于 5 mm。

⑤暗开关安装高度按设计要求安装，板面端正，并紧贴墙面。开关断相线，开断方向一致，按上为开，按下为断。

⑥插座安装高度按设计要求安装，暗插座安装时的接线，单相为面对插座，右边为相线，左边为零线，上方为保护地线（二孔的右相左零）；三相为面对插座左、下、右为相线，上为保护地线。

⑦暗开关、暗插座安装平正牢固，其垂直度偏差不能大于 0.5 mm，2 个固定螺丝均上紧。灯具、开关、插座安装完后要擦干净。

四、排水照明系统防雷接地施工

1.接地扁钢连接采用焊接，焊接时 3 个棱边焊，其搭接长度大于扁钢宽度的 2 倍以上。圆钢连接采用搭焊接，其搭接长度大于圆钢直径的 6 倍且为双面焊接。焊缝饱满，没有虚焊、漏焊现象。

2.圆钢、扁钢与引上线（柱内钢筋）的连接：与引上线连接采用七字钩（圆钢加工成"L"形焊件）搭接，搭接时注意双面焊，且其搭接长度不小于圆钢直径的 6 倍以上。

3.接地焊接施工完后做好防腐措施，并做好引上线的标识，在焊接时没有夹渣、咬肉、裂纹、气孔等现象。其接地电阻符合规范要求。

4.避雷网支架安装前先定好两点，然后用绳子拉线，按支架间距的规定（平直两支架距为 1 m，转角处为离角尖 30 cm），打好 ϕ 10 孔洞，上好避雷卡，待避雷卡固定好后再拉一次线，将避雷卡再一次调正、调直。

5.避雷网焊接：先将圆钢卡半紧，搭接处用管钳或其他工具将圆钢预制好搭接头，一边搭接头为"▬▬▬▬"形，另一边为直圆钢（直圆钢应先用切割机或氧割将搭接头切成一个 45° 角），对接后可焊接。其搭接长度要求大于圆钢直径的 6 倍以上。焊渣敲完后，焊口应饱满，没有灰渣、咬肉、裂纹、气孔等现象，并采取双面焊。

五、配电箱安装

1.暗埋配电箱在土建粉刷完后进行，箱框平墙面。明装配电箱在土建基本装修好后进行安装。

2.安装前先检查配电箱的型号、规格必须与施工图一致，附件、配件齐全，操作部分动作灵活、准确。暗埋配电箱时先将内部电气元件拆下保管。

3.配电间配电箱高度按设计要求安装，安装牢固可靠、端正、平直，其垂直度的偏差不超过 1.5 mm。暗装箱的盖板紧贴墙面。

4.配电箱的开孔严禁用电焊或氧焊，可用令梳开孔，开孔要合适，切口要整齐。

5.进入配电箱的管口整齐，进入箱板 3 ~ 5 mm，并用锁紧螺母拧紧。箱体接地线和插座的 PE 总线用 10 mm^2 以上铜芯塑线与 PE 总线相连。

6. 箱内的接线整齐、美观，导线长度合适并绑扎整齐，进出开关的线头都弯成圆形后用螺栓压紧，不允许直接插入压紧，如 2 根线共进一个端子的，用垫片隔开；2 根以上或多股线共进一个端子的，用线鼻压焊好后再进入。

7. 安装完成后，配电箱内回路的编号齐全、正确。将箱内的杂物清理干净，电器元件及箱体要擦干净。

六、资料整理归集

给排水及电气照明工程施工完成后，将所有资料进行整理归集。

第八节　通风及暖通工程

一、质量目标

轴流风机、空调机安装位置及管道的走向整齐一致。内外机安装紧贴墙面，管壁平整，无明显凹坑，管道穿墙处要密封以防止雨水渗入；穿墙套管封堵严实，衔接口处理到位，细节统一。

二、安装工艺控制

1. 空调内机安装位置的选定：按设计图纸标识位置安装；依据室内机具体安装形态，与侧墙、房顶、地面、后墙的距离应满足产品说明书要求。

2. 空调外机安装位置的选定：按设计图纸标识位置安装；安装时应与室内机安装位置配合，在保证美观安全的情况下尽量靠近室内机安装，缩短冷媒管，与上、左、右、背面的距离应满足产品说明书要求；安装支架留有一定空间，便于安装操作和之后的维修。空调外机应有可靠接地。轴流风机安装高度及定位需与设计图相符，线缆需从侧向连接，防爆轴流风机不得在室内侧设置开关或配电箱。

3. 空调内外机冷媒管道安装：管道安装横平竖直，紧贴墙面，管壁平整，无明显凹坑，做到美观整齐；室外机多余管道部分，要盘于室外机背后，管道穿墙套管处要用专用封堵胶泥密封，防止雨水渗入。

4. 空调室内外机连接管有外露时，应设置专用铝合金线槽进行外包。轴流风机安装后设置防蚊虫纱网，室外侧设置防雨罩；风机与墙衔接位置做防水密封处理。

第九节　构支架安装工程

一、质量目标

1. 构支架安装螺栓无漏装，穿向正确，出扣长度符合规范规定；焊缝外观饱满，表面无缺陷。

2. 表面涂层（防火、防腐）完好，无脱落，无破损，色泽一致；爬梯设置规范。

二、执行规范

《钢结构工程施工质量验收规范》（GB 50205—2001），《10千伏～500千伏输变电及配电工程质量验收与评定标准　第三册：变电土建工程》等。

三、使用范围

全站钢结构安装。

四、安装过程管控

1. 构支架加工设计。构支架加工设计时须细化工程结构设计图纸，安装时能直接根据图纸进行制作和吊装。在加工制作前对中标厂做详细的加工图纸和安装方案交底，明确构支架的制作特点及难点、安装顺序，吊装区的划分，吊装过程中的临时支撑、连接等，保证构支架加工制作方案与现场安装方案的一致性。

2. 构支架所使用钢材、规格、性能等必须满足国家产品标准、设计要求和合同约定。

3. 构支架材料进场验收要求。进场材料包括焊条、焊剂、普通螺栓、高强螺栓、钢构件等，检查质量合格证明文件、检验报告等，并对材料表面质量进行检查。

4. 杯口基础按设计标高进行找平，确保构支架顶面标高准确。

5. 吊装前应检查构支架表面镀锌层质量是否完好，是否有变形现象。

6. 吊装时应严格控制构支架轴线位置、垂直度，若为临时固定应牢固。

7. 关键节点控制。主柱地面连接，主柱起吊、校直与稳固，钢梁地面安装、起吊与主柱连接；配件及高强螺栓初拧、终拧等。

8. 构支架安装施工难点。高空作业，安全风险加大；镀锌材料在运输和安装过程较易碰伤表面；起吊安装过程稳固难度大，因此，仔细做好施工方案和严格执行，并加强现场管控等是保障安全质量的关键。

五、施工过程中及时填写吊装记录

按照《10 千伏～ 500 千伏输变电及配电工程质量验收与评定标准 第三册：变电土建工程》详列钢梁安装记录等表号名称及编号。

六、资料整理归集

构支架安装工程施工完成后，将所有资料进行整理归集，如对实施成品拍照归档等。（图 3-31、图 3-32）

图 3-31　220 千伏区构支架　　　　　图 3-32　500 千伏区构支架顶部

第十节　站内道路工程

一、质量目标

1. 道路线形美观，路面平整、顺直、无积水，路缘石稳固无破损。
2. 沥青路面坚实，无泛油、松散、裂缝和明显离析现象，无碾压轮迹，沥青路面纵缝、横缝搭接平顺。

二、基本要求

路基回填密实度、沉降观测、路基竣工高程中线宽度、路基边坡坡率、路基排水沟槽、路基支挡结构等均符合规范和设计要求，记录齐全。

三、执行规范

《城镇道路工程施工与质量验收规范》（CJJ 1—2008）等。

四、施工过程管控

1. 施工测量。依据站区道路平面布置图及样板点图集 GX-TJ（B-06）-08 图纸，采用全站仪放出道路中心线及水稳层边线，核准穿越道路管线，对管道距水稳层底少于 500 mm 的管道进行混凝土包封加固，路槽开挖整形、压实及验收。

2. 设置道路试验路段。试验路段长度为 100 m，通过试验路段确定预沉标高、压实遍数等施工参数，严格按照试验确定参数施工，当天开挖完成的路段全部压实，以防被雨水浸泡，影响路基质量，压实后采用灌砂法对基底压实度进行检测，检测符合要求，再经参建方验收合格后，才能进行下一道工序施工。

3. 水稳层施工：道路两侧设置标高控制桩，大面积施工前先进行试验段施工，通过试验段确定水稳层铺设厚度、机械压实遍数、水稳层材料的含水率等参数是否满足规范要求。本工程道路水稳层最大宽度为 6120 mm，为了不留施工缝，全路段水稳层在宽度方向一次摊铺。水泥稳定碎石下基层厚为 150 mm，上基层厚为 200 mm，均没有大于规范规定的不超 200 mm，所以本工程道路水稳层上下基层采用一次摊铺成型施工方案。水稳层材料进场后对含水率及拌和均匀性进行检查，发现有离析、不均匀现象后应重新搅拌。水稳层压实采用震动压路机，压路机操作严格按照"先静后震，先慢后快，轨迹重叠"等要求进行；水稳层压实后覆盖薄膜进行养护，养护期不宜少于 7 天，养护期内禁止车辆通行。

4. 混凝土道路施工层施工：水稳层养护期结束后采用钻芯法对道路基层进行检测，检测合格后进行混凝土道路施工层施工。道路边线、中线及标高控制桩放样，校核后进行道路模板安装，本工程道路混凝土施工层模板采用木模板，直线段木模板加固间距不大于 0.8 m，圆弧段加固间距不大于 0.5 m，为确保圆弧弧度精度，圆弧段模板按照圆弧半径 1∶1 放样，现场锯段切割成弧后再拼装。混凝土浇筑采用商品混凝土，使用前核准进场料单，进行塌落度检查，符合要求后才能进行混凝土浇筑，现场按照规范在浇筑地点留取试验块。因可能受到混凝土供料问题或当天下班间断等影响，需要留设施工缝时，施工缝宜设在道路缩缝或涨缝位置，考虑工程所在地昼夜温差，道路缩缝采用硬切割成型，缩缝宽度控制在 4～6 mm，切缝深度在 50～60 mm，缝内采用耐候胶填缝，填缝深度宜为 25～30 mm。因上部还有沥青混凝土面层，混凝土施工层不需要抛光。混凝土道路养护采用覆盖薄膜掩护，专人负责，发现薄膜下部没有水蒸气时，及时淋水养护，养护期宜为 14～21 天，特别关注前 7 天的保湿养护。在混凝土达到设计弯拉强度 40% 以后，可允许行人通过，混凝土完全达到设计强度后才可开放车辆通行。

5. 沥青混凝土面层施工：对混凝土道路施工层进行清洗，对下沉、开裂段进行修复，对道路两侧路缘石进行砌筑，清扫干净后喷洒乳化沥青黏油，路缘石内侧也应涂刷，满铺土工格栅网后进行沥青混凝土施工。摊铺前应提前 0.5～1 h 预热摊铺机烫平板，使其不低于 100 ℃，摊铺机必须缓慢、均匀、连续不间断摊铺，改性沥青混凝土摊铺速度每分钟控制在 1～3 m。碾压的温度应根据沥青和沥青混合料种类、压路机、气温、层厚等因素通过试压确定，上下层的横缝应错位 1 m 以上，当天成型的路面上，不得停放任何机械设备或车辆，不得散落矿料、油料及杂物。沥青混凝土道路温度自然降至 50 ℃以下可开放车辆通行。

五、样本段确认

经自检、参建各方检查验收合格后作为样本工程，开展后续工作面的施工工作。

六、资料整理归集

站内道路工程施工完成后，将所有资料进行整理归集，如对实施成品拍照归档等。（图 3-33、图 3-34）

图 3-33　站内沥青主道路

图 3-34　站内操作小道

第五章　安装工程实施

第一节　一次设备安装样板工程

一、质量目标

为提高一次设备整体安装工艺水平，达到鲁班奖工程实体质量标准，选择断路器安装作一次设备安装示范工程，其他一次设备参照施工。

1. 设备安装规范、牢固，各部件安装精度满足规程规范及设计要求，工艺美观。

2. 设备、系统命名编号规范，标识齐全。

3. 高压设备瓷件、绝缘子等无损伤、无裂纹、无污染，瓷裙朝向正确。

4. 设备外观无机械损伤。

5. 六氟化硫泄漏报警仪、氧含量检测系统运行正常。

6. 断路器机构储能正常，分合闸指示正确。

7. 设备油漆及操作钢平台镀锌完整、色泽一致、无锈蚀、无污染。

8. 设备启动、运行正常。

二、执行规范

1. 《电气装置安装工程高压电器施工及验收规范》（GB 50147—2010）、《10 千伏～ 500 千伏输变电及配电工程质量验收与评定标准　第二册：变电电气安装工程》（Q/CSG 411002—2012）。

2. 《电气装置安装工程电气设备交接试验标准》（GB 50150—2016）等。

三、适用范围

500 千伏北海（福成）变电站内一次设备。

四、安装过程管控

（一）施工准备

1. 技术准备：按规程、生产厂家安装说明书、图纸、设计要求及施工措施对施工人员进行技术交底，交底要有针对性。

2. 人员组织：技术负责人、安装负责人、安全质量负责人和技术工人。

3. 机具的准备：按施工要求准备机具，并对其性能及状态进行检查和维护。

4. 施工材料准备：螺栓等。

（二）预埋螺栓安装

把水泥基础预留孔清理干净，按图纸及支架尺寸画好中心线，然后用钢板做一个定位架用于固定地脚螺栓，使预埋螺栓装上断路器支架后刚好露出 3～5 扣，而后用混凝土灌浆，保养不少于 7 天。

（三）支架或底座安装

1. 将分相断路器支架分别安装在预埋螺栓上，用水平仪通过调节地脚螺栓上的螺母使支架处于水平状态，底部螺栓全部拧紧，以待本体吊装。

2. 将分相断路器机构箱按 A、B、C 相依次吊装在预埋基础上，用经纬仪校验后紧固地脚螺栓。

3. 三相联动断路器采用三极共用 2 个支架、1 个横梁、1 个操动机构，因此断路器本体安装前必须先安装支架、横梁，并用螺栓、螺母和平垫紧固，然后测量调节，通过调节地脚螺栓上的螺母使横梁在横向和纵向都处于水平状态，紧固螺母并锁固。

（四）断路器本体吊装

1. 将分相断路器吊起（图 3-35），用 2 条等长的强度足够的尼龙绳对称地捆在灭弧室瓷套上部、法兰下部，尼龙绳另一端挂在吊钩上，以法兰焊接为支点，用吊车将本体缓慢吊起，待本体直立后吊离包装箱，吊装时本体底部距离地面约 1 m，由 2 人牵引扶持，平稳地固定在支架上，调整断路器的垂直度，然后同时固定支架螺栓。

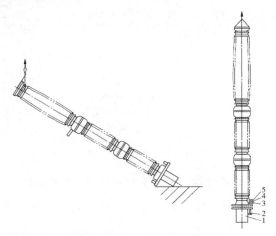

1—法兰焊接；2—不锈钢六角螺栓；3—不锈钢垫圈；4—不锈钢弹簧垫圈；5—不锈钢六角螺母

图 3-35　分相断路器本体吊装

2. 将分相断路器吊到机构箱顶部以后（本体 A、B、C 相序与机构 A、B、C 相对应），使其缓慢下落，让支柱拉杆从机构箱顶部中心孔穿入，最后使支柱充气接头处于连接座的中心孔缺口处，待支柱进入连接座上面的止口后拧紧法兰与机构箱顶部的连接螺栓。

3. 三相联动断路器吊装时用吊绳拴在瓷柱顶部，先中间相再到另外两相的顺序吊装在支架的相应位置，吊装时应用木方等将其和其他极柱隔离。起吊时注意瓷柱的方向，一直保持到瓷柱垂直、缓慢起吊，当放下瓷柱在横梁或支架上时，注意 SF$_6$ 管路，防止其碰损。每个极柱出厂时已被调到分闸位置并预储能，因此该机构与 C 相传动室之间的连杆已调整好，严禁拆卸；同时合闸缓冲器也已调整好，严禁拆卸。

（五）连杆等附件安装

1. 三相联动断路器连杆及管道等附件安装必须在生产厂家现场技术人员的指导下进行，若无厂家代表的同意，施工人员不能擅自安装，连杆连接见图 3-36。拉杆的安装工作在筒内进行。

C 相与 B 相间的拉杆连接步骤如下：

（1）向机构方向转动 B 相传动臂 1，以便拉杆 2 可以放入 C 相连接器 3（右旋）和 B 相连接器 4（左旋）之间。

（2）将弹簧垫圈放在拉杆两端的螺母上。将拉杆两端的螺纹同时旋入连接器 4（左旋）和连接器 3（右旋）。

（3）将旋转拉杆 2 长度缩短至 C 相传动臂 8，使 C 相传动臂带动分闸弹簧连杆移动 1 mm，并检查拉杆的螺纹已经到达检查孔 9、10。由于拉杆的 2 个螺母已互相锁紧，因此可以轻松地转动拉杆。

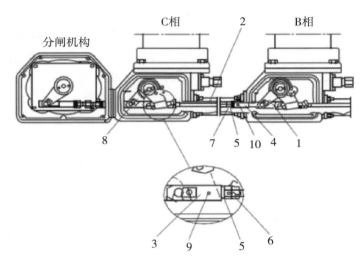

1—传动臂；2—拉杆；3—右旋连接器；4—左旋连接器；5—锁紧垫圈；6—锁母（右旋螺纹）；
7—锁母（左旋螺纹）；8—传动臂；9—螺纹旋入长度检查孔（C 相）；10—螺纹旋入长度检查孔（B 相）

图 3-36　连杆等附件安装

2. 安装操动机构与 A 相间的拉杆。

（1）检查操动机构的操作杆没有被锁在合闸位置，操作杆可以自由地向分闸位置移动。如果操作杆被锁在合闸位置，锁舌 2 被弹簧保持在合闸位置，可用螺丝刀挤压锁舌，使其通过滚轴 3，见图 3-37。

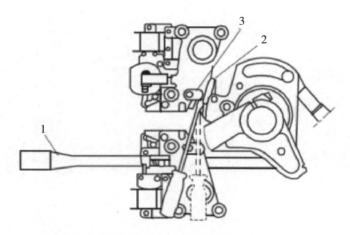

1—操动机构操作杆；2—分闸臂锁舌；3—滚轴

图 3-37 操动机构操作杆安装

（2）弹簧垫装配见图 3-38。将操动机构的操作杆 1 向合闸方向移动，将拉杆 2 装在 A 相连接器 3 与操作杆 1 之间。将拉杆 2 同时旋入操作杆 1（左旋螺纹）和 A 相连接器（右旋螺纹）。旋转拉杆 2 缩短 A 相连接器 3 和操作杆 1 之间的距离（操纵杆首先移动到其分闸位置，然后带动断路器各极柱向合闸位置移动）。继续转动拉杆 2 直至 A 相极柱到达其分闸位置，此时，在 A 相传动臂上的检查孔 7 和在 A 相传动箱外壁上的检查孔，2 个孔的圆心前后应在一条直线上。用直径 6 mm 的检查杆校对，应很容易插入这 2 个孔中。注意将弹簧垫 4 装在拉杆两端的锁母 5、6 上。

A相

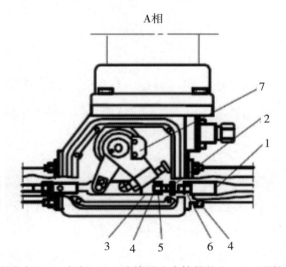

1—操作杆；2—拉杆；3—连接器（右旋螺纹）；4—弹簧垫；

5—锁母（右旋螺纹）；6—锁母（左旋螺纹）；7—检查孔

图 3-38 弹簧垫装配

（3）三相连杆装配见图 3-39。调整拉杆要旋转 A 相与 B 相之间的拉杆 1，使 B 相传动臂的检查孔 2 和 B 相传动箱外壁上的检查孔两孔的圆心前后对齐，用直径 6 mm 检查杆校对。旋转 B 相与 C 相之间的拉杆 4，使 C 相传动臂的检查孔 5 和 C 相传动箱外壁上的检查孔两孔的圆心前后对齐，用直径 6 mm 检查杆校对。

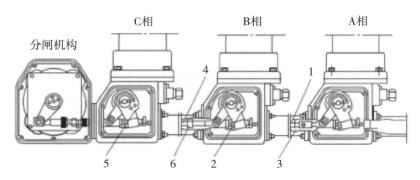

1—拉杆；2—B 相检查孔；3—锁母（左旋螺纹）；4—拉杆；

5—C 相检查孔；6—锁母（左旋螺纹）

图 3-39　三相连杆装配

3.断路器 SF_6 气体管道连接时，三相气管都先将气管的锁母 1 拧到各相逆止阀螺纹的凹槽处 3，这样气管既可以密封好，断路器各相的逆止阀又没有打开，断路器内的 SF_6 气体不会被释放，各相气管的锁母全部拧紧到位；当所有的断路器极柱气管全部按以上方式连接后，用 SF_6 气体充放气装置，将气管抽真空。将密度计的电缆用捆扎带固定于 A 相、B 相之间的气管上。将无指示型密度继电器装在断路器充气阀的逆止阀上，有指示型密度继电器在充气后安装。

4.操动机构箱安装。操动机构箱的安装应在开箱后先检查标识牌上操动机构和极柱的编号是否对应，必须核对正确，以防混装。

（六）充气

打开密度继电器充气接头的盖板，将充气接头与气管连接，将断路器充气至高于额定气压 0.02 ～ 0.03 MPa 的指针数。SF_6 气体充装由生产厂家代表进行，施工单位负责检查，监理负责监督。

（七）试验

断路器试验包括检漏，微量水测量，绝缘电阻，回路电阻，直流电阻，电容器试验，分闸、合闸时间、速度、同期试验，气体密度继电器、压力表及压力动作阀的校验，耐压试验等。测量结果与出厂值进行对照符合标准。其中微水测定应在断路器充气 24 h 后进行，与灭弧室相通的气室、不与灭弧室相通的气室的微水测定均应符合要求；分闸、合闸线圈的绝缘电阻值不应低于 10 MΩ，直流电阻值与产品出厂试验值相比应无明显差别。

五、样板点确认

经自检、参建各方检查验收合格后作为样板工程。其他一次设备参照施工。

六、资料整理归集

一次设备安装样板工程施工完成后，整理归集所有资料，如对实施成品拍照归档等（图 3-40、图 3-41）

图 3-40　500 千伏设备区　　　　图 3-41　220 千伏设备区

第二节　主变压器系统安装工程

一、质量目标

1. 无渗油，油位正常，油色谱在线监测正常。

2. 事故排油设施完好，感温线布设规范。

3. 继电器加装防雨罩，观察窗的挡板处于打开位置，进线孔封堵严密。

4. 设备外观无损伤、油漆色泽一致、无锈蚀、无污染。

5. 安装工艺精细、美观。

6. 设备启动、运行正常。

二、执行规范

《电气装置安装工程电力变压器、油浸电抗器、互感器施工及验收规范》（GB 50148—2010）、《10 千伏～ 500 千伏输变电及配电工程质量验收与评定标准　第二册：变电电气安装工程》（Q/CSG 411002—2012）等。

三、适用范围

主变压器、油浸式电抗器。

四、安装过程管控

1. 主变压器到货交接要求。设备到达现场后，按下列规定，及时做好外观检查。

（1）油箱及所有附件应齐全，无锈蚀及机械损伤，密封性良好。

（2）油箱箱盖及封板的连接螺栓齐全，紧固良好、无渗漏；充干燥气体运输的附件密封良好、无渗漏，并装有监视压力表。

（3）套管包装应完好、无渗漏，瓷体无损伤；运输方式符合产品技术要求。

（4）充干燥气体运输的变压器，油箱内应为正压，其压力为 0.01 ～ 0.03 MPa，现场应办理交接签证并移交压力监视记录。

（5）检查运输和装卸过程中设备受冲击记录，并记录冲击值、办理交接签证手续。

2. 按下列规定，做好设备到达现场后的保管。

（1）充干燥气体变压器，油箱内压力控制在 0.01 ～ 0.03 MPa，现场保管应每天记录压力值。

（2）散热器（冷却器）、连通管、安全气道等应密封。

（3）表计、风扇、气体继电器、气道隔板、测温装置以及绝缘材料等，应放置于干燥的室内。

（4）存放充干燥气体的套管式电流互感器应采取防护措施，防止内部绝缘件受潮。套管式电流互感器不得倾斜或倒置存放。

（5）本体、冷却装置等，其底部应垫高、垫平，不得水浸。

（6）浸油运输的附件应保持浸油保管，密封良好。

（7）套管装卸和保管期间的存放应符合产品技术文件要求，短尾式套管应置于干燥的室内。

3. 按下列规定，做好绝缘油的验收与保管。

（1）绝缘油应储藏在密封清洁的专用容器内。

（2）每批到达现场的绝缘油均应有试验记录，并应按下列规定取样进行简化分析，必要时进行全分析：

①大罐油应每罐取样，小桶油应按表 3-4 的规定进行取样。

表3-4 小桶油取样标准　　　　　　　　　　　　　　　　单位：桶

每批油的桶数	取样桶数	每批油的桶数	取样桶数
1	1	51 ～ 100	7
2 ～ 5	2	101 ～ 200	10
6 ～ 20	3	201 ～ 400	15
21 ～ 50	4	400 及以上	20

②取样试验应按国家现行标准《电力用油（变压器油、汽轮机油）取样方法》（GB 7597—2007）的规定执行。试验标准应符合国家现行标准《电气装置安装工程 电气设备交接试验标准》（GB 50150—2016）的规定。

（3）不同牌号的绝缘油应分别储存，并应有明显牌号标志。

（4）用油罐车运输的绝缘油，油的上部和底部不应有异样；用小桶运输的绝缘油，应对每桶油进行目测，辨别其气味，各桶的商标应一致。

4. 油务处理。

（1）经过粗过滤的绝缘油采用真空滤油机进行处理。对 500 千伏变压器所用油进行过滤，真空滤油机主要指标符合下列规定：

①真空滤油机标称流量应达到 6000 ~ 12000 L/h。

②真空滤油机具有两级真空功能，真空泵能力大于 1500 L/min，机械增压泵能力大于 280 m³/h，运行真空不大于 67 Pa，加热器应分 2 ~ 3 组。

③真空滤油机运行油温在 20 ~ 70 ℃。

④真空滤油机的处理能力，满足在滤油机出口油样阀去油样试验，击穿电压不得低于 30kV/mm，含水量不得大于 5 μL/L，含气量不得大于 0.1%，杂质颗粒不得大于 0.5 μm 的标准。

⑤每批油处理结束后，对每个储油罐的绝缘油取样进行试验，其电气强度应达到表 3-5 的要求。

表 3-5　电气强度要求

试验项目	电压等级	标准值	备注
电气强度	750 kV	≥ 70 kV	平板电极间隙
	500 kV	≥ 50 kV	
含水量	750 kV	≤ 10 μL/L	—
	500 kV	≤ 10 μL/L	—

⑥绝缘油应经净化处理，注入变压器、电抗器的油应符合表 3-6 的规定。

表 3-6　注入变压器、电抗器的油的规定

试验项目	电压等级	标准值	备注
电气强度	750 kV	≥ 70 kV	平板电极间隙
	500 kV	≥ 60 kV	
	330 kV	≥ 50 kV	
	63 ~ 220 kV	≥ 40 kV	
	35 kV 及以下	≥ 35 kV	
含水量	750 kV	≤ 8 μL/L	—
	500 kV	≤ 10 μL/L	
	63 ~ 220 kV	≤ 15 μL/L	
	110 kV	≤ 20 μL/L	
介质损耗因素 tgδ（90 ℃）	—	≤ 0.5 %	—
颗粒度	750 kV	≤ 1000/100 mL （5 ~ 100 μm 颗粒）	无 100 μm 以上颗粒

5. 器身检查。

（1）有下列情况之一时，应对变压器进行器身检查。

①制造厂或建设单位认为应进行器身检查。

②变压器运输和装卸过程中冲撞加速度出现大于 3 g 或冲撞加速度监视装置出现异常情况时，由建设、监理、施工、运输和制造厂等单位代表共同分析原因并出具正式报告。必须进行运输和装卸过程分析，明确相关责任人，并现场进行器身检查或返厂检查和处理。

（2）器身检查可直接进入油箱内进行。

（3）进行器身检查时，对油箱内部的检查以制造厂服务人员为主，现场施工人员配合；进行内检的人员不超过 3 人，内检人员须明确内检的内容、要求及注意事项。

（4）进行器身检查时必须符合以下规定。

①凡雨天、雪天，风力达 4 级以上，相对湿度 75% 以上的天气，不得进行器身检查。

②在没有排氮前，任何人不得进入油箱。当油箱内的含氧量未达 18% 时，检查人员不得进入。

③在内检过程中，必须向箱体内持续补充露点低于 -40 ℃的干燥空气，以保持含氧量不低于 18%，相对湿度不应大于 20%；补充干燥空气的速率，须符合产品技术文件要求。

（5）器身检查准备工作应符合下列规定。

①当空气相对湿度小于 75% 时，器身暴露在空气中的时间不应超过 16 h。内检前不带油的变压器的标准：由揭开顶盖或打开任一堵塞算起，到开始抽真空或注油为止；当空气相对湿度或露空时间超过规定时，采取可靠的防止变压器受潮的措施。

②器身检查时，场地四周应清洁并设有防尘措施。

6. 本体及附件安装。

（1）本体和组部件等均无渗漏。

（2）储油柜油位合适，油位表指示正确。

（3）套管。

①瓷套表面清洁无裂缝、无损伤。

②套管固定可靠，各螺栓受力均匀。

③油位指示正常，油位表朝向便于运行巡视。

④电容套管末屏接地可靠。

⑤引线连接可靠、对地和相间距离符合要求，各导电接触面应涂有电力复合脂。引线松紧适当，无明显过紧或过松现象。

（4）升高座和套管型电流互感器。

①放气塞位置在升高座最高处。

②套管型电流互感器二次接线板及端子密封完好，无渗漏，清洁无氧化。

③套管型电流互感器二次引线连接螺栓紧固、接线可靠、二次引线裸露部分不大于 5 mm。套管型电流互感器二次备用绕组经短接后接地，检查二次极性的正确性，电压比与实际相符。

（5）气体继电器。

①检查气体继电器是否已解除运输用的固定装置，继电器应水平安装，其顶盖上标志的箭头指向储油柜，其与连通管的连接密封良好，连通管有 1%～1.5% 的升高坡度。

②集气盒内应充满变压器油，且密封良好。

③气体继电器应具备防潮和防进水的功能，加装防雨罩。

④轻、重气体继电器触点动作正确，气体继电器按《气体继电器检验规程》（DL/T 540—2013）校验合格，动作值符合整定要求。

⑤气体继电器的电缆应采用耐油屏蔽电缆，电缆引线在继电器侧应有滴水弯，电缆孔应封堵完好。

⑥观察窗的挡板应处于打开位置。

（6）压力释放阀。

①压力释放阀及导向装置的安装方向应正确；阀盖和升高座内应洁净，密封良好。

②压力释放阀的接点动作可靠，信号正确，接点和回路绝缘良好。

③压力释放阀的电缆引线在继电器侧应有滴水弯，电缆孔应封堵完好。

（7）有载分接开关。

①传动机构应固定牢靠，连接位置正确，且操作灵活，无卡涩现象；传动机构的摩擦部分涂有适合当地气候条件的润滑脂。

②电气控制回路接线正确、螺栓紧固、绝缘良好；接触器动作正确、接触可靠。

③远方操作、就地操作、紧急停止按钮、电气闭锁和机械闭锁正确可靠。

④电机保护、步进保护、连动保护、相序保护、手动操作保护正确可靠。

⑤切换装置的工作顺序应符合制造厂规定，正、反两个方向操作至分接开关动作时的圈数误差应符合制造厂规定。

⑥在极限位置时，其机械闭锁与极限开关的电气联锁动作应正确。

⑦操动机构挡位指示、分接开关本体分接位置指示、监控系统上分接开关分接位置指示应一致。

⑧压力释放阀（防爆膜）完好无损。如采用防爆膜，防爆膜上应用明显的防护警示标识；如采用压力释放阀，应按变压器本体压力释放阀的相关要求安装。

⑨油道畅通，油位指示正常，外部密封无渗油，进出油管标识明显。

（8）吸湿器。

①吸湿器与储油柜间连接管的密封性应良好，呼吸应畅通。

②吸湿剂应干燥，油封、油位应在油面线上或满足产品的技术要求。

（9）测温装置。

①温度计动作触点整定正确、动作可靠。

②就地和远方温度计指示值一致。

③顶盖上的温度计座内注满变压器油，密封良好；闲置的温度计座也应注满变压器油且密封，不能进水。

④温度计记忆最高温度的指针应与指示实际温度的指针重叠。

（10）本体、中性点和铁芯接地。

①变压器本体油箱应在不同位置分别有2根引向不同地点的水平接地体，每根接地线的截面应满足设计的要求。

②变压器本体油箱接地引线螺栓紧固，接触良好。

③110千伏及以上绕组的每根中性点接地引下线的截面应满足设计的要求，并有2根分别引向不同地点的水平接地体。

④铁芯接地引出线（包括铁轭有单独引出的接地引线）的规格和与油箱间的绝缘应满足设计要求，接地引出线可靠接地，引出线的设置位置有利于监测接地电流。

（11）控制箱（包括有载分接开关、冷却系统控制箱）。

①控制箱及内部电器的铭牌、型号、规格应符合设计要求，外壳、漆层、手柄、瓷件、胶木电器应无损伤、裂纹或变形。

②控制回路接线应排列整齐、清晰、美观，绝缘良好无损伤。接线应采用铜质或有电镀金属防锈层的螺栓紧固，且应有防松装置，引线裸露部分不大于5 mm；连接导线截面符合设计要求，标志清晰。

③控制箱及内部元件外壳、框架的接零或接地应符合设计要求，连接可靠。

④内部断路器、接触器动作灵活无卡涩，触头接触紧密、可靠，无异常声音。

⑤保护电动机用的热继电器或断路器的整定值应是电动机额定电流的0.95～1.05倍。

⑥内部元件及转换开关各位置的命名应正确无误并符合设计要求。

⑦控制箱密封良好，内外清洁无锈蚀，端子排清洁无异物，驱潮装置工作正常。

⑧交流电、直流电应使用独立的电缆，回路分开。

（12）冷却装置。

①风扇电动机及叶片应安装牢固，并应转动灵活，无卡阻；试转时应无振动、过热；叶片应无扭曲变形或与风筒碰擦等情况，转向正确；电动机保护不误动，电源线应采用具有耐油性能的绝缘导线。

②散热片表面油漆完好，无渗油现象。

③管路中阀门操作灵活、开闭位置正确；阀门及法兰连接处密封良好，无渗油现象。

④备用、辅助冷却器应按规定投入。

⑤电源应按规定投入和自动切换，信号正确。

（13）其他。

①所有导气管外表无异常，各连接处密封良好。

②变压器各部位均无残余气体。

③二次电缆排列应整齐，绝缘良好。

④储油柜、冷却装置等油系统上的油阀门应开闭正确，且开关位置标色清晰，指示正确。

⑤感温电缆应避开检修通道。安装牢固（安装固定电缆夹具应具有长期户外使用的性能）、位置正确。

⑥变压器整体油漆均匀完好，相色正确。

⑦进出油管标识清晰、正确。

⑧紧固螺栓力矩应符合要求，并全部检查无杂物遗留。

⑨胶囊充气用空气压缩机或氮气对储油柜内的胶囊进行充气（此时储油柜顶部的放气阀应处于打开位置），当储油柜顶部的放气阀溢油时，应停止对胶囊充气，拆除充气管路，安装呼吸器装好油封，补气工作完成。

⑩引线连接可靠、对地和相间距离符合要求，各接触面应涂有电力复合脂。引线松紧适当，无明显过紧或过松现象。螺栓与孔的配合符合规范，端子板有防腐措施。

7. 注油。

（1）绝缘油必须按现行国家标准《电气装置安装工程 电气设备交接试验标准》（GB 50150—2016）的规定试验合格后，方可注入变压器、电抗器中。

（2）新装变压器不宜使用混合油。

（3）变压器真空注油工作不在雨天或雾天进行。注油和真空处理按产品技术文件要求，并符合下列规定。

①变压器进行真空处理，油箱内真空度在 200 Pa 以下时，关闭真空机组出口阀门，测量系统泄漏率，测量时间为 30 min，泄漏率符合产品技术文件要求。

②抽真空时，监视并记录油箱的变形，其最大值不超过壁厚最大值的 2 倍。

③变压器的真空度不大于 133 Pa。

④用真空计测量油箱内真空度，在真空度小于规定值时开始计时，500 千伏变压器的真空保持时间不少于 24 h。

（4）变压器真空注油。注油全过程应保持真空。注入油的温度高于器身温度。注油速度不大于 100 L/min。

（5）在抽真空时，将不能承受真空下机械强度的附件与油箱隔离；对允许抽同样真空度的部件，同时抽真空；真空泵或真空机组有防止突然停止或因错误操作而引起真空泵油倒灌的措施。

8. 热油循环。

（1）热油循环前，将油管中空气抽干净。

（2）冷却器内的油应与油箱主体的油同时进行热油循环。

（3）热油循环过程中，滤油机加热脱水缸中的温度，控制在 65 ± 5 ℃ 范围内，油箱内温度不低于 40 ℃。

（4）热油循环在真空注油到储油柜的额定油位后进行，此时变压器或电抗器不抽真空；当注油到离器身顶盖 200 mm 处时，进行抽真空。

（5）热油循环符合下列条件，即可结束。

①热油循环持续时间不少于 48 h。

②热油循环不少于 3× 变压器总油重 / 通过滤油机每小时的油量。

③经过热油循环的变压器油，符合表 3-7 的规定。

表3-7　经过热油循环的变压器油

变压器电压等级（kV）	330	500	750
变压器油电气强度（kV）	≥ 50	≥ 60	≥ 70
变压器含水量（μL/L）	≤ 15	≤ 10	≤ 8
变压器油含气量（%）	—	≤ 1	≤ 0.5
颗粒度（1/100 mL）	—	—	≤ 1000（5～100 μm 颗粒，无 100 μm 以上颗粒）
Tgδ（90 ℃时）	≤ 0.5	≤ 0.5	≤ 0.5

9.补油、整体密封检查和静放。

（1）向变压器内加注补充油时，通过储油柜上专用的添油阀，并经净油机注入，注油至储油柜的额定油位。注油时先排放本体及附件内的空气。

（2）对变压器连同气体继电器及储油柜进行密封性试验，110～750千伏变压器进行密封性试验持续时间应为24 h，且无渗漏。产品技术文件有要求时，按其要求进行。整体运输的变压器、电抗器可不进行整体密封试验。

（3）注油完毕后，在施加电压前，其静置时间应符合：110 kV及以下，静置24 h；220 kV及330 kV，静置48 h；500 kV及750 kV，静置72 h。

（4）静置完毕后，从变压器、电抗器的套管、升高座、冷却装置、气体继电器及压力释放装置等有关部位进行多次放气，并启动潜油泵，直至残余气体排尽，调整油位至相应环境温度时的位置。

五、资料整理归集

主变压器系统安装工程施工完成后，将所有资料进行整理归集，如对实施成品拍照归档等。（图3-42、图3-43）

图 3-42　主变压器全景

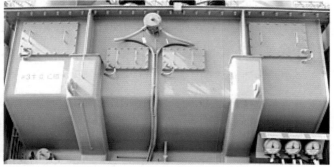

图 3-43　主变压器器身

第三节　主变压器消防系统安装工程

一、质量目标

功能有效、安全可靠,消防管道、喷头排列整齐,标注清晰,有特殊设备监检合格报告,工艺美观。

二、执行规范

1.《建筑设计防火规范》（GB 50016—2004）。

2.《施工现场临时用电安全技术规范》（JGJ 46—2016）。

3.《火灾自动报警系统施工及验收规范》（GB 50166—2016）。

4.《火灾报警控制器通用技术条件》（GB 4717—93）。

5.《消防联动控制设备通用技术条件》（GB 16806—2006）。

6.《合成型泡沫喷雾灭火系统应用技术规程》（GECS 156：2016）。

7.《火力发电厂与变电所设计防火规范》（GB 50229—2014）。

8.《泡沫灭火系统设计规范》（GB 50151—2010）。

三、主要工序和特殊工序控制

1.灭火系统施工前,应对灭火系统的组件、管件及其他设备、材料进行现场检查,确认符合设计要求和国家现行有关标准的规定。

2.管材、管件应进行现场感观检验,并符合下列要求。

（1）表面应无裂纹、无缩孔、无夹渣、无重皮等。

（2）螺纹密封面应完整、无损伤、无毛刺。

（3）热镀锌钢管内外表面的镀锌层不得有脱落、锈蚀等现象。

（4）非金属密封垫片应质地柔韧、无老化变质或分层现象,表面无折损、皱纹等缺陷。

（5）法兰密封面应完整、光洁,不得有毛刺和径向沟槽;螺纹连接处的螺纹应完整、无损伤。

3.水雾喷头应进行现场检验,符合下列要求。

（1）型号、规格应符合设计要求。

（2）外观应无加工缺陷和机械损伤。

4.管网安装。

（1）管网安装应按设计要求采用螺纹或法兰连接,连接后不得减小过水横断面面积。

（2）螺纹连接符合下列要求。

①螺纹连接的密封填料应均匀附着在管道的螺纹部分。拧紧螺纹时,不得将填料挤入管道内。连接后,应将连接处的外部清理干净。

②当管道变径时,采用异径接头。在管道弯头处不得采用补芯。公称直径大于 50 mm 的管道不

宜采用活接头。

（3）法兰连接，螺纹法兰连接应预测对接位置，清除外露密封填料后再紧固、连接。

5. 管道支架、吊架、防晃动支架的型式、材质、加工尺寸和焊接质量等，应符合设计要求和国家现行有关标准的规定。

（1）管道支架、吊架的安装位置不妨碍水雾喷头的喷雾效果。

（2）竖直安装的干管应在其始端和终端设防晃支架或采用管卡固定。

（3）埋地安装的管道应符合下列规定。

①埋地安装的管道应符合设计要求。安装前应做好防腐处理，安装时不应损坏防腐层。

②埋地安装的管道在回填土前应进行隐蔽工程验收。合格后及时回填土，分层夯实，并填写隐蔽工程验收记录表。

（4）干管应做红色或红色环圈标志。管道在安装中断时，应将管道的敞口封闭。

6. 试压冲洗。

（1）合成型泡沫喷雾灭火系统管网安装完毕后，应对其进行强度试验和冲洗。

（2）强度试验用水进行。

（3）灭火系统试压过程中，当出现泄漏时，应停止试压，并放空管网中的试验介质，在消除缺陷后，再重新试压。

（4）灭火系统试压完成后，应填写水压试验记录表。

（5）管网冲洗宜用水进行。管网冲洗应在试压合格后进行。

（6）管网冲洗合格后，应填写冲洗记录表。

（7）水压试验和管网冲洗宜采用生活用水进行，不得使用海水或有腐蚀性化学物质的水。

（8）水压强度试验压力 1.2 MPa 或按图纸设计要求；水压强度试验的测试点应设在灭火系统管网的最低点，对管网注水时，应将管网内的空气排净，并应缓慢升压，达到试验压力后，稳压 30 min，目测管网应无泄漏和无变形，且压力值下降不应大于 0.03 MPa。

（9）灭火系统管网冲洗应连续进行，目测出口处水质清澈时，冲洗方可结束。冲洗的水流方向应与灭火时的合成泡沫灭火剂流向一致。冲洗结束后，应将管网内的水排除干净。

（10）灭火系统应进行冷喷试验，试验时宜用水代替合成泡沫灭火剂。试喷结束后，应填写试喷记录表。

7. 报警主机安装。

（1）在变压器本体周围缠绕感温电缆时，应先查看整台变压器的结构、图纸要求以及材料表中感温电缆的数量等，以确保感温电缆在缠绕过程中整齐、规范、稳固、美观。

（2）报警主机应按设计要求固定在主控楼内。报警主机配用的电源箱应放在消防小室内。

（3）报警主机和电源箱应各配用一根 220 kV、5A 的消防专用电源。

（4）按不同型号的报警设备配置好电缆。

（5）穿越电缆沟、竖井的电缆应排放整齐、规范、稳固。

（6）消防小室内从 24 V 电源箱通往各电磁阀、电磁控制阀的电缆应穿管处理。

（7）每进出报警主机或电源箱的电缆应挂好标牌，标牌应与变电所内的其他标牌相一致。

8. 联动调试。

（1）联动调试是整个"PMM"合成型泡沫喷雾灭火系统是否能够正常运行的关键所在。

（2）联动调试在报警主机上的设置：当主变周围感温电缆发出火灾信号，报警主机接收到信号后延时 30 s 打开启动源上的电磁阀；延时 60 s 打开同报警主变序号相对应的电磁控制阀。

（3）根据不同的报警设备，应逐个进行调试。

①自动状态：当报警主机设置在自动状态时，通过模块短路让系统启动过程自动操作。

②手动状态：当报警主机设置在手动状态时，通过模块短路，操作人员先按启动源键，再按和报警主变序号相对应的电磁控制阀门键。

9. 验收。

（1）灭火系统竣工后应进行竣工验收，验收不合格不得投入使用。

（2）灭火系统验收时，施工单位应提供下列资料。

①验收申请报告、设计图纸、设计变更通知单、竣工图。

②地下及隐蔽工程验收记录，灭火系统试压、调试和联动试验记录。

③灭火系统所采用消防产品的合格证和使用说明书。

（3）灭火系统验收时，应对灭火系统进行自动、手动和机械式应急启动功能进行检测，检测内容如下：

①对自动和手动功能，应检测灭火系统的电磁阀和电磁控制阀。

②机械式应急启动功能，应检测灭火系统的电磁控制阀。

四、火灾报警施工过程管控

（一）钢管和金属线槽安装

1. 进场管材、型钢、金属线槽及其附件应有材质证明或合格证，并检查质量、数量、规格型号是否与要求相符合，填写检查记录。

2. 配管前应根据设计、厂家提供的各种探测器、手动报警按钮、广播喇叭等设备的型号、规格，选定接线盒，使盒子与所安装的设备配套。

3. 吊顶内敷设的管路宜采用单独的卡具吊装或支撑物固定。暗配管在没有吊顶的情况下，探测器盒的位置就是安装探头的位置，不能调整，所以盒的位置应按探测器安装要求定位。

4. 钢管安装敷设进入箱、盒，内外均应有根母锁紧固定，内侧安装护口。钢管进箱盒的长度以带满护口贴近根母为准。

5. 箱、线槽和管使用的支持件宜使用预埋螺栓、膨胀螺栓、胀管螺钉、预埋铁件、焊接等方法固定，严禁使用木塞等。使用膨胀螺栓、胀管螺钉固定时，钻孔规格应与胀管相配套。

6. 弱电线路的电缆竖井应与强电线路的竖井分别设置，如果条件限制合用同一竖井时，应分别布置在竖井的两侧。

（二）钢管内绝缘导线敷设和线槽配线

1. 进场的绝缘导线和控制电缆的规格型号、数量、合格证等符合设计要求，并及时填写进场材料检查记录。

2. 火灾自动报警系统传输线路，采用铜芯绝缘线或铜芯电缆，其电压等级不低于 500 V，以提高绝缘和抗干扰能力。

3. 导线在管内或线槽内，无接头或扭结。导线的接头在接线盒内焊接或压接。

4. 敷设于垂直管路中的导线，截面积为 50 mm² 以下时，长度每超过 30 m 应在接线盒处进行固定。

5. 导线连接的接头不应增加电阻值，受力导线不应降低原机械强度，亦不能降低原绝缘强度，为满足上述要求，导线连接时采取下述方法：塑料导线 4 mm² 以下时一般应使用剥削钳剥掉导线绝缘层，如有编织的导线应用电工刀剥去外层编织层，并留有约 12 mm 的绝缘台，线芯长度随接线方法和要求的机械强度而定。导线绝缘台并齐合拢，在距绝缘台约 12 mm 处用其中一根线芯在另一根线芯缠绕 5 ～ 7 圈后剪断，把余头并齐折回压在缠绕线上，并进行涮锡处理。多股铜芯软线用螺丝压接时，将软线芯扭紧做成眼圈状，或采用小铜鼻子压接，涮锡涂净后将其压平再用螺丝加垫拧紧牢固。铜单股导线与针孔式接线桩连接（压接），要把连接导线的线芯插入接线桩头针孔内，导线裸露出针孔 1 ～ 2 mm，针孔大于线芯直径 1 倍时，需要折回头插入压接。如果是多股软铜丝，应扭紧涮锡，擦干净再压接。

（三）火灾自动报警设备安装

1. 进厂火灾自动报警设备应根据设计图纸的要求，对型号、数量、规格、品种、外观等进行检查，并提供国家消防电子产品有效的检测检验合格报告。

2. 探测器的安装。

（1）探测器水平安装，如必须倾斜安装时，倾斜角不大于 45°。

（2）探测器周围 0.5 m 内，不应有遮挡物，探测器至墙壁、梁边的水平距离不应小于 0.5 m。

（3）探测器至空调送风口边的水平距离不应小于 1.5 m，至多孔送风顶棚孔口的水平距离不应小于 0.5 m。

（4）在宽度小于 3 m 的走道顶棚上设置探测器时，宜从中间布置。感温探测器的安装间距不超过 10 m，感烟探测器安装间距不应超过 15 m，探测器至端墙的距离不大于探测器安装间距的一半。

（5）探测器的底座应固定可靠，在吊顶上安装时应先把盒子固定在主龙骨上或在顶棚上生根作支架，其连接导线必须可靠压接或焊接，当采用焊接时不得使用带腐蚀性的助焊剂，外接导线应有 0.15 m 的余量，入端处有明显标志。

（6）探测器确认灯应面向便于人员观察的主要入口方向。

（7）探测器的头在即将调试时方可安装，安装前应妥善保管，并应采取防尘、防潮、防腐等措施。

3. 手动火灾报警按钮的安装。

（1）报警区内的每个防火分区应至少设置一个手动报警按钮，从一个防火分区内的任何位置到最近的一个手动火灾报警按钮的步行距离不应大于 30 m。

（2）手动火灾报警按钮应安装在明显和便于操作的墙上，距地高度1.5 m,安装牢固并不应倾斜。

（3）手动火灾报警按钮外接导线应留有 0.1 m 的余量，且在端部应有明显标志。

4. 端子箱和模块箱安装。

（1）端子箱和模块箱一般设置在专用的竖井内，应根据设计要求的高度用金属膨胀螺栓固定在墙壁上明装，且安装时应端正牢固，不得倾斜。

（2）用对线器进行对线编号，然后将导线留有一定的余量，把控制中心引来的干线和火灾报警探测器及其他的控制线路分别绑扎成束，并分别设在端子板两侧，左边为控制中心引来的干线，右侧为火灾报警探测器和其他设备引来的控制线路。

5. 火灾报警控制器安装。

（1）火灾报警控制器接收火灾探测器和火灾报警按钮的火灾信号及其他报警信号，发出声音、光照信号报警，指示火灾发生的部位，按照预先编制的逻辑，发出控制信号，联动各种灭火控制设备，迅速有效地扑灭火灾。

（2）区域报警控制器在墙上安装时，其底边距地面高度不应小于 1.5 m，可用金属膨胀螺栓或埋注螺栓进行安装，固定要牢固、端正，安装在轻质墙上时应采取加固措施。靠近门轴的侧面距离不应小于 0.5 m，正面操作距离不应小于 1.2 m。

（四）成品保护

1. 管内穿线：线槽内配线时要把导线的余量放在盒子或箱子里面，封上盖，同时线槽也要及时封上盖，以免导线损坏或丢失。

2. 消防自动报警系统的设备存储时，要做防尘、防潮、防碰、防砸、防压等措施，妥善保管，同时办理进厂检验和领用手续。

3. 自动报警设备安装时，土建工程应在地面、墙面、门窗施工完毕后，且有专人看管的条件下进行安装。

4. 报警探测器应先装上底座，并戴上防尘罩，调试时再装探头。

5. 端子箱和模块箱在工作完毕后要给箱门上锁，罩上箱体防尘罩以保护箱体不被污染。

6. 易丢失损坏的设备如手动报警按钮、喇叭、电话及电话插孔等应最后安装，且要有相应保护措施。

（五）火灾报警系统设备单机调试

1. 调试前准备工作：建筑物内部装修和系统施工结束；调试人员培训合格；调试前应提供的文件齐全，如与实际施工相符的施工图；设计变更文字记录（设计修改通知单等）；施工记录及隐蔽工程验收记录；检验记录及绝缘电阻、接地电阻测试记录，并配备满足需要的仪表、仪器和设备。

2. 线路测试：外部检查，各线路核校验，并检查工作接地和保护接地是否连接正确、可靠。

3. 单体调试：显示探测器的检查，一般做性能试验，对于开关探测器可以采用专用测试仪进行检查，对于模拟量探测器一般在报警控制调试时进行；报警控制器的试验，如果是管线问题，则在排除线路故障后再开机测试，如果是探测器问题则更换探测器。

（六）系统联合调试方案

1. 联动系统设备单机调试合格后，对消防报警主机进行联动控制逻辑编程。

2. 将联动主机的转换开关设为自动状态，以防火分区为单位进行系统联合调试。

3. 对探测器进行模拟火灾试验，监测主机及现场报警状态，预设报警联动动作和反馈信号，并在现场逐一进行核实。

4. 使用火灾报警按钮模拟火灾状态，监测主机及现场报警状态，预设报警联动动作和反馈信号，并在现场逐一进行核实。

5. 对喷淋系统末端进行放水模拟火灾状态，监测主机及现场报警状态。

6. 预设报警联动动作和反馈信号，并在现场逐一进行核实。

7. 系统应在连续试运行 120 h 无故障后，填写火灾自动报警系统调试报告。

（七）电缆防火施工过程管控

1. 室外通往室内的电缆出口处采用防火隔板、有机防火堵料、防火包进行封堵。阻火墙两端电缆喷涂防火涂料长度不低于 2 m，厚度不小于 0.9 mm。

2. 电缆沟内阻火墙采用防火隔板、有机防火堵料、防火包进行封堵。阻火墙底部预留排水口，阻火墙两端电缆喷涂防火涂料长度不低于 2 m，厚度不小于 1 mm。

3. 所有端子箱、开关箱、机构箱底部电缆入口处用有机防火堵料封堵，箱体底部若孔口过大需封耐火隔板，并在箱底部柔性防火堵料面上嵌入相应尺寸的防尘罩。

4. 电缆竖井的封堵采用双层防火涂层板系统。封堵处用上下 2 张防火板封堵，并在其上开好电缆孔，板与竖井之间采用有机防火堵料封边，电缆周围用有机防火堵料进行封堵，其他空间用防火包进行填充，封堵厚度不小于 25 cm，封堵层的两边嵌入铝合金包边。封堵完成后，竖井上下两端的防火板表面喷刷防火涂料，使干涂层厚度达到 1 mm。在孔洞两侧电缆上涂刷 1 m 长的防火涂料，干涂层厚度为 1 mm。

5. 电缆穿管的封堵，对穿管敷设的电缆，应在管头处用有机防火堵料进行严密封堵，形成大于厚 15 cm 的封堵层。

6. 电缆层穿墙（盘柜）孔洞封堵。电缆盘柜楼层底部用膨胀螺栓固定防火底板，清理好盘柜内杂物，孔洞中的电缆周围用有机防火堵料封堵，在孔洞四周用无机防火堵料填充密实。室内各种屏柜，清理好屏柜内杂物，屏柜入口处先用防火板封堵，再用有机防火堵料进行严密封堵，然后在有机防火堵料面上嵌入相应尺寸的防尘罩。屏柜底孔洞贯穿下来的电缆喷涂长 1.5 m 的防火涂料，干涂层厚度为 0.9 mm。对于电缆层吊、支架上的电缆，经整理后按相应规范在电缆防火区段每层电缆安装 1 套长 2 m 的防火槽盒，防火槽盒里面的空隙部分用防火包填实。

7. 防火涂料施工方法。

（1）喷涂前必须把电缆外皮清洗干净。

（2）施工前防火涂料必须搅拌均匀，搅拌速度不能太快，以免产生气泡。

（3）施工使用空压机喷涂，每次涂刷工喷涂间隔时间要大于 12 h。

（4）对成束的电缆，必须把绑扎带解开，单独对每根电缆进行涂刷或喷涂，待施工完毕后再将电缆捆扎成束复原。

（八）特殊工序控制

根据质量体系程序文件《特殊过程控制程序》规定，本工程的特殊工序有压接和焊接。在施工中严格执行《特殊过程控制程序》并按相应作业指导书进行操作。

1. 特殊作业人员必须经过专业培训，取得有效上岗资格证书。

2. 特殊过程使用的材料必须有合格证。

3. 特殊过程应在适宜的环境条件下进行操作。

4. 特殊过程必须严格执行《电力建设安全工作规程》的规定。

5. 特殊过程操作完成后有特殊作业人员按相关规程和作业指导书进行检验。

五、施工过程管控

（一）管道热态紧固、冷态紧固温度应符合以下规定

1. 测试要求：热态紧固或冷态紧固应在达到工作温度 2 h 后进行，紧固螺栓时，管道最大内压应根据设计压力确定。当设计压力小于或等于 6 MPa 时，热态紧固最大内压应为 0.3 MPa；当设计压力大于 6 MPa 时，热态紧固最大内压应为 0.5 MPa。冷态紧固应卸压后进行。

检验数量：全部检查。

检验方法：检查施工记录。

2. 管道预拉伸或压缩应检查下列内容，预拉伸或压缩量应符合设计文件的规定。

（1）预拉伸区域内固定支架间所有焊缝（预拉口除外）已焊接完毕，需热处理的焊缝已做热处理，并经检验合格。

（2）预拉伸区域支、吊架已安装完毕，管子与固定支架已牢固。预拉口附近的支、吊架应预留足够的调整余量，支、吊架弹簧应按设计值进行调整，并临时固定，不使弹簧承受管道载荷。

（3）预拉伸区域内的所有连接螺栓已拧紧。

检验数量：全部检查。

检验方法：观察检查，检查焊接记录，热处理记录和预拉伸或预压缩施工记录。

3. 管道膨胀指示器的安装应符合设计文件的规定，并应指示正确。

检验数量：全部检查。

检验方法：观察检查，检查施工记录。

4. 蠕胀测点和监察管段的安装应符合国家现行有关标准和设计文件的规定。

检验数量：全部检查。

检验方法：观察检查，检查施工记录。

5. 当管道安装时，应检查法兰密封面及密封垫片，不得有影响密封性能的划痕、斑点等缺陷。

检验数量：全部检查。

检验方法：观察检查。

6. 法兰连接应与管道保持同一轴线，螺栓应自由穿入。法兰螺栓孔应按中心线布置。法兰间应保持平行，其偏差不得大于法兰外径的 0.15%，且不得大于 2 mm。

检验数量：全部检查。

检验方法：观察检查和用卡尺检查。

7. 法兰连接应使用同一规格媒栓，安装方向应一致，螺栓紧固后应与法兰紧贴，不得有楔缝。当需加么圈时，每个螺栓不应超过 1 个，所有螺母应全部拖入螺栓。

检验数量：全部检查。

检验方法：观察检查。

8. 其他形式的管道接头连接和安装质量应符合国家现行有关标准、设计文件和产品技术文件的规定。

检验数量：全部检查。

检验方法：观察检查。

9. 管道安装的允许偏差应符合规定。

检验数量：按每条管线号抽查不少于 3 处。

检验方法：采用水平仪、经纬仪、直尺、水平尺、拉线或吊线检查。

10. 管道与设备的连接应在设备安装定位并紧固地脚螺栓后进行，管道安装前应将内部清理干净。

检验数最：全部检查。

检验方法：观察检查，检查设备安装记录或中间交接记录。

11. 对不得承受附加外荷载的动设备，管道与动设备连接质量应符合下列规定。

（1）管道与动设备连接前，应在自由状态下，检验法兰的平行度和同心度，当设计文件或产品技术文件无规定时，法兰平行度和同心度允许偏差应符合规定。

检验数量：全部检查。

检验方法：采用塞尺、长尺、直尺等检查。

（2）管道系统与动设备连接时动设备额定转速大于 6000 r/min 时的位移值应小于 0.02 mm，额定转速小于或等于 6000 r/min 时的位移值应小于 0.05 mm。

检验数量：全部检查。

检验方法：在联轴器上架设百分表监视动设备的位移。

12. 管道试压、吹扫与清洗合格后，应对管道与动设备的接口进行复位检查，其偏差值应符合规定。

检验数量：全部检查。

检验方法：采用塞尺、卡尺、直尺等检查。

六、资料整理归集

主变压器消防系统安装工程施工完成后，将所有资料进行整理归集，如对实施成品拍照归档等。（图 3-44、图 3-45）

图 3-44　消防小室内部装设　　　　　　　图 3-45　消防管道介质流向

第四节　二次设备安装及接线工程

一、质量目标

1. 屏柜安装排列整齐、防腐完整、无污染，色泽一致，尺寸统一，屏柜内带电母线有防止触及的隔离防护装置。

2. 二次接线绑扎牢固，间距一致，导线弯曲弧度顺畅、工艺美观，一个接线端子接线不超过 2 根，备用芯线长度、备用标识符合规范要求，且线芯导体不外露。

3. 二次设备系统命名编号规范，标识齐全。

4. 设备启动、运行正常。

二、执行规范

《电气装置安装工程质量检验及评定规程第 8 部分：盘、柜及二次回路接线施工质量检验》（DL/T 5161.8—2018）、《10 千伏～ 500 千伏输变电及配电工程质量验收与评定标准　第二册：变电电气安装工程》（Q/CSG 411002—2012）等。

三、使用范围

继电保护、测控自动化、交直流屏柜安装及二次接线。

四、二次盘柜安装过程管控

1. 开箱时首先检查设备包装的完好情况，是否有严重碰撞的痕迹及可能使箱内设备受损的现象；根据装箱清单，检查设备及其备品等是否齐全；对照设计图纸，核对设备的规格、型号、回路布置等是否符合要求。厂家资料及备品备件应交专人负责保管并做好登记。

2. 检查预埋基础槽钢的不直度和水平度，按规范要求每米应小于 1 mm，全长不大于 5 mm，具体见表 3-8。清除槽钢面上的灰混凝土，完成基础槽钢的接地工作。

表 3-8　预埋基础槽钢的不直度和水平度规范

工序	检查项目			性质	质量标准	检验方法及器具
基础型钢安装	基础型钢安装允许误差	不直度	每米		＜1 mm	用激光水平仪检查
			全长		＜5 mm	
		水平度	每米		＜1 mm	
			全长		＜5 mm	
	位置误差及不平行度			主要	＜5 mm	用尺检查
	基础接地点				≥2 点	
	接地连接				牢固，导通良好	扳动并导通检查

3. 对屏柜必须进行精密的调整，对其找平、找正；调整工作可以先按图纸布置位置将第一列第一面屏柜调整好，再以第一面为标准调整以后各面；两相邻屏间无明显的空隙，做到横平竖直，屏面整齐。

4. 盘、柜单独或成列安装时，其垂直度、水平允许偏差，盘、柜面允许偏差，以及盘、柜间接缝的允许偏差应符合表 3-9 中的规定。盘、柜安装应牢固，封闭良好，并能防潮、防尘。安装的位置应便于检查，排列整齐。

表 3-9　盘、柜安装时垂直度、水平允许偏差情况

项　　目		允许偏差（mm）	检验方法及器具
垂直度	每米	＜1.5	用激光水平仪检查
水平偏差	相邻两柜顶部	＜2.0	
	成列柜顶部	＜5.0	
柜间偏差	相邻两柜边	＜1.0	
	成列柜面	＜5.0	
柜间接缝		＜2.0	用尺检查

5. 二次屏柜接地。二次屏柜内接地铜排分开保护接地、电缆屏蔽层接地，区分两种不同形式：一种是与柜体绝缘的接地铜排，另外一种是与柜体不绝缘的接地铜排。无论是哪种形式，每根均

须通过截面不小于 50 mm^2 铜导线与变电站主地网可靠连接。同时检查柜内设备保护接地及二次接地是否正确分开，柜门接地良好，电缆接地按照《电气装置安装工程 接地装置施工及验收规范》（GB50169—2016）要求，屏蔽层接二次接地网，铠装保护层直接接地。

6. 二次接线。

（1）电缆接线前应进行芯线整理，首先将每根电缆的芯线单独分开，将每根芯线拉直，然后根据每根电缆在端子排的接线位置并拢绑扎。

（2）电缆接线时可根据已接入位置进行二次绑扎，芯线扎带绑扎要求间距一致。每根电缆芯线宜单独成束绑扎。

（3）有组织、有计划、逐个系统进行接线。严格核对电缆芯线两端编号，确保正确。电缆一端接好，再接另一端时应进行仔细对线确保线芯无误。

（4）接线前应考虑好整个屏柜（端子箱）内电缆的走向。端子排接线应严格按设计图纸进行，不能随意更改，遇到疑问要及时向技术人员确认。芯线水平地从线芯后部引向端子排，并弯成一个半圆弧，圆弧大小美观一致，接线牢靠。

（5）对于螺栓式端子，须剥除护套的芯线弯圈，弯圈的方向为顺时针，弯制线头的内径与紧固螺丝外径相吻合，其弯曲的方向与螺栓紧固的方向一致。

（6）对于多股软铜芯线，在压接线鼻子后接入端子，采用线鼻子与芯线的规格、端子的接线方式及端子螺栓规格相配。

（7）电缆线芯不能有划痕。导线与端子接触良好，端子螺丝紧固，每一端子一侧最多接两根线芯且导线截面应一致。

（8）引入屏、端子箱内的电缆及线芯应排列整齐，编号清晰、避免交叉、固定牢固，并应分别成束，分开排列；接线时尽量使线芯弯度一致、平整、美观。

（9）线管号的规格要与芯线的规格相配，线管号裁切长度一致，字体大小一致，线号的内容包括回路编号和电缆编号。

（10）每条电缆的备用芯高出端子排最上端位置，预留长度剪成一致，每根电缆单独布置。备用芯端头套上线芯电缆编号并套上绝缘头。

（11）每块屏、端子箱接线完毕，对照端子排接线图检查接线是否正确，使用兆欧表检查二次回路绝缘电阻是否符合规范。每一个二次回路绝缘电阻不小于 1 MΩ，小母线绝缘电阻不小于 10 MΩ。

（12）接完线后，应全面清扫干净线头、杂物，屏柜及端子箱下部电缆孔洞均应用耐火材料严密封堵。

（13）检查所有二次盘柜跨接是否到位无误，屏柜金属框架和底座可靠接地，接地线截面符合规范规定。

六、资料整理归集

二次设备安装及接线工程施工完成后，将所有资料进行整理归集，如对实施成品拍照归档等。（图 3-46、图 3-47）

图 3-46　主控通信楼室内盘柜　　　　图 3-47　主控通信楼蓄电池室

第五节　电缆安装工程

一、安装质量目标

1. 电缆沟（槽）内敷设高度一致、排列整齐美观，无交叉、扭绞，弯弧圆顺。动力电缆、控制电缆分层布置，固定牢固。动力电缆头制作工艺规范，线芯不扭曲交叉，电缆头固定牢固。标牌齐全。

2. 电缆桥架及附件无污染，安装规范。

3. 电缆防火涂料施工规范，涂刷长度、厚度符合规范，无流痕。

4. 通信尾纤安装工艺美观，弯曲半径满足要求。

5. 电缆运行正常。

二、执行规范

《电气装置安装工程电缆线路施工及验收标准》（GB 50168—2006），《10 千伏 ～ 500 千伏输变电及配电工程质量验收与评定标准　第 2 部分：变电电气安装工程》（Q/CSG 411002—2012）等。

三、适用范围

变电站控制电缆、电力电缆、光缆敷设施工。

四、电缆安装过程管控

1. 施工作业前的准备工作。

（1）查看现场的电缆支架安装前建筑专业所具备的条件。

（2）查看土建专业的预埋件是否符合设计规范，以及安置牢固状况。

（3）查看现场的电缆沟抹面工作是否具备安装条件，建筑垃圾是否已清理干净，电缆沟排水是否畅通。

（4）检查电缆外观质量和出厂资料是否齐全，用1000 V绝缘电阻表测试电缆芯之间及屏蔽层和铠装层之间的绝缘电阻。电阻值如符合规定要求，试验完毕必须放电。

（5）检查复合材料的支架和螺栓及出厂质量文件。

2.电缆支架制作安装、电缆管配制预埋。

（1）电缆支架、吊架及桥架的层间允许最小距离见表3-10。

表3-10　电缆支架、吊架及桥架的层间允许最小距离

电缆电压和类型、敷设特征		普通支架、吊架（mm）	桥架（mm）
控制电缆明敷		150	250
电力电缆明敷	6 kV以下	150	250
	6～10 kV单联聚乙烯	200	300
	20～35 kV单芯	250	300
	20～35 kV三芯、66～220 kV单芯，每层1根及以上	300	350
	330 kV，500 kV	350	400
电缆敷设于槽盒中		h+80	h+100

（2）电缆支架、桥架安装。

①电缆支架应安装牢固，横平竖直；托架支吊架的固定方式按设计要求施工。各支架的同层横档应在同一水平面上，其高低差不得大于5 mm，托架支吊架沿桥架走向左右的偏差不得大于10 mm。

②在有坡度的电缆沟内或建筑物上安装电缆支架，保持与电缆沟或建筑物相同的坡度。

③主控楼竖井采用组装钢结构竖井，其垂直偏差不大于其长度的2%；支架横撑的水平误差不应大于其宽度的2%；竖井的对角线的偏差不应大于其对角线长度的5%，钢结构竖井可靠接地。

（3）电缆支架、桥架接地。

①电缆支架之间用铜导线连接。

②电缆支架、桥架的起始端和终点端与变电站主地网可靠连接。

③电缆桥架连接部位采用两端镀锡铜鼻子的铜导线连接。

④与接地网或接地干线连接的材料，其规格应符合设计要求。

（4）电缆保护管的预埋。

①根据图纸及电气设备的机构箱、端子箱的实际情况确定电缆管的位置及尺寸，以及弯制电缆管和加长电缆管，电缆管埋入地下后，用"U"形卡子固定在角铁上，为了达到美观要求，地上部分采用铝合金电缆槽盒，为了防止槽盒回潮，槽盒预留通风细口。

②电缆管预埋敷设或安装完成后暂时不进行穿电缆等下一步工作，临时进行封口。

3.电缆敷设。

（1）敷设前检查电缆型号、电压等级、规格、长度应与敷设清单相符，外观检查电缆应无损坏。

（2）电缆敷设时按区域进行，先敷设长电缆，后敷设短电缆，先敷设同规格较多的电缆，后

敷设规格较少的电缆。尽量敷设完一条电缆沟，再转向另一条电缆沟，在电缆支架敷设电缆时，布满一层，再布满另一层。

（3）按照电缆清册逐根敷设，敷设时按实际路径计算每根电缆长度，合理安排每盘电缆的敷设条数。

（4）敷设完一根电缆，应马上在电缆两端及电缆竖井位置挂上临时电缆标签。

（5）电缆明敷时，做好如下部位固定：垂直敷设，电缆与每个支架接触处应固定；水平敷设时，在电缆的首末端及接头的两侧应采用电缆绑扎进行固定，此外电缆拐弯处及电缆水平距离过长时，在适当处亦应固定一两处。

（6）电缆敷设时排列整齐，不交叉；电缆沟转弯、电缆层井口处电缆弯曲弧度一致，顺畅自然。

（7）光缆、通信电缆、尾纤按照有关规定穿设 PVC 保护管或线槽。

（8）电缆在各层桥架布置符合反措要求，电缆防火措施到位可靠，高、低压控制电缆分层分沟敷设。

（9）高压电缆敷设过程中为防止损伤电缆绝缘，不宜使电缆过度弯曲，同时控制好电缆弯曲的半径，防止电缆弯曲半径过小损坏电缆。电缆拐弯处的最小弯曲半径按表 3-11 规范要求控制。

（10）高压电缆敷设时，在电缆终端和接头处留有一定的备用长度，电缆接头处相互错开，电缆敷设整齐不交叉，单芯的三相电缆放置"品"字形，并用相色缠绕在电缆两端的明显位置。

（11）电缆敷设做到了横看成线、纵看成行，引出方向一致、余度一致，相互间距离一致，不交叉压叠，整齐美观。

（12）高压电缆固定间距符合规范要求，单芯电缆或分相后各相终端的固定不应形成闭合的铁磁回路，固定处应加装符合规范要求的衬垫。

表 3-11　电缆拐弯处的最小弯曲半径要求

电缆型式		多芯	单芯
控制电缆	非铠装	6D	
	铠装型、屏蔽型电缆	12D	—
	其他	10D	
橡皮绝缘电力电缆	无铅包、钢铠护套	10D	
	裸铅包护套	15D	
	钢铠护套	20D	
塑料绝缘电力电缆	无铠装	15D	20D
	有铠装	12D	15D
自容式充油（铅包）电缆		—	20D
0.6/1 kV 铝合金导体电力电缆		7D	

4.电缆头制作安装。

（1）电缆头制作。

①高压电缆头接地将钢铠和铜屏蔽分开接地，并作出标识，单芯电缆在一端接地即可，但为了方便试验及其他原因，另一端接地线亦要引出。

②控制电缆制作时，电缆头开头尺寸和制作高度要求一致，制作样式统一。

③在剥除电缆外护套时，屏蔽层留有相应长度，宜与屏蔽接地引出线进行连接。各层间进行阶梯剥除。

④控制电缆头的接地线采用 4 mm² 多股铜芯线，焊接接地线时要采取防护措施，防止温度过高损坏芯线绝缘。

⑤电缆头制作时所使用的热缩管采用统一长度加热收缩而成，电缆的直径应在所用热缩管的热缩范围之内。电缆头在套入热缩管前，在开头处缠绕几层聚乙烯带，再套入热缩管加热，这样制作出来的电缆头比较饱满、圆滑，工艺美观。当使用聚乙烯带包电缆头时，要求缠绕密实、牢固可靠，缠绕长度一致。一个二次设备内的电缆头套的颜色要求一致。

（2）电缆头安装。电缆头固定牢靠、有关距离和单芯动力电缆的金属护层的接线，相序排列应符合要求。

五、资料整理归集

电缆安装工程施工完成后，将所有资料进行整理归集，如对实施成品拍照归档等。（图 3-48 至图 3-51）

图 3-48　室外电力电缆

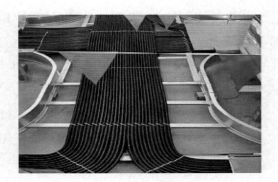

图 3-49　室内控制电缆

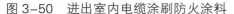

图 3-50　进出室内电缆涂刷防火涂料　　　图 3-51　柜内电缆接线

第六节　全站接地工程

一、质量目标

1. 电气装置接地必须单独与接地母线或接地网连接，严禁在一根接地线中串接 2 个及以上需要接地的电气装置。

2. 变压器、电抗器中性点两点接地符合设计要求和规范规定。

3. 变压器铁芯、夹件与接地网应可靠连接，并应便于运行监测接地线中环流。

4. 避雷针（线、带、网）的接地符合设计要求和规范规定，工艺美观。

5. 主设备及构架应有 2 根与不同地点的主地网连接，接地引线均符合设计要求和规范规定，接地连接处便于检查测试。

6. 配电、控制、保护用的屏（柜、箱）和操作台等的金属框架和底座可靠接地，接地线截面符合规范规定。

7. 电气设备的罩壳、底座、支架、爬梯、检修平台、围栏等均应可靠接地。

8. 隔离开关、接地开关垂直连杆及操动机构箱应接地可靠。

9. 全站接地网达到规范和设计功能要求。

二、执行标准

1.《交流电气装置的接地设计规范》（GB 50065—2011）。

2.《电气装置安装工程接地装置施工及验收规范》（GB 50169—2016）。

3.《继电保护及安全自动装置技术规程》（GBT 14285—2006）。

4.《建筑物防雷工程施工与质量验收规范》（GB 50601—2010）。

5.《电气装置安装工程电气设备交接试验标准》（GB 50150—2016）。

三、防雷接地系统安装过程管控

本工程接地网一次设备接地线、避雷针、避雷带等直接与主地网相连。二次接地网由室外和室内两部分组成。在户外二次电缆沟敷设截面 25 mm² × 4 mm² 铜排构成室外二次接地网，铜排采用绝缘子安装在电缆支架上，该接地网与主接地网多点可靠连接，连接点远离避雷器、变压器等设备的接地点，并在电缆沟中的各末梢处与变电站主地网抽头可靠连接。室内二次接地网敷设于信机房、主控室、计算机室及各继电小室等活动地板下，按屏柜布置方向敷设首末端相连的专用接地铜排网，形成室内二次接地网，室外二次接地网以一点通过 2 根并列的截面 50 mm² 铜缆与各室内二次接地网连接。

1. 主地网敷设。

（1）全站采用不等间距的水平接地极为主、垂直接地极为辅的人工接地网，本站主接地网采用 −80 × 8 热镀锌扁钢作为接地网主材，设备接地引下线采用 −80 × 8 热镀锌扁钢引至地面以上后与设备支架连接；设备地中引下线抽头需引接至设备基础边；抽头数量 2 个，变压器及其中性点设备、电流互感器、电压互感器、避雷器及带避雷针的构架基础旁留 2 个抽头，每个抽头露出地面约 0.5 m。

（2）主接地网扁钢在敷设过程中为减少地下水对地网的腐蚀作用采用宽面立起的方式布设，接地极的焊接采用搭接焊，搭接长度严格按照规范要求，即扁钢为其宽度的 2 倍且至少 3 个棱边焊接，圆钢为其直径的 6 倍，焊口焊接饱满搭接处须去除药皮，涂防锈漆。

2. 避雷针安装。

（1）共设置构架避雷针 20 支、独立避雷针 3 支，按照规范要求设置不少于两点接地，2 根接地引下线要分别接于主地网的不同点。

（2）避雷针的接地引下线安装按照设备基础外观形式进行预制，使接地引下线工艺美观，标识清晰。

（3）独立避雷针和避雷线设置满足避雷针与主接地网的地下连接点至 35 千伏设备，与主接地网的地下连接点间沿接地极的长度不小于 15 m。

3. 主控室、高压配电室防雷接地安装。

（1）主控室、高压配电室的所有门、窗、水龙头金属构件均按设计要求装设软铜线进行可靠接地，所有的金属爬梯均通过地网引上的抽头与地网进行可靠连接。

（2）通信机房、各继电保护小室、高压配电室在踢脚线上 200 mm 设置环形接地母线，每隔 1.5 ～ 2.0 m 设一个紧急接地端子，紧急接地端子采用蝶形螺栓方便应急接地操。

4. 主控室、继电保护室屋顶的避雷带。主控室、继电保护室屋顶的避雷带采用 φ16 热镀锌圆钢沿女儿墙进行布设，布设高度距离女儿墙高 100 mm，每隔 0.8 m 设置一个支撑，在建筑物的四个角通过预埋钢筋连接至主地网的不同点，避置带布设平直美观，搭接工艺满足设计规范要求。

5. 35 千伏、220 千伏、500 千伏电气一次设备接地施工。

（1）电气设备变压器及其中性点设备、电流互感器、电压互感器、避雷器、隔离开关、断路器等设备底座通过 2 根接地引下线引至主地网的不同接地点，接地引下线根据设备基础外形进行预制加工，通过螺栓与设备底座进行接地，同一类设备的接地引下线加工外形、尺寸一致，对每根设备接地引下线采用不锈钢牌进行编号并刷涂黄绿相间标识。

（2）各设备的法兰的连接面采用预加工好的铜排进行跨接，同一类设备的加工外形、尺寸一致，工艺美观，连接可靠，并刷涂黄绿相间标识。

（3）保护屏柜外壳接地通过屏内部与接地槽钢的连接螺栓进行可靠接地。

（4）高压配电室设备的外壳接地通柜内通长的接地铜排与设备外壳进行可靠连接。

6. 户外、户内二次接地网施工。

（1）在户外二次电缆沟采用 25 mm² × 4 mm² 铜排进行通长敷设，铜排采用绝缘子安装在电缆支架上，该接地网与主接地网多点可靠连接。

（2）户外端子箱、机构箱的电缆屏蔽层和外壳接地先接至端子箱、机构箱的内部铜排，再通过 50 mm² 铜缆分别接至二次铜网和主接地网。

（3）通信机房、主控室、各继电小室按屏柜布置方向敷设首末端相连的专用接地铜排网，室内二次铜排通过一根不小于 50 mm² 铜缆与室外的二次铜网相连。

四、资料整理归集

全站接地工程施工完成后，将所有资料进行整理归集，如对实施成品拍照归档等。（图 3-52 至 3-55）

图 3-52　支架接地

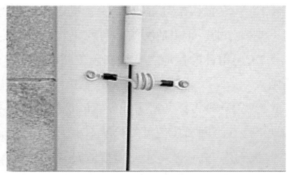

3-53　配电箱跨接

图 3-54　电抗器接地

3-55　室内接地环带

第六章 调试测试 精益验收

第一节 调试测试

一、质量目标

1. 设备、系统可靠率达 100%。

2. 保护、自动、监控系统投入率达 100%。

3. 监控系统、远动信息、继电保护动作正确率达 100%。

4. 使用技术性能指标达到国内同类领先水平。

二、执行规范

1.《继电保护和安全自动装置技术规程》（GB/T 14285—2006）。

2.《继电保护和安全自动装置基本试验方法》（GB/T 7261—2016）。

3.《电气装置安装工程电气设备交接试验标准》（GB 50150—2016）。

4.《电力设备交接验收规程》（Q/CSG 1205019）。

5.《工程建设标准强制性条文 电力工程部分》（2011 年版）。

6.《工业六氟化硫》（GB/T 12022—2014）。

三、适用范围

变电站调试、测试。

四、调试方法及管理控制

1. 资料验收。

（1）检查所有设备、出厂试验报告、合格证、图纸资料、技术说明书等，开箱记录应与装箱记录一致，并有监理工程师签字确认。

（2）检查临时竣工图纸及设计变更单、图纸审核会议纪要等应齐全、正确。

（3）检查一次设备、保护盘柜、通道设备、断路器、电流互感器、电压互感器的验评报告、记录表格及安装记录应齐全、正确，必要时检查施工单位装置打印的报告。设备安装试验报告要求记录所使用的试验仪器、仪表型号和编号；试验仪器、调试人员与监理报审的资料一致，并有仪器、人员进退场记录，安装试验报告签字时间在报审资料时间的有效范围内；所有的设备安装试验报告要求有试验人员、审核人员及监理工程师签名，并做出试验结论。

（4）设备单体试验报告、分系统调试方案及报告、系统调试方案及报告、特殊试验方案及报告齐全、规范。

（5）变压器及高抗气体继电器、温度计、绝缘油检验检测报告、SF_6 气体检测报告、主接地网接地测试报告齐全、规范。

五、设备单体调试

1. 变压器（或高压电抗器）。

（1）瓷套管试验。

①绝缘电阻：用 2500 V 绝缘电阻表分别测量接线端对末屏及法兰的绝缘电阻，其值在相似的环境条件下与出厂值比较，不应有太大偏差；用 2500 V 绝缘电阻表测量"小套管"对法兰的绝缘电阻，其值不应低于 1000 MΩ。

②介损测量：用正接线法测量套管主绝缘对末屏的介质损耗角正切值及电容值，选择 10 kV 电压测试；介损高压测试线应用绝缘带挂好悬空，不能碰及其他设备或掉地，并做好安全防范措施，不能让人误入高压试验区域；测得的介损及电容值与出厂值不应有明显区别，应符合交接标准要求。

（2）测量绕组连同套管的直流电阻。分别测量高压绕组各分接头以及低压侧直流电阻，对于有中性点的，宜测量单相直流电阻。测量时应记录好环境温度，以便与出厂值进行换算比较，线间或相间偏差值应符合交接标准。

（3）检查所有分接头的电压比。将变比测试仪的线对应接到变压器的高低压侧，检查所有分接头的电压比，与制造厂铭牌数据相比应无明显差别，且应符合电压比的规律，在额定分接头时允许误差为 ±0.5%。

（4）变压器油试验。主变压器、高压电抗器安装符合规范要求。油报告分为安装前油罐的油成分报告、安装充油 24 h 后的油试验报告、耐压后的油试验报告、投产后的油试验报告，均须符合《电气装置安装工程　电气设备交接试验标准》（GB 50150—2016）对 500 千伏电压等级互感器、变压器油的质量标准要求。

（5）变压器其他试验包括吸收比或极化指数测量、测量绕组连同套管的介质损耗角正切值、测量绕组连同套管的直流泄漏电流、套管 CT 试验符合南方电网及国标交接试验质量标准要求。

（6）变压器特殊试验，包括绕组变形试验、交流耐压试验、绕组连同套管的长时感应电压试验带局部放电试验必须按照规范执行，确保新安装的设备无缺陷投产。

（7）变压器压力释放阀、油温表送检合格。

2. 电流互感器试验。

（1）测量电流互感器的绝缘电阻。用 2500 V 绝缘电阻表测量一次绕组对二次绕组及一次绕组对外壳接地的绝缘电阻；用 2500 V 绝缘电阻表分别测量二次绕组之间及二次绕组对外壳接地的绝缘电阻；绝缘电阻值不宜低于 1000 MΩ，符合规程和厂家技术要求。

（2）电流互感器的极性检查。用试验线将蓄电池和电流互感器的一次绕组连接，用指针万用表（挡位放在最小电流挡上）的表笔分别接在被测的二次绕组端子上。将蓄电池的"+"极线碰接到一次绕组的"L1"，同时观察指针万用表的指针是否先向正方向后回复到"0"摆动。然后拉开蓄电池的"+"试验线，同时观察指针万用表的指针是否先向负方向后回复到"0"摆动。

（3）电流互感器一次绕组、二次绕组直流电阻测量。

（4）测量保护组 TA 的励磁特性曲线。试验时电压从零递升上去，以电流为基准，读取电压值，直至额定电流，保护组应进行此项试验。

（5）变比检查。在一次绕组通入电流，二次绕组接电流表，读取一次绕组、二次绕组电流值。

（6）介损损耗因数及电容量测量：一次绕组对末屏的介损值应不大于出厂值的 130%（≤ 0.5%），电容量与出厂值的差别不超出 ±5%；末屏对二次绕组及地的介损值不大于 2%。

（7）互感器耐压试验，在规定试验电压下 1 min，不击穿，无异常现象。

（8）互感器的绝缘油按照南方电网交接验收规程取样送检合格。

3. 金属氧化物避雷器试验。

（1）绝缘电阻测试应符合以下要求。

绝缘电阻表摆放位置应安全，摆放应水平稳固，试验前对绝缘电阻表进行"短路""开路"测试检查。测量时，注意绝缘电阻低导致端电压降低，仪表指示测量时间应正确。

根据相关试验规程对测试结果进行判断：用 5000 V 绝缘电阻表测量，绝缘电阻不小于 2500 MΩ。

（2）直流 1 mA 电压和 0.75 U 1 mA 下的泄漏电流测试应符合以下规定。

①仪器放置应安全、平稳，保证预留高压引线的走向以及与被试设备连接的角度满足要求。

②认真对照接线示意图检查试验接线，高压引线选用屏蔽线，长度和角度合适，保持与邻近物体和接地部位有足够的绝缘距离。

③开始试验时，保持升降压匀速，避免升压过快，电流超量程。

④停止测量，断开仪器电源及被试品放电接地，确保试品已彻底放电，防止设备、人身受伤。

⑤根据相关试验规程对测试结果进行判断：金属氧化物避雷器对应于直流参考电流下的直流参考电压，整支或分节进行的测试值，不应低于《电力设备交接验收规程》（Q/CSG 1205019）的规定值，并符合产品技术条件的规定。实测值与制造厂规定值比较，变化不应大于 ±5%。0.75 倍直流参考电压下的泄漏电流值不应大于 50 μA，或符合产品技术条件的规定。

（3）检查放电计数器动作情况应根据相关试验规程对测试结果进行判断，检查放电计数器的动作应可靠，避雷器监视电流表指示应良好，计数器试验结果一致。

4. 隔离开关试验。

（1）回路的电阻试验。

测量隔离开关导电回路的电阻值，宜采用电流不小于 100 A 的直流压降法。测试结果不应超过产品技术条件规定。

（2）交流耐压试验过程中应无闪络、击穿、冒烟等异常情况，在规定电压下试验 1 min，无异常则通过。

（3）检查操动机构线圈的最低动作电压，应符合制造厂的规定。

（4）操动机构的试验应符合以下规定：动力式操动机构的分、合闸操作，当其电压或气压在下列范围时，应保证隔离开关的主闸刀或接地开关可靠地分闸和合闸。

电动机操动机构：当电动机接线端子的电压在其额定电压的80%～110%范围内时的可靠动作。

二次控制线圈和电磁闭锁装置：当其线圈接线端子的电压在其额定电压的80%～110%范围内时的可靠动作。

（5）隔离开关的机械或电气闭锁装置检查应符合设计要求，闭锁回路准确可靠。

5. 电力电容器组试验。电容器组中各相电容的最大值和最小值之比不应超过1.08，绝缘电阻不低于2000 MΩ，交流耐压试验过程中应无闪络、击穿、冒烟等异常情况，在规定电压下试验1 min，无异常则通过。

6. SF_6断路器试验。

（1）测量绝缘拉杆的绝缘电阻值，不应低于1200 MΩ。

（2）测量每相导电回路的电阻值，应符合产品技术条件的规定。

（3）交流耐压试验：在SF_6气压为额定值时进行，试验电压为出厂试验电压的按南方电网交接试验规程执行。500千伏定开距瓷柱式断路器只进行断口间耐压试验。

（4）测量断路器的分、合闸时间，应在断路器额定操作电压下进行，实测数值应符合产品技术条件的规定。

（5）测量断路器主触头分、合闸的同期性，应符合产品技术条件的规定。

（6）测量分、合闸线圈的绝缘电阻值，不应低于10 MΩ，直流电阻值与产品出厂试验值相比应无明显差别。

（7）断路器操动机构的试验，应符合下列规定。

合闸操作的操作电压在85%～110% U_n时，操动机构应可靠动作；分闸操作的操作电压大于65% U_n时，应可靠地分闸，当小于30% U_n时，不应分闸；SF_6气体试验除了按南方电网交接试验规程试验，还需满足国家工业SF_6气体试验规范做毒性等科目检测。

六、分系统调试

1. 分系统调试流程。

2. 设备调试记录，要核实设备型号、出厂质量合格证、出厂测试记录，并与实际安装记录一致。

3. 保护的配置满足南方电网继电保护技术规范要求，为达到系统100%的可靠，采用了电能质量监测与控制技术、用电信息采集系统技术、高精度输电线路故障测距技术、变电站综合自动化系统等电力建设"五新"技术，技术指标达到国内先进水平。

4. 严格按设备标识规范进行标识工作。

5. 继电保护分系统。严格按国家、行业和南方电网厂站试验标准要求进行二次回路接线及检查并通过绝缘测试 100% 合格，通过外观检查、抗干扰接地检查、直流电源检查、寄生回路检查、电流互感器二次回路检查、电压互感器及二次回路检查、装置功能检验，断路器、操作箱、刀闸及二次回路检查，失灵及其他关联回路检查。光纤通道联调正常，通道无误码；整组传动、带负荷测试等检查正确，确保设备、系统可靠率达 100%。

6. 测控分系统。电缆回路绝缘测试 100% 合格，通过外观检查、工作电源检查、装置精确度检查、测控装置双网切换检查、测控装置出口压板一致性检查、同期功能检查、遥控回路正确性检查。对全站信息进行 100% 核对正确，监控系统能正常 100% 反映设备运行状态。

7. 通信分系统。通信分系统光设备调试及检测符合规范要求，防火墙设置需要提前一个月按照南方电网电力调度控制中心安全要求及程序设置，通信交换机包括 A 平面、B 平面通信通道，2 m 专用通道；需要调试运动通道、计量系统通道、保护故障信息、线路故障测距、PMU 相量测量、视频监控系统通道、变压器油分析系统上传正常。

8. 直流分系统、站变交流分系统调试设备正常，蓄电池组正负极按照规范分正极褐色、负极蓝色，并有明显正负极标志，有防短路隔离措施。蓄电池充放电试验合格，报告有蓄电池充放电曲线、充电机稳压稳流记录，蓄电池底部安装有绝缘垫与支架绝缘措施。站变交流系统、不间断电源系统正常运行，编写交流系统试验报告。

9. 设备接地检查。500 千伏北海（福成）变电站评优专家组重点检查项目，要求按照《电气装置安装工程接地装置施工及验收规范》（GB 50169—2016）执行，保护装置设备外壳、电缆铠装保护层直接接地，电流回路、电压回路接地，电缆屏蔽层为二次铜网接地，设备各部件之间金属连接需用黄绿软导线跨接接地。接地材料的材质、型号、规格符合设计要求、工艺美观，设备应具有明显的接地标志，接地其搭接长度符合《电气装置安装工程接地装置施工及验收规范》（GB 50169—2016）规定，变压器中性点接地符合设计要求；站内主地网接地测试电阻符合《输变电工程达标投产验收规程》（DL 5279—2012）设计要求。

七、系统调试设备带负荷正常运行

无因设备故障产生设备停运故障记录，并且电压合格率、电压不平衡量符合评优要求。

八、资料整理归集

调试测试完成后，将所有资料进行整理归集。

第二节　精益验收

一、质量目标

1. 500 千伏北海（福成）变电站投产"双零一达标"目标。

2. 工程投产后达到设计功能和输送能力要求。

3. 工程实体质量达到鲁班奖的工艺和质量水平。

二、执行规范

1.《10 kV ～ 500 kV 输变电及配电工程质量验收与评定标准》（Q/CSG 411002—2012）。

2.《中国南方电网有限责任公司基建工程验收管理办法》（Q/CSG 213005—2017）。

3.《广西电网有限责任公司工程交接验收管理制度》等。　.

4.《输变电工程质量监督检查大纲》等。

三、过程验收管控

1. 工程材料及甲供设备的验收。施工单位采购的工程材料，在采购前需将生产厂家的资质证明文件报送监理项目部进行审查，合格后方可采购。待材料进场后，还需要将有关质量证明文件、自检记录报监理项目部审查，监理项目部审查合格后方可用于工程。同时，业主项目部每月不定期到现场查验并监督执行情况。甲供物资到现场后，由业主项目部组织物资部门、施工项目部、监理项目部、供应商依据采购合同、技术规范书及验收表单等对到货设备材料进行验收，并填写现场到货开箱验收单。对因现场条件不能当场开箱验收的，在现场到货开箱验收单中注明待开箱，具备开箱条件时再组织参与验收各方到场见证并记录开箱结果。

2. 隐蔽工程的验收。施工项目部在隐蔽工程实施 2 天前通知监理项目部，由监理项目部于隐蔽工程实施前组织相关人员对隐蔽工程进行验收，做好验收记录并保存相关的照片资料。对于地基坑槽等重要隐蔽工程的验收，要求施工单位提前 2 天通知业主项目部，由业主项目部组织生产运行、勘察、设计、监理、施工单位开展验收工作，并出具验收纪要。

3. 检验批、分项（单元）、分部、单位工程的验收。施工项目部在检验批、分项（单元）、分部、单位工程完工后及时组织自检，合格后报监理项目部验收。检验批、分项（单元）工程由专业监理工程师组织施工项目部进行验收；分部、单位工程由总监理工程师组织施工单位、设计单位相关人员进行验收。验收合格给予签认，对验收不合格的拒绝签认，同时待施工单位在指定的时间内整改完成并重新报验。

4. 中间验收。中间验收的时间节点严格按《输变电工程质量监督检查大纲》规定的质量监督检查阶段控制，在相应节点施工完毕后，首先由施工单位组织自检，合格后报监理项目部，其次由监理项目部组织施工单位、设计单位开展监理初检。最后依据检查结果，提出监理初检结论。对于存在的施工质量问题，由施工单位整改，通过监理项目部复查合格后，由施工单位向业主项目部提交中间验收申请。收到申请后由业主项目部组织生产、运行、设计、施工、监理单位开展工程中间验收。验收主要核查初检资料的准确性，并对施工质量、工艺是否满足国家、行业标准及有关规程规范、合同、设计文件等要求进行现场复核。重点复核工程建设强制性标准和公司最新分布的技术标准、文件及反措等执行情况。

四、启动验收管控

1. 在工程建设过程中加强沟通管理，建立了工程项目干系人登记册，明确了沟通原则，构建了沟通方式，根据沟通内容界定了责任分工和完成时间。属地供电局积极参与过程建设，在项目建设过程中每次参加现场验收协调会，及时提出后期运行维护需求，电网建设分公司对运行单位提出的意见采取措施并认真协调改进。

2. 验收关口前移，把问题消除在实施过程中。在施工阶段，北海供电局安排人员积极参与该变电站全过程管理。每周定期到现场跟踪该变电站建设情况，通过拍照、记录等方式，见证了福成站从"三通一平"的开工建设到第一台设备进场，一直到各项工作完成的全过程。除此之外，北海供电局还通过与兄弟单位积极交流运维经验，积极参加 500 千伏北海（福成）变电站创优讨论会、每周二现场协调会的监督现场设备吊装，针对发现的问题及时与电网建设分公司、设计单位沟通，争取在施工前完成设计图更改，既避免后期验收导致返工现象，也使得各项设计符合后期运维使用，实现了中间精益化管控，把后期验收提前融入实施过程中。中间验收阶段，共提出工作联系函 9 份，设计、施工改进建议 89 项，在各方积极配合之下，意见和建议均得到解决。

3. 合理组织工程的启动验收工作。该变电站工程验收时间紧、任务重，北海供电局验收运行 500 千伏变电站的经验情况，电网建设分公司业主项目部安排施工单位按区域按计划提交工程分阶段验收。启动验收前编写验收方案并组织讨论后发至各验收小组，严格按验收方案执行，有效控制了验收进度及质量。

（1）在设备安装调试阶段邀请北海局安排专业人员提前介入同步验收，特别是高压试验项目，做到试验及验收同步，提早发现问题并及时处理，避免重复试验，节省了验收时间。

（2）在启动验收阶段，在广西电网公司基建部、生技部和物资部等专业部门指导下，电网建设分公司坚持每日组织各参建单位、供应商召开验收小结会，总结讨论当天验收发现的问题，商讨处理措施及完成期限，每周一下午召开周验收总结会，讨论前一周验收发现的问题的处理情况，并布置当周验收任务。

4. 在工程投产前，及时报送工程投产所需完整资料，提交启委会建议名单，组织编写工程启动方案，协调启动验收及启动投产过程中各参建单位的工作任务。

5. 工程正式启动试运行前业主项目部组织相关单位再次检查和确认现场是否满足启动条件。做到具备如下条件方可启动试运行。

（1）完成启动（交接）验收，影响启动投产的缺陷已处理完成。

（2）完成消防验收。

（3）完成工程资料电子化移交。

（4）生产运行人员已配齐并已持证上岗，生产准备工作已完成。

（5）取得质监机构签发的《电力工程质量监督检查并网通知书》。

（6）启动方案已经通过启委会批准，启动试运行指挥组已将启动试运方案向参加试运人员交底。

6.工程启动投产后，业主项目部组织处理所发现的有关问题，协调生产运行部门对遗留问题的处理情况进行复检。

五、资料整理归集

工程验收完成后，将所有资料进行整理归集，如对实施成品拍照归档等。（图 3-56、图 3-57）

图 3-56　检查建筑物外墙贴砖　　　　　3-57　验收设备的每一颗螺丝

第七章　创新技术　提升实效

第一节　管理工具创新

1. 建立微信群，提升沟通效力。建立了 500 千伏北海送变电工程微信群，入群人员包括广西电网公司的分管领导和有关职能部门各级管理人员、各参建单位领导和项目管理人员、北海市分管建设副市长和各级政府相关领导。在项目建设过程中如遇到外部环境的施工障碍，一线施工人员在微信群及时反映，上传现场照片，很快得到当地政府部门的协调处理，极大地提高了外部协调效力，推进了项目建设进度。

2. 设计人员把 BIM 作为工程信息处理工具，通过 BIM 协同平台连接，利用该平台进行合同、进度、质量、安全管理（图 3-58）在施工阶段，可通过对已有的三维设计模型进行整体施工进度模拟，预先了解整体的施工流程，解决施工过程中可能遇到的管线和基础碰撞，做到模拟施工进度超前于实际施工，指导实际施工，并且对施工进度及整体质量有着整体把握，更好地辅助施工管理和进度控制（图 3-59）。

图 3-58　BIM 效果图

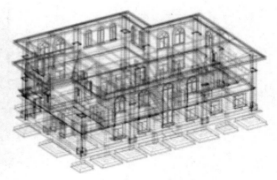
图 3-59　BIM 三维图

第二节　施工技术创新

一、电缆同步输送机施工技术

电缆同步输送机施工技术获得省部级工法。

（一）关键技术及创新点

在电缆线路工程施工过程中，主要使用电缆同步输送机进行电缆敷设。为保证输送机与电缆管道的高度与方位一致，在电缆井内搭设脚手架作为电缆输送机固定支架，保证电缆在输送机与电力管道之间可靠进出。拆装电缆同步输送机的固定支架都非常麻烦，拆装脚手架存在很大的安全隐患，由于输送机较重，电缆井内空间小，大型机械无法投入使用，需要人工重新安装支架，导致人员意外受伤概率增大，对顺利完成计划工作造成阻碍。

该创新技术针对以上技术问题，提供一种电缆同步输送机组合式固定装置，尤其涉及一种便于电缆同步输送机在电缆井下安装支架、存放、运输并具有升降功能以方便对准电缆管道的固定装置。

技术方案：电缆同步输送机组合式固定装置，其特征在于所述组合式固定装置整体包括尺寸相同的正方形或长方形的底架、支撑托架和顶架以及 4 条支柱、紧线器，所述的底架、支撑托架和顶架通过 4 条支柱组合成一个正方体或长方体，所述的顶架上设有横梁杆，所述的横梁杆和顶架的一侧设有滑轮，所述的紧线器通过紧线与电缆同步输送机的吊装固定线连接（图 3-60）。

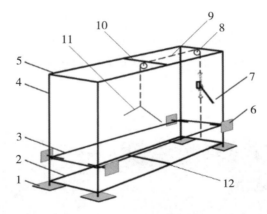

1—底脚；2—底架；3—支撑托架；4—支柱；5—顶架；6—固定器；

7—紧线器；8—滑轮；9—紧线；10—横梁；11—固定线；12—加强横梁

图 3-60　电缆同步输送机组分式固定装置示意图

（二）工作原理

在非作业状态时，整个装置可拆解为水平（或竖立）放置，减少存放占地空间并便于运输、携带。在现场施工前，只需预先将 4 根支柱分别穿过支撑架、底架并套入底脚，然后将顶架套入四根支柱并在各相应部位穿螺栓固定。使用前，先将电缆同步输送机安放在支撑架上，然后整体抬放到电缆沟或井下（根据需要，亦可在井下安装），再用侧面固定器固牢在周边井壁上。检查无误后，使用紧线器上下调整，使电缆同步输送机对准电缆孔即可。（图 3-61、图 3-62）

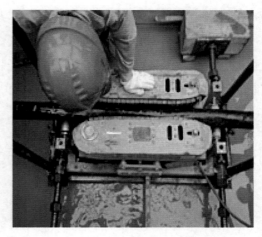

图 3-61　使用电缆同步输送机进行电缆敷设　　图 3-62　电缆同步输送机运行中

（三）应用范围及效果

1. 应用范围。电缆同步输送机组合式固定装置，是一种携带方便、拆装简易、手动控制准确的升降电缆同步输送机固定装置。适用于变电站内及城市配网工程电缆敷设施工。

2. 应用效果。本创新技术与现有技术相比，具有以下优点：

（1）方便拆装、携带，组装简易，运行安全，稳定可靠，走缆均匀。

（2）脚底设有脚底支撑面的设计，可以增大脚底与地面的摩擦，使整个固定装置在电缆同步输送机工作时更加稳定。

（3）侧面固定器的设计，使侧面固定器与周边的井壁配合，从四个侧面将电缆同步输送机组合式固定装置牢牢固定，有效避免整个固定装置在电缆同步输送机工作时前后左右晃动。

（4）通过可调节底脚的设置，可以适应各种地面不平整、不规则的井下施工环境。

（5）通过加强横梁杆的设计，有效增加底架和支撑托架的支撑强度。

（6）可活动拆卸的支撑面的设计，使该装置可以根据井下环境的具体情况是否需要通过支撑面来寻找侧面固定支撑点，适应多种不同的复杂工况条件。

（7）通过现场试验验证，相比传统的脚手架式固定方式，使用该电缆同步输送机组合式固定装置能使用工达到电力安全生产的最低要求（2 人），节省用工 33%；单井平均安装耗时仅30 min，节省用时 83%，极大节约了劳力成本同时提高了生产效率。

二、气动校直机施工技术

气动校直机施工技术获得省部级科技进步奖三等奖。

（一）关键技术及创新点

为解决现有技术的不足，该创新技术提供一种制作简易、生产和使用成本低、占地少，同时能极大提高校正调直效率和质量，改善人机环境的气动校直机。

技术方案：气动校直机，包括千斤顶、气动气缸、活动板、调直压头、托物板和机架（图3-63）等部件。千斤顶设置于活动板与机架顶部之间，活动板通过拉簧与机架顶部连接，气动气缸固定在千斤顶侧壁，调直压头设置于活动板下部，托物板上设置垫铁，机架底部安装活动轮，侧壁设置气动控制阀和调节孔，调节孔内设置调节定位销。

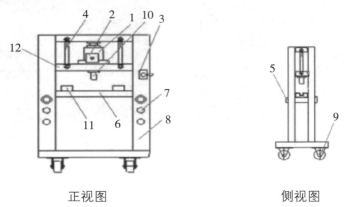

正视图　　　　　　　　　　　　　侧视图

1—千斤顶；2—气动气缸；3—气动控制阀；4—拉簧；5—调节定位销；
6—托物板；7—调节孔；8—机架；9—活动轮；10—调直压头；11—垫铁；12—活动板

图3-63　气动校直机示意图

千斤顶重量为 20～50 t，可实现不同的校正强度。垫铁数量为 2～4 个，既可以固定待校正的工件和器具，又可以保护调直压头。垫铁高度与调直压头高度相同，可避免调直压头直接压到托物板。调节孔在机架侧壁上左右平行各设置 2～4 个，可上下调节托物板高度。调节孔上下间隔距离为 3～10 cm，可较精确调节托物板高度。

（二）工作原理

首先通过活动轮将气动校直机移动到平坦的工作区域，把需要校正的工件放入托物板，通过垫铁固定好工件的位置和角度，调节托物板高度，将调节定位销插入调节孔固定托物板，打开气动控制阀，气动气缸开始工作，千斤顶往下压调直压头工作对工件进行校正和调直，工件校正和调直后关掉气动控制阀同时排气，手拉弹簧将活动板向上拉起，把千斤顶复位。（图3-64）

图3-64　气动校直机

（三）应用范围及效果

1. 应用范围。气动校直机采用自动机械对缺陷工件和器具进行校正，可以替代烦琐的人工校正方法。适用于电力行业中需要重复使用较多工件和器具，如滑车架、导线保护套、角铁桩等的校直工作。

2. 应用效果。本创新技术与现有技术相比，具有以下优点。

（1）输出功率大小可调节，利于精确控制校正和调直的强度，提高了工件校正和调直的质量，降低了废品率。

（2）自动化程度高，提高了工件校正和调直的速率，大大缩减了人工工时。

（3）采用气动校直，操作简便，效果稳定。

（4）制作简易，生产和使用成本低，可灵活移动，占地少，适于推广使用。

第八章　强条实施　绿色施工

第一节　强制性条文实施

强制性条文实施情况是鲁班奖现场复查的重点检查项目，涉及工程实体质量、安全、卫生及环境保护等方面的内容。根据前期强制性条文策划清单，在项目实施过程中逐项落实、记录和检查。

一、强制性条文的执行与记录

1. 工程设计阶段，强制性条文执行的主体责任单位为设计单位。

2. 工程施工阶段，强制性条文执行的主体责任单位为施工单位。

3. 工程施工过程中，由专职质检员与相关工程技术人员及时将强制性条文实施计划的落实情况，根据工程进展按分项工程如实记录，填写施工强制性条文执行记录表，并由监理工程师审核。

二、强制性条文执行检查

在分部工程验收时，由监理组织相关技术人员对执行强制性条文情况进行阶段性检查，检查结果填入施工强制性条文执行检查表。

三、强制性条文执行核查

在工程竣工验收阶段，由建设单位组织设计、监理、施工单位对强制性条文执行情况及资料进行核查，确保强制性条文的相关要求得以执行，没有违反强制性条文的事实和没有未闭环的记录。

第二节　绿色施工实施

在实体工程实施过程中，绿色施工主要涉及工程设计和临时设施用地节地节能与能源利用、节材与材料资源利用、节水与水资源利用、环境保护等几个方面的控制落实。

一、设计源头控制

实施过程中，严格落实绿色设计施工方案。运用 BIM 技术进行过程精细管理，控制材料用料，降低损耗；全站采用工厂化预制式电缆沟盖板及围墙，对环境友善；钢筋采用 HRB 400 钢筋及构支架，全面优化节约用钢量；采用变频、叠压等节能型给水设备、节水型卫生洁具、污水处理装置节约用水；使用风光互补太阳能灯和 LED 灯具，节约用电；防火墙结构采用清水混凝土技术减少混凝土浆用量；全站清水混凝土路缘石浇筑模板采用高强复合模板，做到定型化、标准化施工，模板重复利用率高，有效缩短工期及劳动力投入等。

二、人员培训

通过培训施工人员，明确工程结构材料、围护材料、装饰装修材料、周转材料等节能节材利用指标，落实优化平面布置节省用地的要求。

三、施工过程落实

实体实施严格按绿色设计方案施工（图 3-65）。施工过程全绿色理念管控。电缆沟围栏等临建安全设施使用装配式金属栏杆，安全可靠、重复利用率高；站区设置吸烟饮水休息区等；建筑废料实行分类收集，集中堆放，统一处理；采用降噪技术，对敏感点增设屏障，降低噪声；对污水排放、扬尘控制、光污染、有毒有害废弃物等采取措施进行消除。

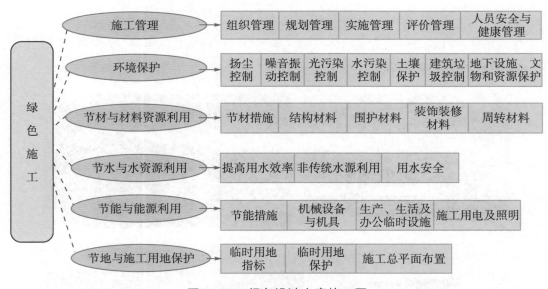

图 3-65　绿色设计方案施工图

第九章　精益求精　助力创优

第一节　工程建设特点和亮点

1. 全站采用"一体式美化"建设（图3-66），设备、构筑物、围墙、盖板、绿化等色调和谐美观，安全精细，建构筑物和设备安装质量上好，系统完备，运行稳定。

图 3-66　"一体式美化"建设

2. 主控通信楼设计展现当地老街骑楼风貌，采用檐屋面筒瓦、拱窗等，工艺精细美观，融民俗美学于一体（图3-67至图3-70）。

图 3-67　主控通信楼正立面　　　　图 3-68　主控通信楼背立面

图 3-69　主控通信楼室内木门　　　　图 3-70　主控通信楼拱窗

3. 建筑二次装修策划到位、工艺精湛，瓷砖铺贴对缝、无小半砖（图 3-71、图 3-72）。

图 3-71　卫生间墙砖和地面砖　　　　　　图 3-72　建筑物外墙面砖

4. 针对北海夏季气温高的情况，为预防混凝土基础高温开裂，提升耐久性，从细部设计改善实体质量，主变压器、电抗器等基础采用抗裂纤维混凝土（图 3-73、图 3-74）。

图 3-73　主变压器基础　　　　　　　　　图 3-74　电抗器基础

5. 针对北海多台风的情况，从细部设计提升预防措施。为防强台风雨进入室内，建筑物排风口（图 3-75）采用 90° 弯头加防风百叶网，优化门窗面积并选用安全玻璃，户外端子箱加装防风扣（图 3-76）和内置除湿器（图 3-77），使用高分子涂料封堵门缝开口（图 3-78）。

图 3-75　建筑物排风口　　　　　　　　　图 3-76　户外端子箱加装防风扣

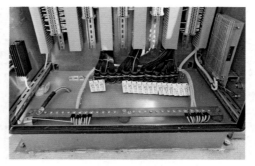

图 3-77　端子箱内部加装除湿器　　　图 3-78　使用高分子涂料封堵底部

6. 根据北海供电局多年变电站运维情况，建构筑物和设备等受盐雾腐蚀较重，因此采取了全站构支架与保护帽连接处填胶（图 3-79）、螺栓加盖不锈钢保护帽（图 3-80）、外露电缆加装槽盒等控制措施。

图 3-79　构支架与保护帽连接处填胶　　　图 3-80　螺栓加盖不锈钢保护帽

7. 针对北海处于高雷电频发区域的情况，建构筑物、设备接地全覆盖，全站接地一网连通、规范可靠（图 3-81）。站区设置了独立避雷针 3 座和 500 千伏配电装置构架避雷针 12 支，其高度均为 52 m；220 千伏配电装置构架避雷针 5 支，其高度为 30 m。所有建筑物屋顶设置避雷带和有设备室内环形避雷带均接入主地网。所有设备和金属构件均做跨接，其主接地线接入主地网。全站范围多层覆盖保护。

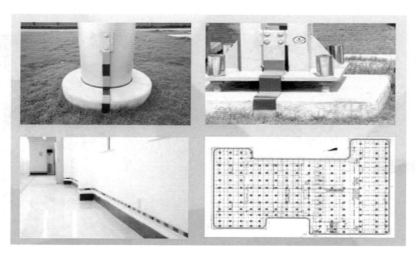

图 3-81　全站建构筑物、设备接地全覆盖

8. 智能建筑工程科学规范，各系统运行有效（图 3-82）。

图 3-82　智能建筑工程成品图

9. 电缆沟盖板和围墙采用装配式预制板，施工快捷环保，精致美观（图 3-83、图 3-84）。

图 3-83　装配式电缆沟盖板　　　　　　　　图 3-84　装配式围墙

10. 根据北海的气候特点，按照二十四节气开展设备运维保养（图 3-85）。

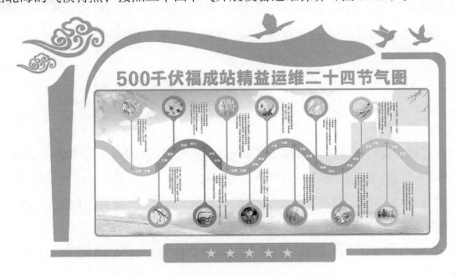

图 3-85　500 千伏福成站精益运维二十四节气图

11. 为提升站区巡查效率，采用了蚁群活动方式缩短巡视距离和时间（图 3-86、图 3-87）。

改善前巡视距离：3654 m

巡视路线迂回往复，增加走动距离，
导致巡视时间长

改善后距离：1480 m

开发最优路径算法，利用MATLAB仿真
计算出最优路线

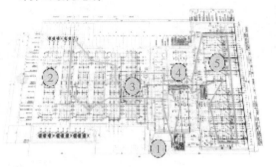

图 3-86　改善前巡视距离　　　　图 3-87　改善后巡视距离

12. 全站检修围栏支墩设置科学，便于运行、检修区域隔离（图 3-88、图 3-89）。

图 3-88　收缩的检修支杆　　　　图 3-89　拉起的检修支杆

第二节　精心运维　助力创优

中国建筑工程鲁班奖的正式评审和复查是投运后的第二年，因此，必须做到变电站顺利投运、日常精心运行维护，及时发现和消除异常状况，安全稳定运行，不发生否决性的事故或事件。

2017 年 9 月 19—30 日，500 千伏北海（福成）变电站经过 11 天有序启动试运行，顺利完成从玉林网区、钦州网区向北海网区输送电量的系统试运行工作。

2017 年 9 月 30 日，500 千伏北海（福成）变电站平稳完成试运行后，由基建阶段转入运行生产阶段。北海（福成）变电站值班人员严格按照有人值班变电站及差异化运维的标准要求，根据"设备主人责任制"原则，对站内设备、设施开展巡视、维护及保养工作。全体值班人员以精益化的管理要求，全力以赴保障站内设备、设施正常运转，为北海市经济社会发展提供稳定可靠的供电保障。同时，北海（福成）变电站班组全力做好班组文化建设，规范变电站现场管理，做好变电站创新、创先工作，为后续评比加分添彩（图3-90）。

在运行管理的2年中，500千伏北海（福成）变电站开展职工技术创新项目12个，获得国家专利9个（其中实用新型专利8个，外观设计专利1个）、软件著作权2个，发表的论文《基于改进蚁群算法的变电站设备巡检路线优化》获评广西机电工程学会优秀奖。在变电站的现场管理方面，优化物品定置，制作设备区实物对照巡视标准、继电保护装置操作说明、消防灭火器使用操作指引等，共完成现场精益改善50余项，并有16项成果入选《广西电网公司变电运行生产区域现场7S管理实施指导手册》，班组被评为广西电网公司7S示范基地。

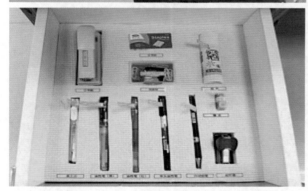
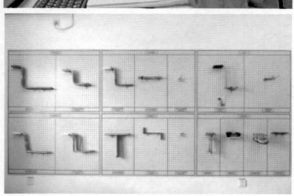

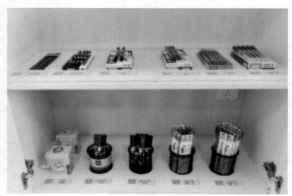

图3-90 精心运维 安全稳定

专项验收

申报中国建设工程鲁班奖、国家优质工程奖和中国安装优质工程奖，以及申报中国电力优质工程奖，均需通过地基和结构、绿色施工、新技术应用、全过程质量评价、消防、档案、环境保护、水土保持等八个专项验收。

500千伏北海（福成）变电站顺利通过了上述八个专项验收，验收内容和验收结果介绍如下。

第一章 专业机构验收项目

第一节 地基和结构专项验收

一、验收单位

推荐申报国家级优质工程的项目，应由有资质的单位（机构）组织对申请单位（机构）完成"电力建设工程地基结构专项评价报告"进行评审验收，并出具电力建设工程地基结构专项评价验收文件。

二、验收程序

（一）地基基础工程程序

1. 建设单位组织完成第一阶段地基基础工程初评后，由工程建设单位、工程管理单位或工程总承包单位提出申请。

2. 有资质的单位（机构）现场评价时，采用工程实体质量检查、工程项目文件核查的方式，从施工现场质量保证条件、试验检验、质量记录、限值偏差、观感质量等五个方面，对地基结构工程整体质量水平进行量化评分和综合评价。

3. 有资质的单位（机构）根据申请，组织3～5名土建专业专家，组成现场评价组，进行第一阶段地基基础工程现场评价，并编制"电力建设工程地基结构专项评价报告"中地基基础工程相关部分内容。

（二）结构工程程序

1. 建设单位组织完成第二阶段主体结构工程初评后，由有资质的单位（机构）组织进行第二阶段主体结构工程现场评价，并编制"电力建设工程地基结构专项评价报告"中主体结构工程相关部分内容。

2. 现场评价组编制由两个阶段评价内容组合成的"电力建设工程地基结构专项评价报告"。

3. 有资质的单位（机构）组织召开地基结构专项评价审查会议，对现场评价组编制的"电力建设工程地基结构专项评价报告"及相关资料进行核查、审定。参会专家以土建专业为主。

4. 有资质的单位（机构）在填写"电力建设地基结构专项评价报告"时，填写会议评审结论并签章。

三、验收内容

该项专项评价分为地基基础工程、主体结构工程两个阶段进行，分别有两张评价表格。其主要检查要点如下。

1. 施工项目管理。

（1）主要核查项目的组织机构及其编制的管理文件、措施，对于实现项目质量目标的指导与控制作用。

（2）结合结构专业特点，核查项目组织机构对其生产要素管理、现场管理等组织协调情况。

（3）重点核查施工组织设计、施工方案、技术交底措施和质量体系在结构施工过程中，对质量管理的运行程序及管理行为、水平、成果的有效性。

2. 项目的组织机构。

（1）主要核查组织机构、质量体系、人员资质等与项目规模、结构专业特点是否相适应，管理规划、内容、程序是否满足项目管理要求。

（2）主要核查部门职责分工是否明确，制度、措施是否可行。

（3）核查质量控制、材料、技术、现场管理和人力资源管理是否到位，岗位责任是否落实。

3. 施工组织设计。

（1）重点核查是否符合国家能源政策导向、国家现行法规及标准规定和设计要求。

（2）核查直接涉及结构工程的内容是否符合工程实际，对地基基础工程、主体结构工程施工是否具有合理的指导性。

（3）核查施工组织设计中的工程概况，如施工部署、主要施工方法、进度、资源配置、施工技术组织措施、技术经济指标、施工现场平面图等内容与工程性质、规模、特点和施工条件是否具有针对性。

（4）核查须经外部专家论证高危作业专项方案编制清单。

4. 施工方案。

（1）主要核查是否符合施工组织设计、现行标准规定和设计要求。

（2）核查施工方案中分部、分项重点工程，关键施工工艺或季节性施工等的具体方案和技术措施。

（3）核查施工方案中工程范围、施工部署、施工组织、施工方法、工艺流程和材料、质量要求等是否具有较强的针对性和实用性。

（4）核查超过一定规模的危险性较大的分部分项工程专项方案编、审、批是否符合要求。

5. 技术交底。

（1）技术交底应是施工组织设计和施工方案的具体化，应按项目施工阶段进行前期交底或过程交底。

（2）应有设计交底、施工组织设计交底、分部分项工程施工技术交底等。

6. 地基及基础。

（1）核查灌注桩验收检测数量及方法是否满足现行标准规定（包括桩身的完整性和单桩地基的承载力），按施工图桩数和有资质的检测单位出具的报告中的检测数填写并注明出具单位和报告编号（该工程无此项）。

（2）核查单桩承载力、桩身的完整性、单桩抗拔力检验报告是否满足设计及标准的要求，按有资质的检测单位出具的报告内容填写并注明出具单位和报告编号。抗拔力主要是针对变电构架、风机基础和输电铁塔基础（该工程无此项）。

（3）核查复合地基验收检测数量及方法是否满足现行标准规定，在设计有要求时是否进行了竖向增强体及周边土的质量检验。

（4）核查复合地基承载力检测结论是否符合设计要求，按有资质的检测单位出具的报告内容填写并注明出具单位和报告编号。

（5）核查目前（2016年1月）沉降观测记录值，主要是针对主控楼、主变等主要建筑施工过程沉降有无突变及是否满足设计要求及标准规定。

（6）核查目前（2016年1月）位移观测记录值，主要是针对码头、沉井等水工构筑物在施工期间位移值有无突变和是否满足设计要求及标准规定。

7. 钢筋工程。

（1）主要核查钢筋原材料、半成品加工和安装绑扎质量。重点核查钢筋的品种、规格、形状、尺寸、位置、间距、数量、节点构造，接头连接方式、连接质量，接头位置、数量及其占同截面的百分率，保护层厚度等。

（2）主要核查钢筋原材料（含钢筋、钢丝、预应力筋、钢绞线、钢板、型钢及焊条、焊剂等）的质量证明文件和抽样检验报告是否符合设计要求及标准规定。

（3）焊接接头（电弧焊、闪光对焊、电渣压力焊等）质量应符合《钢筋焊接及验收规程》（JGJ 18—2012）的规定，核查焊接工艺试验及抽检报告。焊工必须经过培训且考试合格并持有焊接资格证书。

（4）机械连接接头质量应符合《钢筋机械连接技术规程》（JGJ 107—2016）的规定，核查钢筋机械连接工艺检验及抽检报告。钢筋机械连接操作人员应经过技术培训且考试合格，具有岗位资格证书。

（5）预埋铁件加工质量应符合设计要求，埋件所用的钢板与锚筋电弧焊接牢固，焊口质量合格，并核查焊接工艺试验及抽检报告。

8. 混凝土工程。

（1）重点核查的内容从混凝土原材料、搅拌、运输、浇注、振捣至结构工程脱模养护的全过程质量，核查施工项目管理及施工资料。

（2）核查混凝土的强度等级、功能性（抗渗、抗冻，大体积混凝土）、耐久性（氯离子、碱含量）、工作度（稠度、泵送、早强、缓凝）等均应符合设计要求及标准规定，并应满足施工操作需要。

（3）核查预拌混凝土生产供应单位的企业资质等级及营业范围、预拌混凝土的技术合同、混凝土配合比、订货单、出厂合格证、发货单、交货检验计划、跟踪台账，应符合《预拌混凝土》（GB/T 14902—2012）规定。混凝土质量应符合《混凝土质量控制标准》（GB 50164—2011）。

（4）混凝土拌合物的原材料（水泥、混凝土、石、水）、外加剂、掺合料的质量必须符合标准规定，并有产品出厂合格证明和进场复验报告。

（5）预制装配混凝土结构构件的生产单位应具备相应企业资质等级。

（6）核查混凝土同条件养护试件的养护记录、强度及强度评定记录。

（7）核查结构钢筋保护层厚度是否满足设计要求及规范规定，悬臂构件的检测比例是否达到50%。

（8）核查现场预制混凝土构件是否进行结构实体的性能试验并合格。

9. 钢结构。

（1）钢结构材料质量核查范围包括钢材、钢铸件、焊接材料、连接紧固标准件、焊接球、螺栓球、封板、锥头、套筒、压型板和防腐、防火涂装材料等。

（2）核查钢结构原材料、半成品或成品的质量证明文件及进场抽样检验报告。

（3）建筑结构安全等级为一级和大跨度钢结构主要受力构件的材料或进口钢材，均应依据标准规定核查其复验报告。

（4）核查焊接材料、连接紧固标准件等材料的质量证明文件、标志及检验报告。

（5）核查承包或分包的加工制作单位，是否具备与钢结构工程技术特点、规模相适应的企业资质。核查首次采用的钢材、焊接材料及焊接方法，应按标准要求进行焊接工艺评定。焊工必须经培训且考试合格、持证施焊。

（6）一、二级焊缝和焊接球节点焊缝或螺栓球节点网架焊缝等应按设计要求及标准规定采用超声探伤或射线探伤。

（7）核查钢结构件采用高强度螺栓连接的摩擦面是否按标准进行抗滑移系数试验，并有试验和复验报告；各型高强度螺栓连接副的施拧方法和螺栓外露丝扣等应符合标准规定。核查所用扭矩扳手是否经计量检定。

（8）建筑结构安全等级为一级，跨度在 40 m 及以上的网架，采用焊接球节点或螺栓球节点的网架结构，应按标准规定进行节点承载力试验且合格。

（9）核查网架结构总拼装及屋面工程完成后所测挠度值，是否在设计相应值的 1.15 倍以内。

（10）核查钢结构安装后的防腐涂装、防火涂料的粘结强度、涂层厚度等是否符合设计要求和标准规定。

10. 砌体结构。

（1）重点核查砖和小砌块的规格尺寸、强度等级、生产龄期、棱角、色泽状况，以及材料质量证明文件及抽样检验报告。

（2）核查砌筑混凝土浆是否按配合比进行计量搅拌，并有混凝土浆强度试验报告。

（3）核查砌体的水平灰缝、竖缝混凝土浆饱满度是否满足标准的规定。

（4）砌体挡墙是否按设计或标准的要求留置泄水孔和反滤层。

11. 主体结构变形观测。

（1）沉降观测记录值与地基检查内容中沉降速率主要核查有无沉降突变，如该阶段全部荷载尚未到位此内容仅作参考。

（2）重点核查总沉降量是否已超过设计的最大沉降量。

（3）重点核查主控楼等重要结构的沉降差是否在设计范围内。

（4）核查沉降观测单位资质、施测人员资格、测量器具、测量记录及报告是否符合相关规定。

①地基基础验收内容，详见附录六。

②结构工程验收内容，详见附录六。

四、评档评分规定

1. 评价优良的，取一档 100% ～ 85%（含 85%）。

2. 评价合格的，取二档 85% ～ 70%（含 70%）。

3. 未达到二档的，取三档 70% 以下。

五、专家组验收结论

1. 500 千伏北海（福成）变电站工程施工过程中，建设单位、设计单位、监理单位和施工单位的组织机构健全，人员配备满足施工管理要求，质量管理制度完整，质量保证体系运转有效。

2. 创优质量目标明确，并层层分解细化，实施有效。

3. 施工组织设计、施工作业指导书编审批手续齐全、有较强的针对性。

4. 主要施工技术、验评资料较齐全，各项施工记录、检验记录较完整。施工测量记录符合要求。

5. 施工过程中未出现质量事故，未发现违反强制性条文的情况，地基与基础施工质量处于受控状态。

评审组专家认为，500 千伏北海（福成）变电站工程地基及基础工程施工质量达到优良标准，准予开展上部结构施工。

第二节　绿色施工专项验收

一、验收单位

推荐申报国家级优质工程的项目，应由有资质的单位（机构）组织对申请单位（机构）完成的"电力建设绿色施工专项评价报告"进行评审验收，并出具电力建设绿色施工专项评价验收文件。

二、验收程序

1. 专项评价申请应在工程通过达标投产且完成整体工程初评后，由工程建设单位、工程管理单位或工程总承包单位提出。

2. 有资质的单位（机构）根据申请，组织 4～7 名覆盖本工程各专业的专家，组成现场评价组进行现场评价。

3. 有资质的单位（机构）组织召开绿色施工专项评价审查会议，对现场评价组编制的"电力建设绿色施工专项评价报告"及相关申请资料进行核查、审定。参会审查人员的专业应覆盖本工程各主要专业。

三、验收内容及评分标准

1. 绿色施工效果评档评分规定。"绿色施工管控水平"应质量目标明确，管理制度适宜、有效，实施效果显著，评档评分规定如下。

（1）评价优良的，取一档 100%～85%（含 85%）。

（2）评价合格的，取二档 85%～70%（含 70%）。

（3）未达到二档的，取三档 70% 以下。

2. "资源节约效果、环境保护效果"应效果显著，评档评分规定如下。

（1）评价优良的，取一档 100%～85%（含 85%）。

（2）评价合格的，取二档 85%～70%（含 70%）。

（3）未达到二档的，取三档 70% 以下。

3. "量化限额控制指标"评档评分规定如下。

（1）优于标准值、设计值或保证值 10% 及以上的，取一档 100%～85%（含 85%）。

（2）符合标准值、设计值或保证值的，取二档 85%～70%（含 70%）。

（3）未达到二档的，取三档 70% 以下。

绿色施工评价内容详见附录七。

四、专家组验收结论

1. 500 千伏北海（福成）变电站工程申报单位已完成了电力建设绿色施工专项评价申报书中所列内容，提供的评价资料齐全。

2. 完成了建设管理单位提出的绿色施工限额控制指标，环境检测实测指标值优于设计值。

3. 积极采用了符合绿色施工要求的建筑业 10 项新技术和电力建设"五新"技术，促进绿色施工效果显著提高。

4. 施工中未发生违反国家有关"四节一环保"的法律法规或被政府管理部门处罚造成严重社会影响的事件。

5. 施工过程中建设、设计、监理、施工单位按照工程前期、主体工程至整套启动前、整套启动及交付运行 3 个阶段进行了自检初评，见证的初评资料齐全。

6. 绿色施工各项限额控制指标的完成数据均优于计划指标值，取得了很好的经济效益和社会效益。

7. 评价专家组也注意到，该工程施工组织设计和绿色施工方案中未能对不使用国家明令禁止使用的建筑材料提出具体措施。

综上所述，500 千伏北海（福成）变电站工程绿色施工专项评价得分 93.68 分。评价组专家一致建议 500 千伏北海（福成）变电站工程通过绿色施工专项评价，报中国电力建设企业协会审批。

第三节 新技术应用专项验收

一、验收单位

推荐申报国家级优质工程的项目，应由有资质的单位（机构）对申请单位完成"电力建设新技术应用专项评价报告"评审验收，并出具电力建设新技术应用专项评价验收文件。

二、验收程序

1. 新技术应用专项评价应由工程建设单位、工程管理单位或工程总承包单位，在工程通过达标投产且由工程建设单位组织主要参建单位完成工程新技术应用专项初评后提出申请。

2. 有资质的单位（机构）根据申请，组织 4～7 名覆盖本工程各专业的专家组成现场评价组，进行现场评价。

3. 有资质的单位（机构）组织召开新技术应用专项评价审查会议，对现场评价组编制的"电力建设新技术应用专项评价报告"及相关申请资料进行核查、审定。

三、验收内容及评分标准

1. 新技术应用效果评档、评分规定。

（1）评档规定。经核查实体质量提升效果、性能指标提升效果、节能减排提升效果 3 项内容，均优于"标准值／设计值／保证值"：5 项及以上为一档；4～3 项为二档；2 项及以下为三档。

（2）评分规定：根据各档分值区间规定，从技术水平、质量程度和应用效果等进行评分；"新技术应用效果"评价时，包括《国家重点节能低碳技术推广目录》（2015 年本 节能部分）应用项目、《建筑业 10 项新技术（2010）》应用项目、电力建设"五新"技术应用项目、其他自主创新技术应用项目 4 项评价内容，如该项无应用项目，取三档，评分为 0 分。

2. 新技术研发成果评档评分规定。

（1）"科技进步奖"和"QC 成果奖"评价档次规定：国家级 1 项或省部级 4 项及以上为一档；省部级 3 项或 2 项为二档；省部级 1 项及以下为三档。

（2）"专利"评价档次规定：发明专利 1 项及以上或实用新型专利 3 项及以上为一档；实用新型专利 2 项为二档；实用新型专利 1 项及以下为三档。

（3）"工法"评价档次规定：国家级工法 1 项及以上或省部级工法 3 项及以上为一档；省部级工法 2 项为二档；省部级工法 1 项及以下为三档。

（4）"参编标准"评价档次规定：参编国际标准 1 项或主编国家标准 1 项或主编行业、团体标准 2 项或参编行业、团体标准 3 项及以上为一档；主编行业标准 1 项或参编行业、团体标准 2 项及以上为二档；参编行业、团体标准 1 项及以下为三档。

（5）"其他省部级及以上奖励"评价档次规定：获得国家级奖励 1 项或省部级奖励 3 项及以上为一档；获得省部级奖励 2 项及以上为二档；获得省部级奖励 1 项及以下为三档。

（6）评分规定：依据成果科技含量及其对提升工程质量的作用、推广应用前景、经济效益及社会效益的程度进行评分；"新技术研发成果"评价时，包括科技进步奖、QC 成果奖、专利、工法、参编标准、其他省部级及以上奖励 6 项评价内容，如该项未形成成果，取三档，评分为 0 分。

具体评分表详见附录八。

四、专家组验收结论

500 千伏北海（福成）变电站工程开工前建设管理单位编制了《500 千伏北海（福成）变电站工程新技术应用实施策划大纲》，各参建单位编制了实施细则，并在建设过程中进行动态管理。经核查，该工程共计采用了国家重点节能低碳技术 4 项、建筑业 10 项新技术中的 8 大项 15 子项、电力建设"五新"技术应用 21 项，获得省部级科技进步奖 5 项、省部级 QC 成果奖 7 项、实用新型专利 4 项，参编团体标准 1 项，获其他省部级奖 2 项，专项评价得分 93.38 分。

通过科技创新和新技术应用，促进项目建设各环节在保证质量、提高效率、节约资源、减少排放、降低成本等方面取得明显的经济效果，为实现工程质量达到优良等级建设目标奠定了可靠基础。

评价组成员一致建议 500 千伏北海（福成）变电站工程通过电力建设新技术应用专项评价，报中国电力建设企业协会审批。

第四节 全过程质量评价专项验收

一、验收单位

根据《中国电力优质工程（含中小型、境外工程）评审办法（2016 版）》中第十九条规定，拟申报国家级优质工程奖的项目应通过质量评价。质量评价应由有资质的单位（机构）组织对申请单位（机构）完成的质量进行评价，并出具专项评价验收文件。

质量评价验收单位资质相关信息要求详见《电力建设工程质量评价能力资格管理办法（2011 版）（试行）》。

二、验收程序

工程质量评价应由建设单位组织各参建单位，按本办法规定的质量评价表（卡）内容进行自查，并形成记录。建设单位应确定有能力资格的评价单位完成工程质量评价，评价单位在工程建设全过程中应分阶段进行工程质量评价。整体工程质量评价应在工程达标投产验收合格后进行。

三、验收内容及评分标准

所有申报国家级优质工程的电力项目均需要按照《电力建设工程质量评价管理办法（2012版）》完成对工程本身的质量评价。针对变电站工程，主要涉及五个方面：建筑单项工程质量评价、电气安装单项工程质量评价、性能指标单项工程质量评价、工程综合管理与档案单项质量评价、工程获奖评价。每个评价项按照一档、二档、三档判定，分别按照100%～85%（含85%）、85%～70%（含70%）、70%以下三个档取标准分值，评价实得分保留小数点后两位。

一档、二档、三档的评价标准如下。

1. 评价结果"符合"的规定。

（1）达到施工质量验收规程等规定，满足设计及生产厂家技术文件要求，且质量验收文件齐全、有效。

（2）检验、试验及性能试验项目齐全，试验条件符合规定，试验结果达到设计值、生产厂家保证值及相关标准的规定，试验报告内容齐全，试验结论定性、定量确切，并经审核、批准。

（3）评价结果"符合"的为一档。

2. 评价结果"基本符合"的规定。

（1）能满足安全、使用功能，实物及项目文件质量存在少量瑕疵，尺寸偏差不超过1.5%，限值不超过1%。

（2）评价结果"基本符合"的为二档。

3. 评价结果"不符合"的规定。

（1）不满足上述"符合"或"基本符合"条件的，为"不符合"。

（2）评价结果"不符合"的为三档。

四、专家组验收结论

500千伏北海（福成）变电站工程建筑单项工程质量评价得分23.29分，电气安装单项工程质量评价得分37.30分，性能指标单项工程质量评价得分19.40分，工程综合管理与档案单项质量评价得分9.35分，工程获奖评价得分4.60分。整体工程质量评价得分93.94分，为高质量等级优良工程。

第二章 政府部门验收项目

第一节 消防验收

一、消防设施配置

500千伏北海（福成）变电站工程建设的消防设施，主要包括火灾自动报警系统、主变泡沫喷淋灭火系统、灭火器材、消防通道等。

二、受理消防报建单位

北海市政务服务中心消防窗口。

三、消防报建时间

取得项目核准批复、建设工程规划许可证及完成第三方施工图审查后于项目开工前完成报建。

四、消防报建提交资料

1. "建设工程消防设计审核申报表"加盖单位公章，一份。

2. 供电局营业执照、法定代表人身份证正反面复印件，均加盖单位公章，一式两份。

3. 设计单位营业执照、资质证书、法定代表人身份证正反面复印件，均加盖单位公章，一式两份。

4. 施工图设计人员身份证及个人资格证明文件，均加盖单位公章，一式两份。

5. 建设工程规划许可证，加盖供电局单位公章，一式两份。

6. 有资质的审图公司关于建筑工程施工图设计文件消防审查合格意见书，一式两份。

7. 有资质的审图公司关于变电站工程建设项目图纸审查报告，一式两份。

8. 审图公司证件，包括营业执照、企业资质证书、法定代表人身份证正反面复印件、审图人员身份证正反面复印件、职称证书和执业证书等，一式两份。

9. 全站施工图审查报告（在住建管理平台生成报告，审图单位盖章），一份。

10. 全站施工图纸一套，内容包括总平面图、建施图、水施图、电施图、暖通图等，图纸要盖审图专用章、设计专用章，一份。

11. 若由电网建设分公司办理，需要供电局出具委托书一份。

五、消防验收时间和内容

在消防设施施工任务完成并经第三方验收合格后，项目整体工程投产前开展消防报验。验收内容分为文件资料验收和现场实物验收。

六、验收结论

500千伏北海（福成）变电站工程消防设施在北海市公安局消防中队经过严格细致的文件资料和现场实体验收后，一致通过。

第二节　档案验收

在500千伏北海（福成）变电站项目开工前，电网建设分公司组织成立了档案管理小组，编写了《500千伏北海（福成）变电站工程档案管理策划方案》，对各参建单位进行工程文件资料制作、收集和分工交底，项目建设过程中每月对工程资料收集整理情况进行检查，对存在问题填写电网建设项目文件材料中间检查情况表和电网建设项目文件材料整改通知单及整改反馈情况表，对检查中发现的问题限期进行闭环；邀请已获得国家优质工程奖的500千伏美林变电站工程玉林供电局档案管理人员到500千伏北海（福成）变电站工程指导北海供电局档案员，促进工程档案验收规范化开展。在上级档案部门的指导和帮助下，各参建单位档案部门通力合作，实现了工程资料"三同步""四同时"。

项目投产后，电网建设分公司及时组织各参建单位开展工程资料整理组卷入档。按照《国家重大建设项目文件归档要求与档案整理规范》（DA/T 28—2002）、《电网建设项目文件归档与档案整理规范》（DL/T 1363—2014）、《科学技术档案案卷构成的一般要求》（GB/T 11822—2008）和《中国南方电网有限责任公司基建项目档案管理规定》（Q/CSG 213058—2011）的要求收集、整理，形成竣工档案共956卷13809件，其中前期、土建安装、监理文件471卷2775件，竣工图纸358卷8243张，设备文件101卷868件，照片档案26卷1841张，光盘82张，PDF及JPG电子条目13727条。经组织预验收，归档文件材料内容真实、完整、准确，竣工图反映竣工时的实际情况，档案整理符合国家和行业标准要求。

工程档案资料自验收合格后，由电网建设分公司向广西电网公司提出专项验收报告，再由广西电网公司向广西壮族自治区档案局提出申请。2018年5月，经广西壮族自治区档案局组织区内档案专家验收，500千伏北海（福成）变电站工程顺利通过了档案专项验收（图4-1）。

广西壮族自治区

档案局文件

桂档验字〔2018〕8 号

广西壮族自治区档案局关于 500 千伏福成
（北海）输变电工程档案验收合格的通知

广西电网有限责任公司：

　　根据你单位的申请，依照国家档案局、国家发展改革委制定的《重大建设项目档案验收办法》（档发〔2006〕2 号）的规定，自治区档案局组织验收组于 2018 年 3 月 16 日对 500 千伏福成（北海）输变电档案进行验收。

　　经审核，同意通过项目档案验收。现将《500 千伏福成（北海）输变电工程档案验收意见》印发给你们，请按照验收组提出的建议，督促有关单位认真落实。

广西壮族自治区档案局
2018 年 3 月 21 日

图 4-1　500 千伏福成（北海）输变电工程档案验收合格

第三节　水土保持设施验收

广西壮族自治区水利厅根据《国务院关于取消一批行政许可事项的决定》（国发〔2017〕46号）文件精神，生产建设项目水土保持设施验收审批取消，改为生产建设单位自主验收。为督促生产建设单位全面落实水土保持"三同时"制度，规范生产建设项目竣工后生产建设单位自主开展水土保持设施验收的程序和标准，加强生产建设项目水土保持设施验收事中事后监管，做以下规定。

1. 生产建设单位应当自行或者委托第三方机构，对生产建设活动造成的水土流失进行监测，并将监测情况定期上报当地水土保持行政主管部门。从事水土保持监测活动应当遵守国家有关技术标准、规范和规程，保证监测质量。

2. 生产建设项目竣工投产使用前，生产建设单位应当组织第三方机构，依照国家有关法律法规、有关技术规范、生产建设项目水土保持监测报告、生产建设项目水土保持方案报告书（表）和批复等要求，编制水土保持设施验收报告。

3. 验收报告编制完成后，生产建设单位应组织成立验收工作组。验收工作组由生产建设单位、设计单位、施工单位、监测单位、监理单位、水土保持报告书（表）编制机构、验收报告编制机构等单位代表组成，可邀请专业技术专家参加验收。

验收工作组应当严格依照国家有关法律法规、生产建设项目水土保持设施验收技术规范、生产建设项目水土保持方案报告书（表）和批复等要求对生产建设项目水土保持设施进行验收，形成验收意见。

验收工作组现场检查可以参照广西壮族自治区水利厅《广西壮族自治区生产建设项目水土保持监督检查暂行办法》（桂水水保〔2017〕5号）执行。

生产建设单位应当对验收工作组提出的问题进行整改，整改合格后方可出具验收合格意见。生产建设项目水土保持设施经验收合格后，其主体工程才可以投入生产或者使用。

4. 存在下列情形之一的生产建设项目，不得通过水土保持设施验收：

（1）未依法依规履行水土保持方案及重大变更的编报审批程序的。

（2）未依法依规开展水土保持监测、监理、后续设计的。

（3）废弃土石渣未堆放在批准的水土保持方案确定的专门堆放地的。

（4）水土流失防治等级、标准和水土保持措施体系未按批准的水土保持方案要求落实的。

（5）水土流失防治指标未达到水土保持方案批复要求的。

（6）水土保持工程质量未经评定或评定不合格的。

（7）未按规定开展重要防护对象稳定性评估或评估结论为不稳定的。

（8）未依法缴纳水土保持补偿费的。

（9）存在其他不符合相关法律法规规定情形的。

5. 除按照国家规定需要保密的情形外，生产建设单位应当在出具验收合格意见后10个工作日内，通过网站或者其他便于公众知悉的方式，依法向社会公开，公开的期限不得少于 1 个月。

6. 分期建设、分期投入生产或者使用的生产建设项目，其水土保持方案报告书（表）应当列明分期建设内容，明确相应水土保持设施，据此开展分期验收，不得任意拆分项目。

7. 生产建设单位向水土保持方案审批机关报备验收合格意见，材料（适用于自治区本级）如下。

（1）生产建设项目水土保持设施验收合格意见 1 份（含验收组人员名单）。

（2）生产建设项目水土保持监测总结报告 2 份。

（3）生产建设项目水土保持设施验收报告 2 份。

（4）向社会公开证明材料 1 份。

8. 验收结论。500 千伏北海（福成）变电站工程实施过程中落实了水土保持方案及批复文件要求，完成了水土流失预防和治理任务，水土流失防治理指标达到水土保持方案确定的目标值，符合水土保持设施验收的条件，同意该项目水土保持设施通过验收。

500 千伏北海（福成）变电站水土保持设施验收报告，在规定网站公示，未收到投诉信息，公示 1 个月后自然通过。

第四节　环境保护验收

广西壮族自治区环境保护厅根据《中华人民共和国固体废物污染环境防治法》《中华人民共和国环境噪声污染防治法》《建设项目环境保护管理条例》和《建设项目竣工环境保护验收暂行办法》，自 2018 年 2 月 2 日起，做以下调整。

1. 建设项目竣工后，环境保护主管部门或授权的行政审批部门应当按照相关权限依法对建设项目噪声、固体废物污染防治设施进行验收并按照行政许可事项办理。按照上述有关规定，一般不参与建设单位组织的其他环境保护设施验收活动。

2. 建设单位应在建设项目竣工后编制验收监测（调查）报告（表），也可以委托有能力的技术机构编制。建设单位对验收内容，验收监测（调查）报告（表）结论，公开信息的真实性、准确性和完整性负责，受委托的技术机构可以通过合同约定承担相应责任。

3. 建设单位应在验收期限内按照广西壮族自治区环境保护厅有关公告流程和材料要求向环境保护主管部门或授权的行政审批部门提交建设项目噪声、固体废物污染防治设施验收监测（调查）报告（表）等申请材料，同时负责组织除主体工程配套建设的噪声、固体废物污染防治设施外其他环境保护设施的验收工作。

4. 环境保护主管部门或授权的行政审批部门收到验收申请材料后，应组织现场检查、资料查阅、召开验收会议后形成验收意见，在承诺办结时限内出具验收批复文件，并依照规定公开信息。

5. 建设单位应按照规定落实信息公开，登陆验收信息平台填报相关信息，同时向项目涉及的所在地县级环境保护主管部门报送验收报告和相关信息。所在地环境保护主管部门应当依法开展监督检查，查处违法行为，公开检查和处理结果。

6. 新修订《建设项目环境保护管理条例》实施后至本通知印发之日（2018 年 2 月 2 日），其间建设单位已经自行组织并通过建设项目环境保护设施验收的，环境保护部门不再组织对其配套的噪声、固体废物污染防治设施进行验收。

7. 验收结论。500 千伏北海（福成）输变电工程（变电站部分）落实了环境评价报告书及批复文件的要求，在设计、施工和试运行阶段均采取了有效措施控制对环境的影响，符合环境保护验收条件，同意该项目通过竣工环境保护验收。

500 千伏北海（福成）变电站环境保护验收报告，在规定网站公示，未收到投诉信息，公示 1 个月后自然通过。

现场复查

2019 年 5 月，500 千伏北海（福成）变电站通过网上初始申报，经推荐单位中国电力建设企业协会核实网上申报资料与原件无异后，向中国建筑业协会推荐参加 2019 年中国建设工程鲁班奖评选。2019 年 8 月 25—26 日，专家现场复查。建设分公司总结 500 千伏美林变电站创建国家优质工程奖，220 千伏排岭变电站创建中国安装工程优质奖，北海—美林 500 千伏输电线路工程等创建中国电力优质工程奖迎检经验，详细制定了现场 500 千伏北海（福成）变电站中国建设工程鲁班奖复查迎检方案。

第一章　现场复查　迎检准备

为做好 500 千伏北海（福成）变电站争创中国建设工程鲁班奖现场复检准备工作，电网建设分公司和建宁公司多方拜访已经获得鲁班奖的参建单位，咨询取经，向曾经做过国家优质工程奖现场复查工作的专家求教。中国建设工程鲁班奖现场复查时间仅 2 天，检查内容繁多，检查要求非常严苛，全方位提前做好配合工作十分重要。

电网建设分公司组织各参建单位研究，对现场复查准备工作做出了详细安排布置：第一组为接待组，主要负责接送专家和预订宾馆会场；第二组为资料组，负责资料打印和档案资料准备；第三组为技术组，负责技术资料编写；第四组为现场组，负责迎接专家现场复查的全部有关准备工作，并做记录、现场复查回答专家的提问等。

第一节　接待组任务

全面负责接待工作，包含但不限于以下内容：

1. 负责组织编写会议指南，分送专家和有关单位。

2. 根据专家晚上加班和每位专家单独查阅档案资料的要求，宾馆预定人员要选择合适的宾馆，在专家入住前，检查宾馆卫生情况，洗浴进出水冷热是否正常，台灯是否适宜，网络插口和 Wi-Fi 是否可用，饮用热水是否有保障等细节工作。

3. 接待组负责确定首次会议和末次会议参会人员的单位、职位和人数，预定会议室。开会前检查会议室布置和影视投放设备是否能正常使用。

4. 接送专家的司机在用车前检查车况，确保车辆健康、安全行驶。

5. 接送专家的司机要穿戴整洁，提前到达机场、车站及宾馆等候，对专家热情礼貌。

6. 接送专家的司机提拿行李，要轻拿轻放、摆放平稳，以免损坏专家的电子设备。

7. 准备录音设备，记录专家在会场和变电站现场检查时所给予的指导。

8. 接收资料组和技术组交付的资料，按要求送专家入住宾馆及各参建单位。

第二节　资料组任务

全面负责资料的印刷和提交等有关工作，包含但不限于以下内容：

1. 负责印刷会议指南交付接待组。

2. 在专家组到达宾馆的前一天，将技术组编写的《500千伏北海（福成）变电站宣传册》印刷成册，交接待组放入专家入住房间，并给参建单位发送电子版。

3. 按照现场复查专家单独审查档案资料的要求，提前从北海供电局借出全站档案资料，运送到预订宾馆指定房间内。按照业主、设计、施工、监理和运维等五个类别分类摆放，每个单位指定两位专业人员负责，专业人员需熟练掌握每份资料的摆放位置并进行演练，要求5分钟内将指定资料送达专家入住房间门外。

4. 档案资料审查完毕，要全部完好无损地送回北海供电局档案室经验收入库。

第三节　技术组任务

全面负责组织技术材料编写工作，包含但不限于以下内容：

1. 2019年7月30日前完成500千伏北海（福成）变电站DVD汇报片的编制，时间控制在4分50秒到5分钟之间，严禁超时；完成PPT补充汇报片材料的编制，时间控制在10分钟以内。两份汇报片均使用自动播放形式。

2. 2019年7月30日前编制完成500千伏北海（福成）变电站宣传册电子版，交资料组印刷。

3. 2019年7月30日前，按照中国建设工程鲁班奖（国家优质工程）电力工程现场复查表，完成表1至表8现场复查表自查，并将其结果的自查得分填入"表9：鲁班奖工程综合评价表"的表格中，计算得出整体工程现场复查自查评分；按照"房建表1、2"内容填写进行自查评分。自查若发现缺漏入档资料，应及时完善。

4. 2019年7月30日前按照现场复查内容，组织编写《500千伏北海（福成）变电站现场复查报告（自查）》并将电子版发给现场组熟知。

5. 2019年7月30日前完成500千伏北海（福成）变电站的建设亮点和难点提炼，将电子版发给现场组熟知。

第四节　现场组任务

全面负责专家现场复查的全部有关准备工作和过程指导做记录、现场复查回答提问等工作，包含但不限于以下内容：

1. 2019 年 7 月 30 日前，参照往年现场复查专家专业进行分工，对各参建单位参加现场复查的专业人员进行分组，选定各组组长。

2. 按专家专业进行分工，分别罗列项目各专业建设亮点和特点清单，各专业组人员应熟练掌握。

3. 负责准备专家现场复查的工具、安全帽等。

4. 配合北海供电局做好进场登记和安全交底工作。

5. 在专家现场查阅档案资料时，各专业组由组长带领集中等候，及时正确回答专家的现场提问。

6. 负责做好现场提问和专家指点记录，以便后续工程持续改进提升。

第二章 鲁班奖工程复查

第一节 现场复查主要程序和内容

一、总则

根据工程类别和数量，每年组织若干个复查小组。复查小组由 4 名专业技术专家组成，包括组长、土建、智能建筑、电气专家各 1 人，被查工程所属地区建筑业协会或部门建设协会选派 1 人配合工作。每个项目一般安排 2 天时间，现场复查一般在每年的 8—10 月。

二、首次会议程序和内容

1. 复查组组长主持首次会议，说明本次工程复查工作的内容及安排。

2. 听取承建单位对工程施工和质量的情况介绍，时间控制在 20 ～ 30 min。主要介绍工程特点难点、施工技术及质量保证措施、各分部分项工程质量水平和质量评定结果。放映时长在 5 min 内的 DVD 汇报片和时长在 10 min 内的 PPT 补充汇报片。复查专家提问。

3. 复查组听取设计单位、监理单位、建设单位、使用单位和质量安全监督机构对该工程质量、安全、使用功能或产能等方面的情况介绍和总体评价。申报单位的人员回避。

4. 复查组组长宣布专业分组和工程实体抽检主要部位。

三、实地查验工程质量水平

凡是复查小组要求查看的工程内容和部位，都必须满足，不得以任何理由回避或拒绝。复查实体质量要求如下。

1. 集中分组，准备好复查过程所需的资料，如随检人员、检修工具、简易梯子、机房钥匙、安全帽、手电筒等。

2. 检查顺序：一般先在室外绕建筑物一圈，仔细察看外墙、地基基础、主体结构、水电外部设施；之后进入电缆夹层，复查辅助用房、配电室、消防泵房、蓄电池室、电容器室、继保室等；再上屋面，察看防水层、避雷带及顶层室外设备。

四、工程资料检查的主要内容

1. 申报项目的相关文件（原件）。

2. 工程资料总体要求。

（1）工程资料要真实反映工程质量的实际情况，字迹清晰并且相关人员及单位的签字盖章齐全。

（2）工程资料应使用原件，当使用复印件时，应加盖复印件提供单位的公章，注明复印日期，并有经手人签字。

（3）工程资料要按国家标准、地方标准归档立卷，建立三级目录。

（4）工程资料内容要完整齐全、真实有效、具有可追溯性。

3. 施工资料主要抽查的共性内容（这部分是施工资料的共性要求，不同行业资料方面的个性要求，详见各专业部分）。

（1）查看施工管理资料中的企业资质及相关专业人员的岗位证书、特种作业人员有效资质证书、专业分包资质等级是否符合本工程要求。

（2）查看单位工程施工组织设计、各专项施工方案、技术交底、施工日志等施工技术资料。

（3）复核工程竣工备案资料、单位工程竣工验收报告及针对本工程的相关检测报告。

（4）查看涉及结构安全及工程耐久性的分部工程有关资料。

（5）查看涉及工程使用功能的分部工程有关资料。

（6）查看涉及运行功能的分部工程有关资料。

（7）查看施工过程控制资料。

（8）核查竣工图。

五、工程复查总结讲评

1. 复查组组长主持会议，复查专家对工程质量进行综合评价。讲评的主要内容为各专业工程质量复查情况，对工程资料的评价，工程质量的主要特色与不足之处等。

2. 综合评价分"上好""好""较好"三种。

（1）"上好"：工程质量符合国家相关标准、规范、规程的技术要求，达到国内领先水平，实体质量无论宏观或微观都较完美，有个别细小问题，可立即得到纠正；工程资料内容齐全、真实有效、可追溯；使用单位对工程质量表示非常满意；综合评分为 90 分以上。

（2）"好"：工程质量符合国家相关标准、规范、规程的技术要求，达到国内领先水平，实体质量经复查发现非主要部位有少量不足之处，但可以通过整改得到纠正；工程资料内容齐全、真实有效、可追溯；使用单位对工程质量表示满意；综合评分为 85 分以上至 90 分。

（3）"较好"：工程质量达到国内先进水平，实体质量经复查发现存有一些不足或质量问题，通过整改不影响工程观感或使用功能；工程资料内容齐全、真实有效、可追溯；使用单位比较满意；综合评分为 85 分及以下。

3. 复查工程存在下列问题时，复查组不予推荐，并向评审委员会如实汇报。

（1）存在影响结构安全和耐久性的质量问题。

（2）存在违反国家工程建设标准强制性条文的问题。

（3）存在渗漏现象（含地下室、屋面、卫生间及墙体等处）。

（4）工程资料严重不符合有关标准、规范要求或弄虚作假。

（5）工业项目污染物（包括废气、废液、废渣）主要排放指标达不到设计要求。

（6）不符合评选办法规定申报条件的。

4. 各复查小组复查工程全部结束后，由组长主持召开本组总结会，在复查组成员充分发表意见，达成共识的基础上，对复查工程进行分类评价排序。当出现不同意见时，由组长决定其评价排序，并将不同意见如实向中国建筑业协会书面汇报。其分类评价排序情况由全体成员签名后密封送交中国建筑业协会，任何人无权向外泄露。

第二节　现场复查　亮点突出

2019 年 8 月 25—26 日，经过中国建设工程鲁班奖现场复查专家对 500 千伏北海（福成）变电站实体和档案资料进行辛勤、专业、仔细的检查，指出了工程建设取得的突出亮点和待改进的地方。

一、工程亮点

1. 500 千伏北海（福成）变电站建设意义重大。

2. 500 千伏北海（福成）变电站工程，现场土建和安装实体工程工艺精湛、质量优良，档案资料齐全、真实有效、可追溯，结构安全稳定，功能满足设计要求，没有发生事故事件，经济效益和社会效益显著，为北部湾向海经济提供了强有力的供电保障。该项目是一个高电压等级经典项目，在后续项目建设中应加以推广。

3. 项目前期精心策划，过程严格管控，达到了一次成优的总体目标。

4. 500 千伏北海（福成）变电站工程严格遵守国家法律法规和建设程序，合法合规性文件齐全，全部通过专项验收，未使用国家明令禁止的技术（材料），建设标准强制性条文执行清单和施工记录齐全。

5. 地基与结构经过两次中间检查评价优良，墙、地、楼面无裂纹，屋面和卫生间无渗漏，建构筑物沉降均匀，最后 100 天最大沉降速率小于规范 0.01 毫米 / 天（实际 0.008 毫米 / 天），沉降观测点和基准点保护完好、标识清晰。

6. 工程设计先进合理、有特色、亮点突出，获电力行业优秀工程设计奖、广西优秀工程勘察设计一等奖。

（1）针对北海地区的气候特点，对主变压器、电抗器等基础采用抗裂纤维混凝土防高温开裂，为防台风雨对建筑物排风口采用 90° 弯头加防风百叶网、优化门窗面积并选用安全玻璃、户外端子箱加装防风扣和内置除湿器、使用高分子涂料封堵门缝开口等，为防盐雾腐蚀对构支架与保护帽连接处填胶、螺栓加盖不锈钢保护帽等，从细部提升工程质量。

（2）主控楼设计展现当地骑楼风貌，采用檐屋面筒瓦、拱窗等，美观、有特色。

7. 土建施工工艺精细、美观，主要表现如下。

（1）设备基础、构支架基础、混凝土电缆沟等一次成优，达到清水效果。

（2）电缆沟压顶平齐，做工非常精美。电缆沟盖板和围墙采用预制式，节能环保，安装工艺精致、美观。

（3）建筑物外墙贴砖排版美观，表面平整，缝隙均匀。

（4）建筑物门窗开启灵活、关闭严密，门窗框与建筑交接处打胶饱满、均匀、封堵严密，做工精细、美观。

（5）建筑物外围散水未见开裂，做工精细。

（6）建筑物天沟、檐口、滴水线等构造精细。

（7）建筑物屋面未见开裂、渗漏现象，细部构造工艺规范、精致、美观，天沟坡向正确、精细，防雷设施满足规范要求。

（8）室内踢脚线做法独特、美观。

8. 电气安装工艺精湛、质量优良，主要表现如下。

（1）一次设备和盘柜安装稳固、可靠，外观颜色与周围设施协调一致，接线精细、美观。

（2）管型母线安装平直，软母线、跳线、二次接线等弯弧一致，瓷瓶安装精美。

（3）全站构支架安装精良。

（4）全站电缆敷设没有交叉，规范，防火可靠，封堵严密。

（5）全站接地设置科学规范、可靠，工艺美观。

9. 智能建筑工程建设规范、精细，运行良好，主要表现如下。

（1）消防设备、控制柜、通信柜、空调等安装牢固、平稳，工艺精细。

（2）消防管道流向、标识清晰。

（3）污水处理系统科学先进，循环处理再利用，建设工艺精美。

（4）照明系统建设先进环保，成效突出，施工工艺美观。

10. 科技创新与应用成效突出，主要表现如下。

（1）取得自主创新成果 15 项，包括获得省部级及以上科技进步奖 6 项、工法 1 项、国家发明专利 1 项、实用新型专利 7 项。

（2）采用《建筑业 10 项新技术（2010 版）》8 大项 15 子项、国家重点节能低碳技术 4 项、电力建设"五新"技术 21 项。

（3）通过中国电力建设新技术应用专项评价。

11. "四节一环保"成效显著。

12. 运行质量非常到位，运行技术指标达到国内同类领先水平。

13. 工程技术档案和管理档案分类合理，编目细致便于查找，资料齐全、真实有效、可追溯，手续齐全，填写规范，文字档案与电子档案一致。

14. 该工程没有发现申报中国建设工程鲁班奖的"否决项"。

15. 专家组一致同意推荐 500 千伏北海（福成）变电站工程参加 2018—2019 年第二批中国建设工程鲁班奖工程评选。

二、工程待改进的地方

1. 站区消防小屋使用了与建筑物一色的外墙砖，建议采用红色或者稍微浅一点的红色使区分更醒目，方便值班员在发生意外或者在突发情况下更快识别。

2. 主控通信楼内的洗手盆要大一点，门卫室过滤器应装一个支架以保证更稳固。

3. 工程资料部分，施工质量安全工作记录表内容稍显简单，要尽可能详细一些。

第三章 现场复查 迎检资料

第一节 500 千伏北海（福成）变电站 DVD 脚本

500 千伏北海（福成）变电站工程申报中国建设工程鲁班奖汇报片。

一、第一板块：工程概况

500 千伏北海（福成）变电站位于古代海上丝绸之路始发港合浦县，是国家"一带一路"海上丝路北部湾出海港保供电项目，是中国 – 东盟博览会电网交流示范项目。

本期建设规模：主变容量 2×750 MVA，500 千伏进出线路 2 回。变电站占地总面积 72112 m²，建筑总面积 1680 m²。

项目总投资 74871 万元，竣工决算投资 73100 万元。

2015 年 11 月 30 日开工，2017 年 9 月 30 日投运。

建设单位：广西电网有限责任公司电网建设分公司。

运行单位：广西电网有限责任公司北海供电局。

勘察单位：中国能源建设集团广西电力设计研究院有限公司。

设计单位：中国能源建设集团广西电力设计研究院有限公司。

施工单位：广西建宁输变电工程有限公司。

监理单位：广西正远电力工程建设监理有限责任公司。

二、第二板块：工程管理

工程严格遵守国家法律法规和建设程序，文件齐全，消防、环保、水保、档案等通过专项验收。工程以创建中国建设工程鲁班奖为目标，秉承安全、适用、精细、创新理念，弘扬工匠精神，精心组织策划，严格过程管控，严格执行建设标准强制性条文，未使用国家明令禁止的技术（材料），无安全质量环保事故。570 卷文字档案和 33 张电子档案完整、规范。

三、第三板块：工程质量

全站 26 个单位工程一次验收合格率 100%，质量评价为高质量等级优良工程。

采用天然地基，满足设计承载力要求，地基基础安全可靠，主体结构内坚外美，经专家两次中间检查，评价优良。

墙、地、楼面无裂纹，屋面无渗漏。

建构筑物沉降均匀、已稳定，建筑物最大累计沉降量 5.88 mm，最后 100 天每天最大沉降速率为 0.008 mm。

四、第四板块：工程亮点

1. 国内首创电网工程设计与管理平台，提高了设计质量，获国家计算机软件著作权登记证书和电力建设科技进步奖。

2. 研发 BIM 技术辅助设计方法，提高了设计施工精度和效率，获国家工程建设优秀 QC 小组奖。

3. 国内首创新型钢模板清刷机，1021 个设备构筑物基础、2689 m 电缆沟内实外光，棱角精致，获实用新型专利及科技进步奖。

4. 国内首创装配式无机复合型水泥基板，用于制作电缆沟盖板，4836 块盖板几何尺寸精确，表面平整，色泽统一，获国家发明专利。

5. 国内首创气动校直机，用于软母线套管校直，高效、美观，获实用新型专利及科技进步奖。

6. 研发电缆同步输送机，20.22 km 电缆敷设顺直、层次分明，获实用新型专利及工法。

7. 研发变色硅胶再生装置，提高主变压器、高压电抗器呼吸器硅胶重复利用率。

8. 全站采用"一体式美化"建设。主控楼设计展现当地骑楼风貌，采用檐屋面筒瓦、拱窗等，集民俗美学于一体。全站设备、构筑物、围墙、盖板、绿化等，色调和谐美观。

9. 建筑物细部构造建设精美。消防管道、散水、大门防撞条、进主控楼电缆沟防火处理、排油井、排水井等细部建设工艺精细。

10. 建筑装修策划到位，铺贴对缝、无小半砖。

11. 10520 m² 沥青路面坚实平整、无积水，路缘顺畅。

12. 1313 m 装配式围墙高低式建设，降音降噪，通过了抗 17 级台风试验。

13. 5311 m² 透水混凝土操作小道平整稳固，工艺精细。

14. 2993 m 管型母线平直。21564 条二次接线弯弧一致，291 串悬垂瓷瓶安装工艺精美。

15. 针对北海地区的施工难点和特点，采取防高温、防台风、防盐雾等设置，从细部提升工程质量。

（1）防高温开裂设置耐久，主变压器等基础采用抗裂纤维混凝土。

（2）防台风雨设置周密，建筑物排风口采用 90° 弯头加防风百叶网，优化门窗面积并选用安全玻璃，户外端子箱加装防风扣和内置除湿器，使用高分子涂料封堵门缝开口。

（3）防盐雾腐蚀设置有效，全站构支架与保护帽连接处填胶、螺栓加盖不锈钢保护帽、外露电缆加装槽盒。

16. 全站建构筑物、设备接地全覆盖，一网连通，规范可靠。构支架接地、设备接地、室内墙面接地、主变压器接地。

17. 智能建筑工程科学规范，运行有效。

（1）消防管道流向、标识清晰。

（2）监控盘柜安装牢固、排列整齐。

（3）遥信、遥测系统运行正常。

（4）照明系统设置合理、节能环保。

18.实施精益化运行维护。按照二十四节气开展设备运维保养，采用蚁群活动方式缩短巡检时间，运行设备定置管理精细易索，1663个检修围栏支墩设置科学，便于运行、检修区域隔离。

五、第五板块：科技创新与应用

1. 积极开展科技创新，取得自主创新成果 15 项（其中省部级及以上科技进步奖 6 项、电力建设工法 1 项、国家发明专利 1 项、实用新型专利 7 项）。

2. 采用《建筑业 10 项新技术（2010 版）》8 大项 15 子项，《国家重点节能低碳技术推广目录》（2015 年本 节能部分）4 项，电力建设"五新"技术 21 项。

3. 通过了中国电力建设新技术应用专项评价。

六、第六板块："四节一环保"

节地：优化平面布置，节省用地 1471 m²。

节材：优化钢材应用方案，减少钢材用量约 83 t。

节水：应用节能、节水、污水处理再利用装置，实现污水零排放，年节约用水约 1500 m³。

节能：应用风光互补太阳能灯、LED 灯具节能装置，年节约用电约 5.3 万 kW·h。

环保：应用敏感点降噪屏障技术，降低噪声 9.8 dB。

项目"四节一环保"效果显著，通过了绿色施工专项评价。

七、第七板块：技术指标

工程投运以来保护、自动、监控系统投入率 100%。

监控系统、远动信息、继电保护动作正确率 100%。

其他技术性能指标、环保指标均达到国内同类领先水平。

做柱状图对比：

母线电量不平衡率 0.16%；

变电站场届噪声昼间 52.3 dB，夜间 49.1 dB；

工频电场强度＜ 2.0954 kV/m；

工频磁场强度＜ 3.338 μT。

八、第八板块：荣誉与获奖

1. 中国电力优质工程、广西建设工程"真武阁杯"奖。

2. 电力行业优秀工程设计奖、广西优秀工程勘察设计一等奖。

3. 省部级科技进步奖 6 项。

4. 电力建设工法 1 项。

5. 省部级质量活动小组成果 15 项。

6. 国家发明专利 1 项、省部级实用新型专利 7 项。

7. 省部级其他创新成果 3 项。

8. 省部级参编标准 1 项。

9. 北海市安全文明示范工地。

10. 中华全国总工会全国工人先锋号。

九、第九板块：经济效益与社会效益

该工程建成投产，达到了设计供电和防灾抗灾能力，截至 2019 年 8 月 31 日，未发生非计划停运，设备安全运行 761 天，输送电量 182 亿 kW·h，经受了"天鸽"（15 级，2017 年 8 月 23 日）、"山竹"（17 级，2018 年 9 月 16 日）2 次强台风考验，环保效益、经济效益和社会效益显著，2018 年北海市全社会用电量增长率为 13.72%，GDP 增长 8.30%，为北部湾"向海经济"发展提供了强有力的供电保障，用户非常满意。

第二节　500 千伏北海（福成）变电站现场复查表（自查表）

500 千伏北海（福成）变电站现场复查情况见表 5-1 至表 5-12。

表 5-1　输变电工程地基基础、主体结构施工质量现场复查结果表

序号	复查要点	复查发现的问题（自查情况）	复查结果		
			符合	基本符合	不符合
1	桩基、地基与基础工程				
1.1	地基与基础相对沉降量符合《建筑变形测量规范》（JGJ 8—2016）的规定，累计沉降量符合设计要求	一、现场实体检查情况 沉降观测点设置规范，实体美观 二、档案号 1.施工部分： 5011-8431-32-6（主控通信楼） 5011-8437-37-6（500 千伏 1 号继电小室） 5011-8437-41-6（500 千伏 2 号继电小室） 5011-8437-45-6（220 千伏继电小室） 5011-8437-49-6（主变及 35 千伏继电小室） 5011-8437-53-6（380 伏中央配电室） 5011-8437-56-6（消防设备间） 5011-8431-65-5（500 千伏屋外配电装置） 5011-8431-72-4（220 千伏屋外配电装置） 5011-8431-84-5（主变区域） 5011-8431-11-4（围墙与大门） 2.设计部分：5011-8481-52 3.业主部分：5011-8431-11（沉降观测报告） 三、发现问题 1.施工档案问题：无 2.设计档案问题：无 3.业主档案问题：无 **结论：**沉降观测点设置规范、实体美观，档案资料规范完整，累计沉降量优于设计要求。上好	符合		
1.2	地基与基础无不均匀沉降或不合理变形引起的主体结构裂缝或倾斜，沉降及位移等观测数据正确有效	一、现场实体检查情况 地基与基础无不均匀沉降，主体结构无裂缝、无倾斜，沉降及位移等观测数据正确有效 二、档案号 1.施工部分： 5011-8431-32-6（主控通信楼） 5011-8437-37-6（500 千伏 1 号继电小室） 5011-8437-41-6（500 千伏 2 号继电小室） 5011-8437-45-6（220 千伏继电小室）	符合		

续表

序号	复查要点	复查发现的问题（自查情况）	复查结果		
			符合	基本符合	不符合
1.2	地基与基础无不均匀沉降或不合理变形引起的主体结构裂缝或倾斜，沉降及位移等观测数据正确有效	5011-8437-49-6（主变及35千伏继电小室） 5011-8437-53-6（380伏中央配电室） 5011-8437-56-6（消防设备间） 5011-8431-65-5（500千伏屋外配电装置） 5011-8431-72-4（220千伏屋外配电装置） 5011-8431-84-5（主变区域） 5011-8431-11-4（围墙与大门） 2.设计部分：5011-8481-52 3.业主部分：5011-8431-11（沉降观测报告） 三、发现问题 1.施工档案问题：无 2.设计档案问题：无 3.业主档案问题：无 **结论**：地基与基础无不均匀沉降，主体结构无裂缝、无倾斜，沉降及位移等观测数据正确有效，档案资料记录规范完整。上好	符合		
1.3	地基与基础无因建（构）筑物周围回填土沉陷造成散水被破坏等情况；变形缝、防震缝设置合理，且无开裂变形等情况	一、现场实体检查情况 地基与基础无因建（构）筑物周围回填土沉陷造成散水被破坏等情况；变形缝、防震缝设置合理，且无开裂变形情况 二、档案号 1.施工部分：5011-8431-38-5（500千伏1号继电小室）、5011-8431-42-5（500千伏2号继电小室）等 2.设计部分：5011-8481-（22～28） 三、发现问题 1.施工档案问题：无 2.设计档案问题：无 **结论**：地基与基础无因建（构）筑物周围回填土沉陷造成散水被破坏等情况；变形缝、防震缝设置合理，且无开裂变形等情况；档案资料规范完整。上好	符合		
2	建筑物主体结构工程				
2.1	测量控制点、建筑物沉降观测点设置及材质符合国家现行标准规定，标识规范，防护完好	一、现场实体检查情况 测量控制点、建筑物沉降观测点标识规范，防护完好 二、档案号 1.施工部分：5011-8431-27 2.设计部分：5011-8481-52 三、发现问题 1.施工档案问题：无 2.设计档案问题：无 **结论**：测量控制点、建筑物沉降观测点设置及材质符合国家现行标准规定，标识规范，防护完好，档案资料规范完整。上好	符合		

续表

序号	复查要点	复查发现的问题（自查情况）	复查结果		
			符合	基本符合	不符合
2.1	主体结构内坚外美、安全、可靠、耐久	一、现场实体检查情况 主体结构内坚外美、安全、可靠、耐久 二、档案号 1.施工部分：5011-8431-34（主控通信楼）、5011-8431-55（380伏中央配电室）等 2.设计部分：5011-8481-（22～28） 3.业主部分：5011-8422-01 三、发现问题 1.施工档案问题：无 2.设计档案问题：无 3.业主档案问题：无 **结论：**主体结构内坚外美、安全、可靠、耐久，档案资料规范完整。上好	符合		
	预埋件位置准确、平顺、整齐、美观	一、现场实体检查情况 预埋件位置准确，平顺、整齐、美观 二、档案号 1.施工部分：5011-8431-28-22 2.设计部分：5011-8481-45、46 三、发现问题 1.施工档案问题：无 2.设计档案问题：无 **结论：**预埋件位置准确，平顺、整齐、美观，档案资料规范完整。上好	符合		
2.2	清水混凝土结构平整、棱角顺直、无明显色差、无污染	一、现场实体检查情况 清水混凝土结构平整、棱角顺直、无明显色差，无污染 二、档案号 1.施工部分：5011-8431-85（主变区域） 2.设计部分：5011-8481-34、36、38、40、41、43、45、46、47、48、51、53 三、发现问题 1.施工档案问题：无 2.设计档案问题：无 **结论：**清水混凝土结构平整、棱角顺直、无明显色差、无污染，档案资料规范完整。上好	符合		
	混凝土结构工程不存在露筋现象，对拉螺栓（片）处理、封堵及防腐符合国家现行标准规定	一、现场实体检查情况 混凝土结构工程不存在露筋现象，对拉螺栓（片）处理、封堵及防腐符合国家现行标准规定 二、档案号 1.施工部分：5011-8431-67/74（500千伏、220千伏屋外配电装置）等 2.设计部分：5011-8481-（22～28）	符合		

续表

序号	复查要点	复查发现的问题（自查情况）	复查结果		
			符合	基本符合	不符合
2.2	混凝土结构工程不存在露筋现象，对拉螺栓（片）处理、封堵及防腐符合国家现行标准规定	三、发现问题 1.施工档案问题：无 2.设计档案问题：无 **结论：**混凝土结构工程不存在露筋现象,对拉螺栓(片)处理、封堵及防腐均符合国家现行标准规定，档案资料规范完整。上好	符合		
	钢结构安装节点符合设计要求，紧固螺栓穿向正确，出扣长度符合国家现行标准规定	一、现场实体检查情况 钢结构安装节点符合设计要求，紧固螺栓穿向正确，出扣长度符合国家现行标准规定 二、档案号 1.施工部分：5011-8431-105 2.设计部分：5011-8481-35、37、39、40 三、发现问题 1.施工档案问题：无 2.设计档案问题：无 **结论：**钢结构安装节点符合设计要求，紧固螺栓穿向正确，出扣长度符合国家现行标准规定，档案资料规范完整。上好	符合		
2.3	焊缝饱满、无缺陷，焊缝高度符合国家现行标准规定	一、现场实体检查情况 焊缝饱满、无缺陷，焊缝高度符合国家现行标准规定 二、档案号 1.施工部分：5011-8441-06-30（500千伏构架出厂检验报告）等 2.设计部分：5011-8481-35、37、39、40、42、44、45 三、发现问题 1.施工档案问题：无 2.设计档案问题：无 **结论：**焊缝饱满、无缺陷，焊缝高度符合国家现行标准规定，档案资料规范完整。上好	符合		
	钢结构的高强螺栓安装工艺符合国家现行标准规定	本工程无此项			
2.3	钢结构工程防腐、防火符合国家现行标准规定	一、现场实体检查情况 钢结构工程防腐、防火符合国家现行标准规定 二、档案号 1.施工部分：5011-8431-105 2.设计部分：5011-8481-35、37、39、40、42、44、45、47 三、发现问题 1.施工档案问题：无 2.设计档案问题：无 **结论：**钢结构工程防腐、防火符合国家现行标准规定，档案资料规范完整。上好	符合		

续表

序号	复查要点	复查发现的问题（自查情况）	复查结果		
			符合	基本符合	不符合
	钢平台踢脚板、栏杆高度和横/立杆间距、直爬梯踏棍及护笼制作安装符合《固定式钢梯及平台安全要求》（GB 4053）的有关规定	一、现场实体检查情况 直爬梯踏棍制作安装符合《固定式钢梯及平台安全要求》（GB 4053—2009）的有关规定，实体牢固、美观 二、档案号 1.施工部分：5011-8431-105 2.设计部分：5011-8481-35、37 三、发现问题 1.施工档案问题：无 2.设计档案问题：无 **结论：**直爬梯踏棍制作安装符合《固定式钢梯及平台安全要求》（GB 4053—2009）的有关规定，档案资料规范完整。上好	符合		
2.4	固定式钢梯有明显的防雷接地	一、现场实体检查情况 固定式钢梯有明显的防雷接地，规范、美观 二、档案号 1.施工部分：5011-8431-105 2.设计部分：5011-8482-10、5011-8413-61 三、发现问题 1.施工档案问题：无 2.设计档案问题：无 **结论：**固定式钢梯有明显的防雷接地，规范、美观，档案资料规范完整。上好	符合		
	构架固定式钢直梯装设有防坠落固定式速差保护装置或安全护笼	一、现场实体检查情况 构架固定式钢直梯装设有防坠落固定式速差保护装置，规范、美观 二、档案号 1.施工部分：5011-8431-105 2.设计部分：5011-8481-35、37、39、40 三、发现问题 1.施工档案问题：无 2.设计档案问题：无 **结论：**构架固定式钢直梯装设有防坠落固定式速差保护装置，规范、美观，档案资料规范完整。上好	符合		
2.5	建筑物轴线、全高尺寸、垂直度及标高偏差满足设计要求	一、现场实体检查情况 建筑物轴线、全高尺寸、垂直度及标高偏差满足设计要求，规范、美观 二、档案号 1.施工部分： 5011-8431-32-4（主控通信楼） 5011-8437-37-4（500千伏1号继电小室）	符合		

续表

序号	复查要点	复查发现的问题（自查情况）	复查结果		
			符合	基本符合	不符合
2.5	建筑物轴线、全高尺寸、垂直度及标高偏差满足设计要求	5011-8437-41-4（500千伏2号继电小室） 5011-8437-45-4（220千伏继电小室） 5011-8437-49-4（主变及35千伏继电小室） 5011-8437-53-4（380伏中央配电室） 5011-8437-56-4（消防设备间） 2.设计部分：5011-8481-（11～17）、5011-8481-（22～28） 三、发现问题 1.施工档案问题：无 2.设计档案问题：无 **结论**：建筑物轴线、全高尺寸、垂直度及标高偏差满足设计要求，规范、美观，档案资料规范完整。上好	符合		
3	屋面、墙面、地面及地下工程				
3.1	地下工程防水经检验和试验无渗漏，设计未明确要求时，达到《地下工程防水技术规范》（GB 50108—2008）二级防水标准	本工程无此项			
3.2	屋面防水制作规范、无积水，排气管、落水口（含雨水管）安装规范	一、现场实体检查情况 屋面防水制作规范、无积水，排气管、落水口（含雨水管）安装规范、美观 二、档案号 1.施工部分：5011-8431-38（500千伏1号继电小室）、5011-8431-42（500千伏2号继电小室）等 2.设计部分：5011-8481-（11～17） 三、发现问题 1.施工档案问题：无 2.设计档案问题：无 **结论**：屋面防水制作规范、无积水，排气管、落水口（含雨水管）安装规范、美观，档案资料规范完整。上好	符合		
	女儿墙高度符合国家现行标准规定	一、现场实体检查情况 女儿墙高度符合国家现行标准规定、美观 二、档案号 设计部分：5011-8481-（11～17） 三、发现问题 设计档案问题：无 **结论**：女儿墙高度符合国家现行标准规定、美观，档案资料规范完整。上好	符合		

续表

序号	复查要点	复查发现的问题（自查情况）	复查结果		
			符合	基本符合	不符合
3.3	屋面、墙面无渗漏及渗漏痕迹	一、现场实体检查情况 屋面、墙面无渗漏及渗漏痕迹。 二、档案号 1.施工部分： 5011-8431-32-2（主控通信楼隐蔽工程） 5011-8437-37-2（500千伏1号继电小室隐蔽工程） 5011-8437-41-2（500千伏2号继电小室隐蔽工程） 5011-8437-45-2（220千伏继电小室隐蔽工程） 5011-8437-49-2（主变及35千伏继电小室隐蔽工程） 5011-8437-53-2（380伏中央配电室隐蔽工程） 5011-8437-56-2（消防设备间隐蔽工程） 2.设计部分：5011-8481-（11～17） 三、发现问题 1.施工档案问题：无 2.设计档案问题：无 **结论**：屋面、墙面无渗漏及渗漏痕迹，档案资料规范完整。上好	符合		
3.4	墙面、楼面和地面无裂缝，变形缝符合设计要求，施工规范	一、现场实体检查情况 墙面、楼面和地面无裂缝，符合设计要求，施工规范 二、档案号 1.施工部分：5011-8431-38-5（500千伏1号继电小室）、5011-8431-42-5（500千伏2号继电小室）等 2.设计部分：5011-8481-（11～17） 三、发现问题 1.施工档案问题：无 2.设计档案问题：无 **结论**：墙面、楼面和地面无裂缝，变形缝符合设计要求，施工规范，档案资料规范完整。上好	符合		
3.5	涉水房间地面坡度、坡向正确，无积水	一、现场实体检查情况 天面、卫生间地面坡度、坡向正确，无积水 二、档案号 1.施工部分：5011-8431-33（主控通信楼） 2.设计部分：5011-8481-（11～17） 三、发现问题 1.施工档案问题：无 2.设计档案问题：无 **结论**：天面、卫生间地面坡度、坡向正确，无积水，档案资料规范完整。上好	符合		

续表

序号	复查要点	复查发现的问题（自查情况）	复查结果		
			符合	基本符合	不符合
4	建筑安装工程				
4.1	通风机传动装置的外露部位以及直通大气的进出口，必须装设防护罩（网）或采取其他安全设施	一、现场实体检查情况 通风机传动装置的外露部位以及直通大气的进出口装设防护罩 二、档案号 1.施工部分： 5011-8431-33-9（主控通信楼）、5011-8431-54（380伏中央配电室） 2.设计部分：5011-8485-10、5011-8485-12 三、发现问题 1.施工档案问题：无 2.设计档案问题：无 **结论**：通风机传动装置的外露部位以及直通大气的进出口装设防护罩，档案资料规范完整。上好	符合		
4.2	开关、插座、灯具接线正确，插座相位正确，同一区域开关通断方向一致，安装位置符合国家现行标准规定	一、现场实体检查情况 开关、插座、灯具接线正确，插座相位正确，同一区域开关通断方向一致，安装位置符合国家现行标准规定 二、档案号 1.施工部分：5011-8431-33（主控通信楼）等 2.设计部分：5011-8482-08、5011-8413-59 三、发现问题 1.施工档案问题：无 2.设计档案问题：无 **结论**：开关、插座、灯具接线正确，插座相位正确，同一区域开关通断方向一致，安装位置符合国家现行标准规定，档案资料规范完整。上好	符合		
4.3	管道坡度设置正确，支、吊架安装牢固、规范，连接部位牢固、紧密、无渗漏	一、现场实体检查情况 管道坡度设置正确，支、吊架安装牢固、规范，连接部位牢固、紧密、无渗漏 二、档案号 1.施工部分：5011-8441-17-19（泡沫灭火系统） 2.设计部分：5011-8485-04 三、发现问题 1.施工档案问题：无 2.设计档案问题：无 **结论**：管道坡度设置正确，支、吊架安装牢固、规范，连接部位牢固、紧密、无渗漏，档案资料规范完整。上好	符合		

续表

序号	复查要点	复查发现的问题（自查情况）	复查结果		
			符合	基本符合	不符合
4.3	管道穿墙套管设置规范，伸缩补偿合格	一、现场实体检查情况 管道穿墙套管设置规范，伸缩补偿合格 二、档案号 1.施工部分：5011-8431-33（主控通信楼）、5011-8431-54（380 V中央配电室）等 2.设计部分：5011-8485-04 三、发现问题 1.施工档案问题：无 2.设计档案问题：无 **结论：**管道穿墙套管设置规范，伸缩补偿合格，档案资料规范完整。上好	符合		
	生活洁具下水管在同一楼层设"S"弯，接头密封良好，地漏无返臭	一、现场实体检查情况 生活洁具下水管在同一楼层设"S"弯，接头密封良好，地漏无返臭 二、档案号 1.施工部分：5011-8431-28-17（蹲便器等） 2.设计部分：5011-8485-04 三、发现问题 1.施工档案问题：无 2.设计档案问题：无 **结论：**管道穿墙套管设置规范，伸缩补偿合格，档案资料规范完整。上好	符合		
4.4	建筑（构）物避雷带引下线断开卡设置规范	一、现场实体检查情况 建筑（构）物避雷带引下线断开卡设置规范、美观 二、档案号 1.施工部分：5011-8431-33（主控通信楼）、5011-8431-54（380伏中央配电室）等 2.设计部分：5011-8482-10 三、发现问题 1.施工档案问题：无 2.设计档案问题：无 **结论：**建筑（构）物避雷带引下线断开卡设置规范、美观，档案资料规范完整。上好	符合		
4.5	灭火器材配备满足设计要求，使用日期在有效周检期内	一、现场实体检查情况 灭火器材配备满足设计要求，使用日期在有效周检期内 二、档案号 1.设计部分：5011-8485-06 2.运行部分：5011-8471-09 三、发现问题 1.设计档案问题：无 2.运行档案问题：无	符合		
		结论：灭火器材配备满足设计要求，使用日期在有效周检期内，档案资料规范完整。上好			

续表

序号	复查要点	复查发现的问题（自查情况）	复查结果		
			符合	基本符合	不符合
4.5	防火门开启方向正确、配件齐全	一、现场实体检查情况 防火门开启方向正确、配件齐全 二、档案号 1.施工部分：5011-8431-33（主控通信楼）、5011-8431-54（380伏中央配电室）等 2.设计部分：5011-8481-（11～15） 三、发现问题 1.施工档案问题：无 2.设计档案问题：无 **结论：**防火门开启方向正确、配件齐全，档案资料规范完整。上好	符合		
	消火栓、箱安装位置正确，标识醒目；箱内栓口位置、朝向、高度正确，设施齐全，火灾报警烟感探测器安装位置正确	一、现场实体检查情况 本工程采用泡沫消防系统，火灾报警烟感探测器安装位置正确 二、档案号 1.施工部分：5011-8441-17 2.设计部分：5011-8483-26 三、发现问题 1.施工档案问题：无 2.设计档案问题：无 **结论：**本工程采用泡沫消防系统，火灾报警烟感探测器安装位置正确，档案资料规范完整。上好	符合		
5	厂区建筑工程				
5.1	混凝土路面、室内外地坪平整密实、无缺损、裂缝、脱皮、起混凝土、积水、下沉、污染，接缝平直，胀缝和缩缝位置、宽度、深度、填缝符合设计要求	一、现场实体检查情况 混凝土路面、室内外地坪平整密实、无缺损、裂缝、脱皮、起混凝土、积水、下沉、污染，接缝平直，胀缝和缩缝位置、宽度、深度、填缝符合设计要求 二、档案号 1.施工部分：5011-8431-99（站区道路） 2.设计部分：5011-8481-09 三、发现问题 1.施工档案问题：无 2.设计档案问题：无 **结论：**混凝土路面、室内外地坪平整密实，无缺损、裂缝、脱皮、起混凝土、积水、下沉、污染，接缝平直，胀缝和缩缝位置、宽度、深度、填缝符合设计要求，档案资料规范完整。上好	符合		

续表

序号	复查要点	复查发现的问题（自查情况）	复查结果		
			符合	基本符合	不符合
5.1	沥青路面面层平整、坚实，接茬紧密、平顺，烫缝不枯焦，路面无积水，路缘石稳固无破损	一、现场实体检查情况 沥青路面面层平整、坚实，接茬紧密、平顺，烫缝不枯焦，路面无积水，路缘石稳固无破损 二、档案号 1.施工部分：5011-8431-99（站区道路） 2.设计部分：5011-8481-05 三、发现问题 1.施工档案问题：无 2.设计档案问题：无 **结论：**沥青路面面层平整、坚实，接茬紧密、平顺，烫缝不枯焦，路面无积水，路缘石稳固无破损，档案资料规范完整。上好	符合		
5.2	沟道顺直、平整，排水坡度、坡向正确，无渗漏、积水、杂物，伸缩缝处理符合设计要求	一、现场实体检查情况 沟道顺直、平整，排水坡度、坡向正确，无渗漏、积水、杂物，伸缩缝处理符合设计要求 二、档案号 1.施工部分：5011-8431-9（站区道路） 2.设计部分：5011-8481-08 三、发现问题 1.施工档案问题：无 2.设计档案问题：无 **结论：**沟道顺直、平整，排水坡度、坡向正确，无渗漏、积水、杂物，伸缩缝处理符合设计要求，档案资料规范完整。上好	符合		
	沟盖板铺设平稳、顺直、缝隙一致，无破损、裂纹等缺陷	一、现场实体检查情况 沟盖板铺设平稳、顺直、缝隙一致，无破损、裂纹等缺陷 二、档案号 1.施工部分： 5011-8431-99（站区道路电缆沟）5011-8431-27（电缆沟盖板） 2.设计部分：5011-8481-08 三、发现问题 1.施工档案问题：无 2.设计档案问题：无 **结论：**沟盖板铺设平稳、顺直、缝隙一致，无破损、裂纹等缺陷，档案资料规范完整。上好	符合		

续表

序号	复查要点	复查发现的问题（自查情况）	复查结果		
			符合	基本符合	不符合
5.3	检查井、雨水口检查井设置合理，施工规范	一、现场实体检查情况 检查井、雨水口检查井设置合理，施工规范 二、档案号 1.施工部分： 5011-8431-103（站区给水、排水工程）5011-8431-28-2（雨水井盖等） 2.设计部分：5011-8485-02 三、发现问题 1.施工档案问题：无 2.设计档案问题：无 **结论**：检查井、雨水口检查井设置合理，施工规范，档案资料规范完整。上好	符合		
5.4	围墙无裂缝、泛碱，滴水线施工规范，变形缝、抹灰分格缝合理，挡土墙泄水孔位置符合设计要求	一、现场实体检查情况 围墙无裂缝、泛碱，滴水线施工规范，变形缝、抹灰分格缝合理 二、档案号 1.施工部分：5011-8431-19 2.设计部分：5011-8481-18 三、发现问题 1.施工档案问题：无 2.设计档案问题：无 **结论**：围墙无裂缝、泛碱，滴水线施工规范，变形缝、抹灰分格缝合理，档案资料规范完整。上好	符合		
5.5	建筑场地不受洪水及内涝威胁，排水坡度、坡向正确	一、现场实体检查情况 建筑场地不受洪水及内涝威胁，排水坡度、坡向正确 二、档案号 设计部分：5011-8481-04 三、发现问题 设计档案问题：无 **结论**：建筑场地不受洪水及内涝威胁，排水坡度、坡向正确，档案资料规范完整。上好	符合		
5.6	厂区植被恢复良好，实施效果符合水土保持方案	一、现场实体检查情况 厂区植被恢复良好，实施效果符合水土保持方案 二、档案号 1.设计部分：5011-8481-06 2.业主部分：5011-8471-11 三、发现问题 1.设计档案问题：无 2.业主档案问题：无 **结论**：厂区植被恢复良好，实施效果符合水土保持方案，档案资料规范完整。上好	符合		

续表

序号	复查要点	复查发现的问题（自查情况）	复查结果		
			符合	基本符合	不符合
复查结果统计： 1.总个数： 2.符合个数： 3.基本符合个数： 4.不符合个数： 5.符合率：符合个数 ÷ 总个数 ×100%=_____%					
实得分：符合率 ×0.28×100=_____分					
复查组成员签名： 复查组组长员签名： 　　　　　　　　　　　　　　　　　　　　　　　　　　　　年　月　日					

表 5-2　输变电工程安装施工质量现场复查结果表

序号	复查要点	复查发现的问题（自查情况）	复查结果		
			符合	基本符合	不符合
1	构架及设备安装				
1.1	构架安装规范、连接可靠，横梁顺直，螺栓穿向统一，接地可靠	一、现场实体检查情况 架构安装规范、连接可靠，横梁顺直，螺栓穿向统一，接地可靠，实体美观 二、档案号 1.施工部分：5011-8431-105 2.设计部分：5011-8481-35、37、39、40 三、发现问题 1.施工档案问题：无 2.设计档案问题：无 **结论：** 架构安装规范、连接可靠，横梁顺直，螺栓穿向统一，接地可靠，实体美观，档案资料规范完整。上好	符合		
1.2	避雷针（线、带、网）的接地规格、安装方式符合规范规定，工艺美观，独立避雷针与道路或建筑物的出入口距离及措施符合规范规定	一、现场实体检查情况 避雷针（线、带、网）的接地规格、安装方式符合规范规定，工艺美观，独立避雷针与道路或建筑物的出入口距离及措施符合规范规定 二、档案号 1.施工部分：5011-8441-14-13（避雷针安装验评） 2.设计部分：5011-8482-10、5011-8413-61 三、发现问题 1.施工档案问题：无 2.设计档案问题：无 **结论：** 避雷针（线、带、网）的接地规格、安装方式符合规范规定，工艺美观，独立避雷针与道路或建筑物的出入口距离及措施符合规范规定，档案资料规范完整。上好	符合		

续表

序号	复查要点	复查发现的问题（自查情况）	复查结果		
			符合	基本符合	不符合
1.3	高压电器的围栏、罩壳、支架、爬梯、检修平台等均应排列整齐、安装规范、接地可靠、色泽一致	一、现场实体检查情况 高压电器的围栏、罩壳、支架、爬梯、检修平台等均排列整齐、安装规范、接地可靠、色泽一致 二、档案号 1.施工部分：5011-8441-13（23）（电容器组围栏） 2.设计部分： 5011-8481-35、37、39、40、42、44、45 5011-8482-03、04、05、10 三、发现问题 1.施工档案问题：无 2.设计档案问题：无 **结论：**高压电器的围栏、罩壳、支架、爬梯、检修平台等均排列整齐、安装规范、接地可靠、色泽一致，档案资料规范完整。上好	符合		
1.4	变压器（换流变）、电抗器中性点两点接地符合规范规定，工艺规范	一、现场实体检查情况 变压器（换流变）、电抗器中性点两点接地符合规范规定，工艺规范 二、档案号 1.施工部分：5011-8441-07（变压器验评） 5011-8441-13（9～15）（电抗器验评） 2.设计部分：5011-8482-10 三、发现问题 1.施工档案问题：无 2.设计档案问题：无 **结论：**变压器（换流变）、电抗器中性点两点接地符合规范规定，工艺规范，档案资料规范完整。上好	符合		
1.5	变压器（换流变）、电抗器无渗油，油位正常	一、现场实体检查情况 变压器（换流变）、电抗器无渗油，油位正常 二、档案号 1.施工部分：5011-8441-07（变压器验评） 5011-8441-13（9～15）（电抗器验评） 2.设计部分：5011-8482-05、06 三、发现问题 1.施工档案问题：无 2.设计档案问题：无 **结论：**变压器（换流变）、电抗器无渗油，油位正常，档案资料规范完整。上好	符合		

续表

序号	复查要点	复查发现的问题（自查情况）	复查结果		
			符合	基本符合	不符合
1.6	变压器（换流变）、电抗器事故排油设施畅通，消防设施齐全，标识清楚	一、现场实体检查情况 变压器（换流变）、电抗器事故排油设施畅通，消防设施齐全，标识清楚 二、档案号 1.施工部分：5011-8441-07（变压器验评）5011-8441-13（9～15）（电抗器验评） 2.设计部分：5011-8485-04、06 三、发现问题 1.施工档案问题：无 2.设计档案问题：无 **结论：** 变压器（换流变）、电抗器事故排油设施畅通，消防设施齐全，标识清楚，档案资料规范完整。上好	符合		
1.7	变压器（换流变）、电抗器的气体继电器加装防雨罩，观察窗的挡板处于打开位置，进线孔封堵严密、规范	一、现场实体检查情况 变压器（换流变）、电抗器的气体继电器加装防雨罩，观察窗的挡板处于打开位置，进线孔封堵严密、规范 二、档案号 1.施工部分：5011-8441-07（变压器验评）5011-8441-13（9～15）（电抗器验评） 2.设计部分：5011-8482-05、06 三、发现问题 1.施工档案问题：无 2.设计档案问题：无 **结论：** 变压器（换流变）、电抗器的气体继电器加装防雨罩，观察窗的挡板处于打开位置，进线孔封堵严密、规范，档案资料规范完整。上好	符合		
1.8	干式空心电抗器金属围栏设置及接地线未构成闭合回路	一、现场实体检查情况 干式空心电抗器金属围栏设置及接地线未构成闭合回路 二、档案号 1.施工部分：5011-8441-13(22)（干式电抗器验评） 2.设计部分：5011-8482-10、5011-8413-61 三、发现问题 1.施工档案问题：无 2.设计档案问题：无 **结论：** 干式空心电抗器金属围栏设置及接地线未构成闭合回路，档案资料规范完整。上好	符合		

续表

序号	复查要点	复查发现的问题（自查情况）	复查结果		
			符合	基本符合	不符合
1.9	断路器和开关分、合闸指示应正确，命名编号、标识齐全	一、现场实体检查情况 断路器和开关分、合闸指示正确，命名编号、标识齐全 二、档案号 1.施工部分：5011-8441-9（11～15）、10（10～12）、11、12（10～19）（安装验评） 2.设计部分：5011-8482-03、04、05 三、发现问题 1.施工档案问题：无 2.设计档案问题：无 **结论：** 断路器和开关分、合闸指示正确，命名编号、标识齐全，档案资料规范完整。上好	符合		
1.10	隔离开关、接地开关底座及垂直连杆、接地端子及操动机构箱应接地可靠	一、现场实体检查情况 隔离开关、接地开关底座及垂直连杆、接地端子及操动机构箱接地可靠 二、档案号 1.施工部分：5011-8441-9（11～15）、10（10～12）、11、12（10～19）（安装验评） 2.设计部分：5011-8482-10、5011-8413-61 三、发现问题 1.施工档案问题：无 2.设计档案问题：无 **结论：** 隔离开关、接地开关底座及垂直连杆、接地端子及操动机构箱接地可靠，档案资料规范完整。上好	符合		
1.11	电气装置接地应以单独的接地线与接地汇流排或接地干线连接，严禁在一根接地线中串接几个需要接地的电气装置	一、现场实体检查情况 电气装置接地以单独的接地线与接地汇流排或接地干线连接，没有在一根接地线中串接几个需要接地的电气装置 二、档案号 1.施工部分：5011-8441-14.（安装验评） 设计部分：5011-8482-10、5011-8413-61 三、发现问题 1.施工档案问题：无 2.设计档案问题：无 **结论：** 电气装置接地以单独的接地线与接地汇流排或接地干线连接，没有在一根接地线中串接几个需要接地的电气装置，档案资料规范完整。上好	符合		

续表

序号	复查要点	复查发现的问题（自查情况）	复查结果		
			符合	基本符合	不符合
1.12	高压设备及构架应有两根与不同地点的主地网连接，接地引线均符合热稳定、机械强度和电气连接的要求，接地连接处便于检查测试	一、现场实体检查情况 高压设备及构架有两根与不同地点的主地网连接，接地引线均符合热稳定、机械强度和电气连接的要求，接地连接处便于检查测试 二、档案号 1.施工部分：5011-8441-9～12（安装验评） 2.设计部分： 5011-8482-03、04、05、06、10、5011-8413-61 三、发现问题 1.施工档案问题：无 2.设计档案问题：无 **结论：** 高压设备及构架有两根与不同地点的主地网连接，接地引线均符合热稳定、机械强度和电气连接的要求，接地连接处便于检查测试，档案资料规范完整。上好	符合		
1.13	电容器、电容器组安装排列整齐，安装规范，连接螺栓穿向一致，接地可靠	一、现场实体检查情况 电容器、电容器组安装排列整齐，安装规范，连接螺栓穿向一致，接地可靠 二、档案号 1.施工部分：5011-8441-13（17、21）（电容器组安装验评） 2.设计部分：5011-8482-05、10 三、发现问题 1.施工档案问题：无 2.设计档案问题：无 **结论：** 电容器、电容器组安装排列整齐，安装规范，连接螺栓穿向一致，接地可靠，档案资料规范完整。上好	符合		
1.14	管母线平直，软母线、引下线、设备连接线工艺美观，母线挂线点螺栓开口销子开口	一、现场实体检查情况 管母线平直，软母线、引下线、设备连接线工艺美观，母线挂线点螺栓开口销子开口 二、档案号 1.施工部分：5011-8441-9～12（安装验评） 2.设计部分：5011-8482-（03～05） 三、发现问题 1.施工档案问题：无 2.设计档案问题：无 **结论：** 管母线平直，软母线、引下线、设备连接线工艺美观，母线挂线点螺栓开口销子开口，档案资料规范完整。上好	符合		

续表

序号	复查要点	复查发现的问题（自查情况）	复查结果		
			符合	基本符合	不符合
1.15	均压环安装正确，螺栓穿向一致，留有排水孔，排水孔方向正确	一、现场实体检查情况 均压环安装正确，螺栓穿向一致，留有排水孔，排水孔方向正确 二、档案号 1.施工部分：5011-8441-9～12（安装验评） 2.设计部分：5011-8482-（03～05） 三、发现问题 1.施工档案问题：无 2.设计档案问题：无 **结论**：均压环安装正确，螺栓穿向一致，留有排水孔，排水孔方向正确，档案资料规范完整。上好	符合		
1.16	室内外配电装置设备、母线安全净距离符合规范规定	一、现场实体检查情况 室内外配电装置设备、母线安全净距离符合规范规定 二、档案号 1.施工部分：5011-8441-13（5～6）（站用低压配电安装验评） 2.设计部分：5011-8482-（03～06） 三、发现问题 1.施工档案问题：无 2.设计档案问题：无 **结论**：室内外配电装置设备、母线安全净距离符合规范规定，档案资料规范完整。上好	符合		
1.17	配电、控制、保护用的屏（柜、箱）和操作台等的金属框架底座，以及屋内外配电装置的金属或钢筋混凝土构架和靠近带电部分的金属遮拦、金属门，接地线截面符合规范规定	一、现场实体检查情况 配电、控制、保护用的屏（柜、箱）和操作台等的金属框架底座，以及屋内外配电装置的金属或钢筋混凝土构架和靠近带电部分的金属遮拦、金属门，接地线截面符合规范规定 二、档案号 1.施工部分： 5011-8440-01-12（强制性条文记录）5011-8441-08-9（验评记录） 2.设计部分：5011-8482-10、5011-8413-61 三、发现问题 1.施工档案问题：无 2.设计档案问题：无 **结论**：配电、控制、保护用的屏（柜、箱）和操作台等的金属框架底座，以及屋内外配电装置的金属或钢筋混凝土构架和靠近带电部分的金属遮拦、金属门，接地线截面符合规范规定，档案资料规范完整。上好	符合		

续表

序号	复查要点	复查发现的问题（自查情况）	复查结果		
			符合	基本符合	不符合
1.18	盘、柜安装排列整齐，色泽一致，防腐措施完整，无污染，标识齐全	一、现场实体检查情况 盘、柜安装排列整齐，色泽一致，防腐措施完整，无污染，标识齐全 二、档案号 1. 施工部分：5011-8441-8（9）（安装验评） 2. 设计部分：5011-8482-07、5011-8483-01 三、发现问题 1. 施工档案问题：无 2. 设计档案问题：无 **结论**：盘、柜安装排列整齐，色泽一致，防腐措施完整，无污染，标识齐全，档案资料规范完整。上好	符合		
1.19	盘、柜内电缆二次接线绑扎牢固，间距一致，导线弯曲弧度顺畅，工艺美观，一个接线端子接线不超过2根，备用芯线芯不裸露和标牌齐全	一、现场实体检查情况 盘、柜内电缆二次接线绑扎牢固，间距一致，导线弯曲弧度顺畅，工艺美观，一个接线端子接线不超过2根，备用芯线芯不裸露和标牌齐全 二、档案号 1. 施工部分：5011-8441-（21～27）（保护验评） 2. 设计部分：5011-8483-01 三、发现问题 1. 施工档案问题：无 2. 设计档案问题：无 **结论**：盘、柜内电缆二次接线绑扎牢固，间距一致，导线弯曲弧度顺畅，工艺美观，一个接线端子接线不超过2根，备用芯线芯不裸露和标牌齐全，档案资料规范完整。上好	符合		
1.20	电缆屏蔽接地线截面符合规范规定，以最短长度与接地汇流排连接，一个接线鼻子压接线不超过6根	一、现场实体检查情况 电缆屏蔽接地线截面符合规范规定，以最短长度与接地汇流排连接，一个接线鼻子压接线不超过6根 二、档案号 1. 施工部分：5011-8441-14（8）（电缆安装验评） 2. 设计部分：5011-8482-10 三、发现问题 1. 施工档案问题：无 2. 设计档案问题：无 **结论**：电缆屏蔽接地线截面符合规范规定，以最短长度与接地汇流排连接，一个接线鼻子压接线不超过6根，档案资料规范完整。上好	符合		

续表

序号	复查要点	复查发现的问题（自查情况）	复查结果		
			符合	基本符合	不符合
1.21	计算机及监控系统的信号电缆屏蔽层接地符合设计要求，信号接地、保护接地、交流工作接地分开	一、现场实体检查情况 计算机及监控系统的信号电缆屏蔽层接地符合设计要求，信号接地、保护接地、交流工作接地分开 二、档案号 1.施工部分：5011-8441-16、29（监控系统）（自动化验评） 2.设计部分：5011-8482-10 三、发现问题 1.施工档案问题：无 2.设计档案问题：无 **结论：**计算机及监控系统的信号电缆屏蔽层接地符合设计要求，信号接地、保护接地、交流工作接地分开，档案资料规范完整。上好	符合		
1.22	高压电缆铠装层、屏蔽层接地符合设计要求和规范规定	一、现场实体检查情况 高压电缆铠装层、屏蔽层接地符合设计要求和规范规定 二、档案号 1.施工部分：5011-8441-14（7）（电缆安装验评） 2.设计部分：5011-8482-10、5011-8413-61 三、发现问题 1.施工档案问题：无 2.设计档案问题：无 **结论：**高压电缆铠装层、屏蔽层接地符合设计要求和规范规定，档案资料规范完整。上好	符合		
1.23	电缆防火封堵密实、表面工艺平整美观，防火墙标识齐全，防火涂料施工规范，涂刷长度、厚度符合规范规定，无遗漏、无流痕	一、现场实体检查情况 电缆防火封堵密实、表面工艺平整美观，防火墙标识齐全，防火涂料施工规范，涂刷长度、厚度符合规范规定，无遗漏、无流痕 二、档案号 1.施工部分：5011-8441-14（9）（电缆安装验评） 2.设计部分：5011-8482-13、5011-8413-64 三、发现问题 1.施工档案问题：无 2.设计档案问题：无 **结论：**电缆防火封堵密实、表面工艺平整美观，防火墙标识齐全，防火涂料施工规范，涂刷长度、厚度符合规范规定，无遗漏、无流痕，档案资料规范完整。上好	符合		

续表

序号	复查要点	复查发现的问题（自查情况）	复查结果		
			符合	基本符合	不符合
1.24	电缆桥架、电缆与热力管道之间距离符合规范规定，桥架安装路径和断面布置合理、无空置层，桥架及附件无锈蚀、污染	一、现场实体检查情况 电缆桥架、电缆与热力管道之间距离符合规范规定，桥架安装路径和断面布置合理、无空置层，桥架及附件无锈蚀、污染 二、档案号 1. 施工部分：5011-8441-14（5）（电缆安装验评） 2. 设计部分：5011-8482-12、5011-8413-63 三、发现问题 1. 施工档案问题：无 2. 设计档案问题：无 **结论：**电缆桥架、电缆与热力管道之间距离符合规范规定，桥架安装路径和断面布置合理、无空置层，桥架及附件无锈蚀、污染，档案资料规范完整。上好	符合		
1.25	桥架和槽盒内电缆敷设整齐、无明显交叉，电缆终端标牌齐全	一、现场实体检查情况 桥架和槽盒内电缆敷设整齐、无明显交叉，电缆终端标牌齐全 二、档案号 1. 施工部分：5011-8441-14（6）（电缆安装验评） 2. 设计部分：5011-8482-12 三、发现问题 1. 施工档案问题：无 2. 设计档案问题：无 **结论：**桥架和槽盒内电缆敷设整齐、无明显交叉，电缆终端标牌齐全，档案资料规范完整。上好	符合		
1.26	电缆桥架、支架的起始端和终端应与接地网连接可靠，全长大于 30 m 时，应每隔 20～30 m 增加接地点	一、现场实体检查情况 电缆桥架、支架的起始端和终端与接地网连接可靠，全长大于 30 m 时，每隔 20～30 m 增加接地点 二、档案号 1. 施工部分：5011-8441-14（5）（电缆安装验评） 2. 设计部分：5011-8482-10、5011-8413-61 三、发现问题 1. 施工档案问题：无 2. 设计档案问题：无 **结论：**电缆桥架、支架的起始端和终端与接地网连接可靠，全长大于 30 m 时，每隔 20～30 m 增加接地点，档案资料规范完整。上好	符合		

续表

序号	复查要点	复查发现的问题（自查情况）	复查结果		
			符合	基本符合	不符合
1.27	电缆保护管敷设规范，与桥架或槽盒连接卡固接头紧固，埋地电缆管弯头不外露	一、现场实体检查情况 电缆保护管敷设规范，与桥架或槽盒连接卡固接头紧固，埋地电缆管弯头不外露 二、档案号 1.施工部分：5011-8441-14（4）（电缆安装验评） 2.设计部分：5011-8482-12 三、发现问题 1.施工档案问题：无 2.设计档案问题：无 **结论**：电缆保护管敷设规范，与桥架或槽盒连接卡固接头紧固，埋地电缆管弯头不外露，档案资料规范完整。上好	符合		
1.28	电缆敷设规范，转弯半径符合规范，绑扎整齐	一、现场实体检查情况 电缆敷设规范，转弯半径符合规范，绑扎整齐 二、档案号 1.施工部分：5011-8441-14（6）（电缆安装验评） 2.设计部分：5011-8482-12、5011-8413-63 三、发现问题 1.施工档案问题：无 2.设计档案问题：无 **结论**：电缆敷设规范，转弯半径符合规范，绑扎整齐，档案资料规范完整。上好	符合		
1.29	竖井电缆安装排列整齐，穿楼板封堵规范，防火涂料涂刷均匀、无遗漏，标示牌绑扎整齐	一、现场实体检查情况 竖井电缆安装排列整齐，穿楼板封堵规范，防火涂料涂刷均匀、无遗漏，标示牌绑扎整齐 二、档案号 1.施工部分：5011-8441-14（9）（电缆安装验评） 2.设计部分：5011-8482-12、13 三、发现问题 1.施工档案问题：无 2.设计档案问题：无 **结论**：竖井电缆安装排列整齐，穿楼板封堵规范，防火涂料涂刷均匀、无遗漏，标示牌绑扎整齐，档案资料规范完整。上好	符合		

续表

序号	复查要点	复查发现的问题（自查情况）	复查结果		
			符合	基本符合	不符合
1.30	光缆余线盘安装高度符合规范，余线盘绕整齐，盘体及引线与架构绝缘，接地可靠、易拆卸和测试方便	一、现场实体检查情况 光缆余线盘安装高度符合规范，余线盘绕整齐，盘体及引线与架构绝缘，接地可靠、易拆卸和测试方便 二、档案号 1.施工部分：5011-8441-（21～27）（保护验评） 2.设计部分：5001-8282-08、5002-8282-06 三、发现问题 1.施工档案问题：无 2.设计档案问题：无 **结论：**光缆余线盘安装高度符合规范，余线盘绕整齐，盘体及引线与架构绝缘，接地可靠、易拆卸和测试方便，档案资料规范完整。上好	符合		
1.31	蓄电池室采用防爆型灯具、通风电机，室内照明线穿管暗敷，室内无开关、插座	一、现场实体检查情况 蓄电池室采用防爆型灯具、通风电机，室内照明线穿管暗敷，室内无开关、插座 二、档案号 1.施工部分： 5011-8431-28-26（防爆灯） 5011-8431-33-8（主控通信楼） 2.设计部分：5011-8482-08、5011-8413-59、5011-8485-11 三、发现问题 1.施工档案问题：无 2.设计档案问题：无 **结论：**蓄电池室采用防爆型灯具、通风电机，室内照明线穿管暗敷，室内无开关、插座，档案资料规范完整。上好	符合		
1.32	蓄电池连线符合规范规定，正负极和序号标识正确、齐全	一、现场实体检查情况 蓄电池连线符合规范规定，正负极和序号标识正确、齐全 二、档案号 1.施工部分：5011-8441-08（10）（蓄电池安装验评） 2.设计部分：5011-8482-11 三、发现问题 1.施工档案问题：无 2.设计档案问题：无 **结论：**蓄电池连线符合规范规定，正负极和序号标识正确、齐全，档案资料规范完整。上好	符合		

续表

序号	复查要点	复查发现的问题（自查情况）	复查结果		
			符合	基本符合	不符合
1.33	设备涂层及构支架镀锌完整、色泽一致、无锈蚀、无污染	一、现场实体检查情况 设备涂层及构支架镀锌完整、色泽一致、无锈蚀、无污染 二、档案号 1.施工部分：5011-8431-105 2.设计部分：5011-8481-35、37、39、40、42、44、45、47 三、发现问题 1.施工档案问题：无 2.设计档案问题：无 **结论：** 设备涂层及构支架镀锌完整、色泽一致、无锈蚀、无污染，档案资料规范完整。上好	符合		
1.34	设备、系统标识及安全标识醒目、规范、统一	一、现场实体检查情况 设备、系统标识及安全标识醒目、规范、统一 二、档案号 1.施工部分：5011-8441-14（6） 2.设计部分：5011-8482-14 三、发现问题 1.施工档案问题：无 2.设计档案问题：无 **结论：** 设备、系统标识及安全标识醒目、规范、统一，档案资料规范完整。上好	符合		

复查结果统计：
1.总个数：
2.符合个数：
3.基本符合个数：
4.不符合个数：
5.符合率：符合个数 ÷ 总个数 ×100%=_____%

实得分：符合率 ×0.27×100=_____分

复查组成员签名：
复查组组长签名：

年　月　日

表5-3 输变电工程装饰装修现场复查结果表

序号	复查要点	复查发现的问题（自查情况）	复查结果		
			符合	基本符合	不符合
1	装饰装修工程				
1.1	窗套等外檐滴水线施工规范，窗口无渗水痕迹	一、现场实体检查情况 窗套等外檐滴水线施工规范，窗口无渗水痕迹 二、档案号 1.施工部分：5011-8431-33（主控通信楼）等 2.设计部分：5011-8481-（11～17） 三、发现问题 1.施工档案问题：无 2.设计档案问题：无 **结论**：窗套等外檐滴水线施工规范，窗口无渗水痕迹，档案资料规范完整。上好	符合		
1.2	门窗安装规范、配件齐全、启闭灵活，密封胶密封严密、工艺精细	一、现场实体检查情况 门窗安装规范、配件齐全、启闭灵活，密封胶密封严密、工艺精细 二、档案号 1.施工部分：5011-8431-33（主控通信楼） 2.设计部分：5011-8481-（11～17） 三、发现问题 1.施工档案问题：无 2.设计档案问题：无 **结论**：门窗安装规范、配件齐全、启闭灵活，密封胶密封严密、工艺精细，档案资料规范完整。上好	符合		
	推拉门窗防脱落、防碰撞等配件安装齐全牢固、位置正确	一、现场实体检查情况 推拉门窗防脱落、防碰撞等配件安装齐全牢固、位置正确 二、档案号 1.施工部分：5011-8431-33（主控通信楼） 2.设计部分：5011-8481-11、5011-8481-16、5011-8481-17 三、发现问题 1.施工档案问题：无 2.设计档案问题：无 **结论**：推拉门窗防脱落、防碰撞等配件安装齐全牢固、位置正确，档案资料规范完整。上好	符合		

续表

序号	复查要点	复查发现的问题（自查情况）	复查结果		
			符合	基本符合	不符合
1.3	吊顶构造正确、安装牢固、饰面表面洁净、色泽一致、平整，压条平直、无翘曲、宽窄一致	一、现场实体检查情况 吊顶构造正确、安装牢固、饰面表面洁净、色泽一致、平整，压条平直、无翘曲、宽窄一致 二、档案号 1.施工部分：5011-8431-33（主控通信楼） 2.设计部分：5011-8481-11、5011-8481-17 三、发现问题 1.施工档案问题：无 2.设计档案问题：无 **结论**：吊顶构造正确、安装牢固、饰面表面洁净、色泽一致、平整，压条平直、无翘曲、宽窄一致，档案资料规范完整。上好	符合		
1.4	涂料涂饰均匀、色泽一致、粘结牢固，无漏涂、透底、起皮、流坠、裂缝、掉粉、返锈、污染	一、现场实体检查情况 涂料涂饰均匀、色泽一致、粘结牢固，无漏涂、透底、起皮、流坠、裂缝、掉粉、返锈、污染 二、档案号 1.施工部分：5011-8431-33（主控通信楼） 2.设计部分：5011-8481-（11～17） 三、发现问题 1.施工档案问题：无 2.设计档案问题：无 **结论**：涂料涂饰均匀、色泽一致、粘结牢固，无漏涂、透底、起皮、流坠、裂缝、掉粉、返锈、污染，档案资料规范完整。上好	符合		
1.5	墙砖粘贴牢固、无空鼓，面层平整，灰缝均匀、顺直	一、现场实体检查情况 墙砖粘贴牢固、无空鼓，面层平整，灰缝均匀、顺直 二、档案号 1.施工部分：5011-8431-33（主控通信楼） 2.设计部分：5011-8481-（11～17） 三、发现问题 1.施工档案问题：无 2.设计档案问题：无 **结论**：墙砖粘贴牢固、无空鼓，面层平整，灰缝均匀、顺直，档案资料规范完整。上好	符合		

续表

序号	复查要点	复查发现的问题（自查情况）	复查结果		
			符合	基本符合	不符合
1.5	地砖粘贴牢固、无空鼓，坡向、坡度正确，灰缝均匀、顺直	一、现场实体检查情况 地砖粘贴牢固、无空鼓，坡向、坡度正确，灰缝均匀、顺直 二、档案号 1.施工部分：5011-8431-33（主控通信楼） 2.设计部分：5011-8481-11、5011-8481-17、5011-8481-19 三、发现问题 1.施工档案问题：无 2.设计档案问题：无 **结论：**地砖粘贴牢固、无空鼓，坡向、坡度正确，灰缝均匀、顺直，档案资料规范完整。上好	符合		
1.6	饰面材料排列合理、缝隙均匀，表面平整无变形，阴阳角方正顺直，线条清晰	一、现场实体检查情况 饰面材料排列合理、缝隙均匀、表面平整无变形，阴阳角方正顺直，线条清晰 二、档案号 1.施工部分：5011-8431-33（主控通信楼） 2.设计部分：5011-8481-（11～17） 三、发现问题 1.施工档案问题：无 2.设计档案问题：无 **结论：**饰面材料排列合理、缝隙均匀，表面平整无变形，阴阳角方正顺直，线条清晰，档案资料规范完整。上好	符合		
2	观感质量				
2.1	装饰细腻，工艺考究，无片面追求观感质量而违反质量与工艺标准现象	一、现场实体检查情况 装饰细腻，工艺考究，无片面追求观感质量而违反质量与工艺标准现象 二、档案号 设计部分：5011-8481-（11～17） 三、发现问题 设计档案问题：无 **结论：**装饰细腻，工艺考究，无片面追求观感质量而违反质量与工艺标准现象，档案资料规范完整。上好	符合		
	无大面积返修，无擅自增加工序遮掩瑕疵	一、现场实体检查情况 无大面积返修，无擅自增加工序遮掩瑕疵 二、发现问题 1.施工档案问题：无 2.设计档案问题：无 **结论：**无大面积返修，无擅自增加工序遮掩瑕疵，档案资料规范完整。上好	符合		

续表

序号	复查要点	复查发现的问题（自查情况）	复查结果		
			符合	基本符合	不符合
2.2	建（构）筑物外立面、内墙面、顶棚、地面等饰面表面色泽均匀，无明显色差，光洁无污染	一、现场实体检查情况 建（构）筑物外立面、内墙面、顶棚、地面等饰面表面色泽均匀，无明显色差，光洁无污染 二、档案号 1.施工部分：5011-8431-33（主控通信楼） 2.设计部分：5011-8481-（11～17） 三、发现问题 1.施工档案问题：无 2.设计档案问题：无 **结论：** 建（构）筑物外立面、内墙面、顶棚、地面等饰面表面色泽均匀，无明显色差，光洁无污染，档案资料规范完整。上好	符合		
2.3	成品保护有效，环境整洁，无施工遗留物	一、现场实体检查情况 成品保护有效，环境整洁，无施工遗留物 二、发现问题 1.施工档案问题：无 2.设计档案问题：无 **结论：** 成品保护有效，环境整洁，无施工遗留物，档案资料规范完整。上好	符合		

复查结果统计：

1.总个数：

2.符合个数：

3.基本符合个数：

4.不符合个数：

5.符合率：符合个数 ÷ 总个数 ×100%=_____%

实得分：符合率 ×0.05×100=_____分

复查组成员签名：

复查组组长签名：

　　　　　　　　　　　　　　　　　　　　　　　　　　　　　　年　　月　　日

表5-4 输变电工程档案文件现场复查结果表（通用资料）

序号	复查要点	复查发现的问题（自查情况）	复查结果		
			符合	基本符合	不符合
1	项目合规性证明文件				
1.1*	项目核准文件	一、档案号 业主部分：5011-8401-01-1 二、发现问题 业主档案问题：无	符合		
1.2*	土地使用证	一、档案号 业主部分：5011-8401-04-11（不动产权证） 二、发现问题 业主档案问题：无	符合		
1.3*	环境保护验收备案文件	一、档案号 业主部分：5011-8471-10 二、发现问题 业主档案问题：无	符合		
1.4*	水土保持验收备案文件	一、档案号 业主部分：5011-8471-11 二、发现问题 业主档案问题：无	符合		
1.5*	工程竣工决算书或审计报告	一、档案号 业主部分：5011-8472-01-3 二、发现问题 业主档案问题：无	符合		
1.6*	电力工程质量监督报告	一、档案号 业主部分：5011-8422-01 二、发现问题 业主档案问题：无	符合		
1.7	安全设施验收备案报告	一、档案号 业主部分：5011-8471-09 二、发现问题 业主档案问题：无	符合		
1.8	职业卫生验收	一、档案号 业主部分：5011-8471-09 二、发现问题 业主档案问题：无	符合		
1.9*	消防验收文件	一、档案号 业主部分：5011-8471-07 二、发现问题 业主档案问题：无	符合		
1.10	档案验收文件	一、档案号 业主部分：5011-8421-03 二、发现问题 业主档案问题：无	符合		

续表

序号	复查要点	复查发现的问题（自查情况）	复查结果		
			符合	基本符合	不符合
1.11	基建向生产移交签证书	一、档案号 业主部分：5011-8471-12 二、发现问题 业主档案问题：无	符合		
1.12	工程质量评价报告	一、档案号 业主部分：5011-8471-13 二、发现问题 业主档案问题：无	符合		
1.13	工程达标投产验收文件	一、档案号 业主部分：5011-8473-02 二、发现问题 业主档案问题：无	符合		
1.14	电力工程新技术应用专项评价	一、档案号 业主部分：5011-8421-04 二、发现问题 业主档案问题：无	符合		
1.15	电力工程绿色施工专项评价	一、档案号 业主部分：5011-8421-05 二、发现问题 业主档案问题：无	符合		
1.16	电力工程地基基础及结构专项评价	一、档案号 业主部分：5011-8473-03 二、发现问题 业主档案问题：无	符合		
1.17*	工程竣工验收文件	一、档案号 业主部分：5011-8471-12 二、发现问题 业主档案问题：无	符合		
2	工程档案管理				
2.1	基础设施、设备应符合档案安全保管、保护和信息化管理要求	现场实体检查情况：基础设施、设备符合档案安全保管、保护和信息化管理要求 **结论：**基础设施、设备符合档案安全保管、保护和信息化管理要求，档案资料规范完整。上好	符合		
2.2	建设单位组织编制项目文件归档制度或项目档案管理实施细则	一、档案号 业主部分：5011-8421-03 二、发现问题 业主档案问题：无	符合		

续表

序号	复查要点	复查发现的问题（自查情况）	复查结果		
			符合	基本符合	不符合
2.3	项目文件按各专业规程规定的格式填写，内容真实、数据准确	现场检查情况：项目文件按各专业规程规定的格式填写，内容真实、数据准确 **结论**：项目文件按各专业规程规定的格式填写，内容真实、数据准确，档案资料规范完整。上好	符合		
2.4	案卷组合保持工程建设项目的专业性、成套性和系统性，便于快捷检索利用；同事由的文件不得分散或重复组卷	现场检查情况：案卷组合保持工程建设项目的专业性、成套性和系统性，便于快捷检索利用；同事由的文件不得分散或重复组卷 **结论**：案卷组合保持工程建设项目的专业性、成套性和系统性，便于快捷检索利用；同事由的文件不得分散或重复组卷	符合		
2.5	案卷质量符合国家、行业标准要求，案卷题名能准确揭示案卷内容，档案编目规范，装订整齐	现场检查情况：案卷质量符合国家、行业标准要求，案卷题名能准确揭示案卷内容，档案编目规范，装订整齐 **结论**：案卷质量符合国家、行业标准要求，案卷题名能准确揭示案卷内容，档案编目规范，装订整齐	符合		
2.6	对永久保存且涉及项目立项、核准、重要合同及协议、质量监督、质量评价、竣工验收、竣工图及利用频繁的纸质档案进行数字化管理	现场检查情况：已对永久保存且涉及项目立项、核准、重要合同及协议、质量监督、质量评价、竣工验收、竣工图及利用频繁的纸质档案进行数字化管理 **结论**：已对永久保存且涉及项目立项、核准、重要合同及协议、质量监督、质量评价、竣工验收、竣工图及利用频繁的纸质档案进行数字化管理	符合		

复查结果统计：

1. 总个数：

2. 符合个数：

3. 基本符合个数：

4. 不符合个数：

5. 符合率：符合个数 ÷ 总个数 ×100%=_____%

实得分：符合率 ×0.10×100=_____分

复查组成员签名：

复查组组长签名：

年　月　日

注：＊项目为否决性指标，应提供原件备查，符合要求后方可进行现场复查。

表 5-5 输变电工程建筑专业资料现场复查结果表（专业资料）

序号	复查要点	复查发现的问题（自查情况）	复查结果		
			符合	基本符合	不符合
1	建筑专业				
1.1	创优规划和专业创优实施细则，项目工程施工组织设计、各专项施工方案、技术交底等施工技术资料	一、现场检查情况 创优规划和专业创优实施细则完善，项目工程施工组织设计、各专项施工方案、技术交底等施工技术资料齐全 二、档案号 1. 施工部分： 5011-8431-02（施工组织设计、创优实施细则等） 5011-8431-22（施工方案） 5011-8431-23（施工方案） 5011-8431-106（技术交底） 2. 设计部分：5011-8410-01 3. 监理部分：5011-8162-03 4. 业主部分：5011-8420-01 三、发现问题 1. 施工档案问题：无 2. 设计档案问题：无 3. 监理档案问题：无 4. 业主档案问题：无 **结论：** 创优规划和专业创优实施细则完善，项目工程施工组织设计、各专项施工方案、技术交底等施工技术资料齐全，档案资料规范完整。上好	符合		
1.2	专业技术标准清单及动态管理记录	一、现场检查情况 专业技术标准清单及动态管理记录齐全 二、档案号 1. 施工部分：5011-8441-04-12、5011-8441-04-13、5011-8430-02-9 2. 设计部分：5011-8410-01 三、发现问题 1. 施工档案问题：无 2. 设计档案问题：无 **结论：** 专业技术标准清单及动态管理记录齐全，档案资料规范完整。上好	符合		

续表

序号	复查要点	复查发现的问题（自查情况）	复查结果		
			符合	基本符合	不符合
1.3	未使用国家技术公告中明令禁止的技术和材料，单位工程竣工验收报告及竣工图	一、现场检查情况 本工程未使用国家技术公告中明令禁止的技术和材料，单位工程竣工验收报告及竣工图齐全 二、档案号 设计部分：5011-8481-（01～53）、5011-8482-（01～14）、5011-8483-（01～30）、5011-8484-（01～08）、5011-8485-（01～12） 三、发现问题 设计档案问题：无 **结论**：本工程未使用国家技术公告中明令禁止的技术和材料，单位工程竣工验收报告及竣工图齐全，档案资料规范完整。上好	符合		
1.4	重要原材料(含半成品)质量证明、试验(型式检验)报告，进场检验报告，使用跟踪管理台账等文件，主要检测试验报告齐全，至少包括钢筋、水泥出厂检验报告、复验报告；混凝土石、水、外加剂等检验报告	一、现场检查情况 重要原材料(含半成品)质量证明、试验(型式检验)报告，进场检验报告，使用跟踪管理台账等文件，主要检测试验报告齐全，至少包括钢筋、水泥出厂检验报告、复验报告；混凝土石、水、外加剂等检验报告齐全 二、档案号 施工部分： 5011-8431-26 5011-8431-27（原材料） 5011-8431-28（原材料及检测） 5011-8431-108-（5～17）（主材跟踪记录表） 三、发现问题 施工档案问题：无 **结论**：重要原材料（含半成品）质量证明、试验（型式检验）报告，进场检验报告，使用跟踪管理台账等文件，主要检测试验报告齐全，至少包括钢筋、水泥出厂检验报告、复验报告；混凝土石、水、外加剂等检验报告齐全，档案资料规范完整。上好	符合		

续表

序号	复查要点	复查发现的问题（自查情况）	复查结果		
			符合	基本符合	不符合
1.5	核查混凝土配合比报告，混凝土试块强度报告，混凝土抗渗、抗冻检测报告；钢筋焊接工艺试验报告，钢筋机械连接工艺检验报告，钢筋接头现场抽样强度试验报告；化学锚栓拉拔试验、植筋拉拔试验报告等	一、现场检查情况 核查混凝土配合比报告，混凝土试块强度报告，混凝土抗渗、抗冻检测报告；钢筋焊接工艺试验报告，钢筋机械连接工艺检验报告，钢筋接头现场抽样强度试验报告；化学锚栓拉拔试验、植筋拉拔试验报告等齐全 二、档案号 施工部分： 5011-8431-26（配合比、焊接、接头试验） 5011-8431-104-（2～4）（生活污水调节池、回用水池混凝土及抗渗试块） 5011-8431-87-（1～4）、6（主变区域混凝土及抗渗试块） 5011-8431-81-1、2（35千伏屋外配电装置混凝土） 5011-8431-76-1、2（220千伏屋外配电装置混凝土） 5011-8431-69-（1～6）、8（500千伏屋外配电装置混凝土级抗渗试块） 5011-8431-60-1、2、3、6、7、8（消防间及消防小室混凝土） 5011-8431-55-（1～3）（380伏中央配电室混凝土） 5011-8431-51-（1～3）（主变及35千伏继电小室混凝土） 5011-8431-47-（1～3）（220千伏继电小室混凝土） 5011-8431-43-（1～3）（500千伏2号继电小室混凝土） 5011-8431-39-（1～3）（500千伏1号继电小室混凝土） 5011-8431-34-（1～4）（主控通信楼混凝土） 5011-8431-34-7（主控通信楼植筋） 三、发现问题 施工档案问题：无 **结论：**核查混凝土配合比报告，混凝土试块强度报告，混凝土抗渗、抗冻检测报告；钢筋焊接工艺试验报告，钢筋机械连接工艺检验报告，钢筋接头现场抽样强度试验报告；化学锚栓拉拔试验、植筋拉拔试验报告等齐全，档案资料规范完整。上好	符合		
1.6	地基承载力、单桩承载力和桩身完整性必须进行检测，检测结果必须符合设计要求	一、现场检查情况 地基承载力、单桩承载力和桩身完整性必须进行检测，检测结果符合设计要求 二、档案号 1.施工部分：5011-8431-11 2.设计部分：5011-8481-22、34、36、46 三、发现问题 1.施工档案问题：无 2.设计档案问题：无 **结论：**地基承载力、单桩承载力和桩身完整性进行检测，检测结果符合设计要求，档案资料规范完整。上好	符合		

续表

序号	复查要点	复查发现的问题（自查情况）	复查结果		
			符合	基本符合	不符合
1.7	建筑工程地基和基础、主体结构中间质量检查验收文件，施工现场质量管理检查记录，隐蔽工程检查记录，检验批、分项、分部工程质量验收记录，灰缝饱满度检查记录等	一、现场检查情况 建筑工程地基和基础、主体结构中间质量检查验收文件，施工现场质量管理检查记录，隐蔽工程检查记录，检验批、分项、分部工程质量验收记录，灰缝饱满度检查记录等齐全 二、档案号 施工部分： 5011-8473-03-1、2（地基和基础检查综合评价意见、报告） 5011-8431-106-7（施工现场质量管理检查记录） 5011-8431-32-2（主控通信楼隐蔽工程） 5011-8437-37-2（500千伏1号继电小室隐蔽工程） 5011-8437-41-2（500千伏2号继电小室隐蔽工程） 5011-8437-45-2（220千伏继电小室隐蔽工程） 5011-8437-49-2（主变及35千伏继电小室隐蔽工程） 5011-8437-53-2（380伏中央配电室隐蔽工程） 5011-8437-56-2（消防设备间隐蔽工程） 5011-8431-33（主控通信楼） 5011-8431-38（500千伏1号继电小室检验批） 5011-8431-42（500千伏2号继电小室检验批） 5011-8431-46（220千伏继电小室检验批） 5011-8431-50（主变及35千伏继电小室检验批） 5011-8431-54（380伏中央配电室检验批） 5011-8431-59（消防设备间检验批） 5011-8431-66（500千伏屋外配电装置检验批） 5011-8431-73（220千伏屋外配电装置检验批） 5011-8431-79（35千伏屋外配电装置检验批） 5011-8431-85（主变区域检验批） 5011-8431-（96～99）（站区道路、电缆沟、照明及其他工程检验批） 5011-8431-103（站区给水、排水工程检验批）灰浆饱满详见各建筑物单位工程砌体工程检验批 三、发现问题 施工档案问题：无 **结论：**建筑工程地基和基础、主体结构中间质量检查验收文件，施工现场质量管理检查记录，隐蔽工程检查记录，检验批、分项、分部工程质量验收记录，灰缝饱满度检查记录等齐全，档案资料规范完整。上好	符合		

续表

序号	复查要点	复查发现的问题（自查情况）	复查结果		
			符合	基本符合	不符合
1.8	移交前和移交后沉降观测报告和记录	一、现场检查情况 移交前和移交后沉降观测报告和记录齐全 二、档案号 1. 施工部分： 5011-8431-32-6（主控通信楼） 5011-8437-37-6（500千伏1号继电小室） 5011-8437-41-6（500千伏2号继电小室） 5011-8437-45-6（220千伏继电小室） 5011-8437-49-6（主变及35千伏继电小室） 5011-8437-53-6（380伏中央配电室） 5011-8437-56-6（消防设备间） 5011-8431-65-5（500千伏屋外配电装置） 5011-8431-72-4（220千伏屋外配电装置） 5011-8431-84-5（主变区域） 5011-8431-11（移交后） 三、发现问题 施工档案问题：无 **结论：**移交前和移交后沉降观测报告和记录齐全，档案资料规范完整。上好	符合		
1.9	确定重要梁板结构检测部位的技术文件、混凝土结构实体强度报告（同条件养护试块）、钢筋保护层厚度测试报告	一、现场检查情况 确定重要梁板结构检测部位的技术文件、混凝土结构实体强度报告（同条件养护试块）、钢筋保护层厚度测试报告齐全 二、档案号 施工部分： 5011-8431-23-7（混凝土同条件养护试块留置方案） 5011-8431-87-5（主变防火墙同养） 5011-8431-69-7（高抗防火墙同养） 5011-8431-60-4（消防设备间同养） 5011-8431-55-4（380V中央配电室同养） 5011-8431-51-4（主变及35千伏继电小室同养） 5011-8431-47-4（220千伏继电小室同养） 5011-8431-43-4（500千伏2号继电小室同养） 5011-8431-39-4（500千伏1号继电小室同养） 5011-8431-34-5（主控通信楼同养） 5011-8431-29-（2～7）（钢筋保护层厚度） 三、发现问题 施工档案问题：无 **结论：**确定重要梁板结构检测部位的技术文件、混凝土结构实体强度报告（同条件养护试块）、钢筋保护层厚度测试报告齐全，档案资料规范完整。上好	符合		

续表

序号	复查要点	复查发现的问题（自查情况）	复查结果		
			符合	基本符合	不符合
1.10	钢结构焊接质量符合国家现行标准规定	一、现场检查情况 钢结构焊接质量符合国家现行标准规定 二、档案号 施工部分：现场检查 三、发现问题 施工档案问题：无 **结论：**钢结构焊接质量符合国家现行标准规定，档案资料规范完整。上好	符合		
1.11	现场处理的构件摩擦面抗滑移系数试验符合设计要求	本工程没有现场处理构件			
1.12	建筑电气工程全负荷试验记录、通风空调系统试运行记录、电梯工程系统试运行及电梯运行记录	一、现场检查情况 建筑电气工程全负荷试验记录、通风空调系统试运行记录、电梯工程系统试运行及电梯运行记录齐全 二、档案号 施工部分：5011-8431-32-3（主控通信楼） 5011-8437-37-3（500千伏1号继电小室） 5011-8437-41-3（500千伏2号继电小室） 5011-8437-45-3（220千伏继电小室） 5011-8437-49-3（主变及35千伏继电小室） 5011-8437-53-3（380伏中央配电室） 三、发现问题 施工档案问题：无 **结论：**建筑电气工程全负荷试验记录、通风空调系统试运行记录、电梯工程系统试运行及电梯运行记录齐全，档案资料规范完整。上好	符合		
1.13	生活饮用水管道冲洗、消毒记录，生活饮用水检验检测报告，给排水、采暖工程试验运行记录	一、现场检查情况 生活饮用水管道冲洗、消毒记录，生活饮用水检验检测报告，给排水、采暖工程试验运行记录齐全 二、档案号 施工部分： 5011-8431-29-9（生活饮用水检测报告） 5011-8431-102-2（站区给水、排水） 三、发现问题 施工档案问题：无 **结论：**生活饮用水管道冲洗、消毒记录，生活饮用水检验检测报告，给排水、采暖工程试验运行记录齐全，档案资料规范完整。上好	符合		

续表

序号	复查要点	复查发现的问题（自查情况）	复查结果		
			符合	基本符合	不符合
1.14	厕浴间等有防水要求的地面蓄水记录、屋面蓄水检验记录、淋水试验记录或大雨观察记录等	一、现场检查情况 厕浴间等有防水要求的地面蓄水记录、屋面蓄水检验记录、淋水试验记录或大雨观察记录齐全 二、档案号 施工部分： 5011-8431-32-3（主控通信楼） 5011-8437-37-3（500千伏1号继电小室） 5011-8437-41-3（500千伏2号继电小室） 5011-8437-45-3（220千伏继电小室） 5011-8437-49-3（主变及35千伏继电小室） 5011-8437-53-3（380伏中央配电室） 5011-8437-56-3（消防设备间） 三、发现问题 施工档案问题：无 **结论**：厕浴间等有防水要求的地面蓄水记录、屋面蓄水检验记录、淋水试验记录或大雨观察记录齐全，档案资料规范完整。上好	符合		
1.15	建筑节能、保温等检测、试验记录	一、现场检查情况 建筑节能、保温等检测、试验记录齐全 二、档案号 施工部分：5011-8431-28（加气混凝土砌块、挤塑保温板、抗裂混凝土浆等） 三、发现问题 施工档案问题：无 **结论**：建筑节能、保温等检测、试验记录齐全，档案资料规范完整。上好	符合		
1.16	主控制室等长期有人值班场所室内环境检测报告	一、现场检查情况 主控制室等长期有人值班场所室内环境检测报告记录齐全 二、档案号 施工部分：5011-8431-35-1（主控通信楼） 三、发现问题 施工档案问题：无 **结论**：主控制室等长期有人值班场所室内环境检测报告记录齐全，档案资料规范完整。上好	符合		

续表

序号	复查要点	复查发现的问题（自查情况）	复查结果		
			符合	基本符合	不符合
2	安装专业				
2.1	创优规划和专业创优实施细则，施工组织设计、各专项施工方案、技术交底等施工技术资料	一、现场检查情况 创优规划和专业创优实施细则，施工组织设计、各专项施工方案、技术交底等施工技术资料齐全 二、档案号 1.施工部分： 5011-8430-02-2（创优策划实施细则） 5011-8430-02-1（施工组织设计） 5011-8441-01（电气施工方案） 5011-8441-05（电气技术交底） 2.设计部分：5011-8410-01 3.监理部分：5011-8162-03 4.业主部分：5011-8420-01 三、发现问题 1.施工档案问题：无 2.设计档案问题：无 3.监理档案问题：无 4.业主档案问题：无 **结论：**创优规划和专业创优实施细则，施工组织设计、各专项施工方案、技术交底等施工技术资料齐全，档案资料规范完整。上好	符合		
2.2	专业质量技术标准清单及动态管理记录	一、现场检查情况 专业质量技术标准清单及动态管理记录齐全 二、档案号 1.施工部分：5011-8441-04-12、13（电气部分） 2.设计部分：5011-8410-01 三、发现问题 1.施工档案问题：无 2.设计档案问题：无 **结论：**专业质量技术标准清单及动态管理记录齐全，档案资料规范完整。上好	符合		
2.3	质量验收项目划分表符合验收规程要求	一、现场检查情况 质量验收项目划分表符合验收规程要求 二、档案号 施工部分：5011-8441-04-（7～10）（质量验收项目划分表） 三、发现问题 施工档案问题：无 **结论：**质量验收项目划分表符合验收规程要求，档案资料规范完整。上好	符合		

续表

序号	复查要点	复查发现的问题（自查情况）	复查结果		
			符合	基本符合	不符合
2.4	原材料、半成品(含绝缘油、电缆防火封堵材料等)质量证明文件与现场复检报告完整有效	一、现场检查情况 原材料、半成品（含绝缘油、电缆防火封堵材料等）质量证明文件与现场复检报告完整有效 二、档案号 施工部分： 5011-8441-06-（1～10）（原材料质量证明） 5011-8441-06-11、12（半成品质量证明） 5011-8441-34-（1～15）、24（绝缘油） 5011-8441-17-12（电缆防火封堵材） 三、发现问题 施工档案问题：无 **结论：**原材料、半成品（含绝缘油、电缆防火封堵材料等）质量证明文件与现场复检报告完整有效，档案资料规范完整。上好	符合		
2.5	施工技术记录规范完整、真实有效	一、现场检查情况 施工技术记录规范完整、真实有效 二、档案号 施工部分：5011-8441-04-12、13 三、发现问题 施工档案问题：无 **结论：**施工技术记录规范完整、真实有效，档案资料规范完整。上好	符合		
2.6	试验室仪表检定用标准表和标准仪器检定文件齐全有效	一、现场检查情况 试验室仪表检定用标准表和标准仪器检定文件齐全有效 二、档案号 1.施工部分：5011-8441-04-23 三、发现问题 施工档案问题：无 **结论：**试验室仪表检定用标准表和标准仪器检定文件齐全有效，档案资料规范完整。上好	符合		
2.7	设备及系统保护定值整定记录及审批文件齐全准确	一、现场检查情况 设备及系统保护定值整定记录及审批文件齐全准确 二、档案号 施工部分：5011-8471-（06～16）（保护定值整定值） 三、发现问题 施工档案问题：无 **结论：**设备及系统保护定值整定记录及审批文件齐全准确，档案资料规范完整。上好	符合		

续表

序号	复查要点	复查发现的问题（自查情况）	复查结果		
			符合	基本符合	不符合
2.8	设备单体调试、测试报告（含高压电器耐压试验）和系统调试内容完整，数据及结论准确，报告格式符合标准规定	一、现场检查情况 设备单体调试、测试报告（含高压电器耐压试验）和系统调试内容完整，数据及结论准确，报告格式符合标准规定 二、档案号 施工部分： 5011-8441-（18～20）（高试验评） 5011-8441-（21～29）（保护验评） 5011-8441-（31～33）（高试报告） 5011-8451-（01～05）（保护报告） 三、发现问题 施工档案问题：无 **结论：**设备单体调试、测试报告（含高压电器耐压试验）和系统调试内容完整，数据及结论准确，报告格式符合标准规定，档案资料规范完整。上好	符合		
2.9	质量验收及签证（含隐蔽工程、辅机分部试运等）齐全完整，定性、定量结论准确，签字规范	一、现场检查情况 质量验收及签证(含隐蔽工程、辅机分部试运等)齐全完整，定性、定量结论准确，签字规范 二、档案号 施工部分： 5011-8441-（07～14）（安装验评） 5011-8441-（18～20）（高试验评） 5011-8441-（21～29）（保护验评，5011-8441-（31～33）（高试报告） 5011-8451-（01～05）（保护报告） 三、发现问题 施工档案问题：无 **结论：**质量验收及签证（含隐蔽工程、辅机分部试运等）齐全完整，定性、定量结论准确，签字规范，档案资料规范完整。上好	符合		

复查结果统计：
1.总个数：
2.符合个数：
3.基本符合个数：
4.不符合个数：
5.符合率：符合个数 ÷ 总个数 ×100%=_____%

实得分：符合率 ×0.10×100=_____分

复查组成员签名：
复查组组长签名：

　　　　　　　　　　　　　　　　　　　　　　　　　年　　月　　日

<h2 align="center">表5-6 输变电工程科技进步与创新现场复查结果表</h2>

序号	复查要点	复查发现的问题（自查情况）	复查结果		
			符合	基本符合	不符合
1	工程获奖				
1.1	中国电力优（省部级）	档案号：5011-8474-01 发现问题：无	符合		
1.2	结构工程奖、基础工程奖或不少于两次地基结构中间检查	档案号：5011-8474-01 发现问题：无	符合		
1.3	省部级及以上科技进步奖≥3项	档案号：5011-8474-01 发现问题：无	符合		
1.4	省部级及以上QC成果奖≥3项	档案号：5011-8474-01 发现问题：无	符合		
1.5	省部级及以上工法	档案号：5011-8474-01 发现问题：无	符合		
1.6	发明专利或实用新型专利	档案号：5011-8474-01 发现问题：无	符合		
2	推广应用新技术				
2.1	一项国内领先或建筑业10项新技术中6项以上	档案号： 5011-8481-（11～17） 发现问题：无	符合		

复查结果统计：
1. 总个数：
2. 符合个数：
3. 基本符合个数：
4. 不符合个数：
5. 符合率：符合个数 ÷ 总个数 ×100%=_____%

实得分：符合率 ×0.03×100=_____分

复查组成员签名：
复查组组长签名：

年 月 日

表5-7　输变电工程节能环保管理现场复查结果表

序号	复查要点	复查发现的问题（自查情况）	复查结果		
			符合	基本符合	不符合
1	节能与能源利用				
1.1	施工现场用电规划合理，照明采用节能器材	一、现场实体检查情况 施工现场用电规划合理，照明采用节能器材 二、档案号 施工部分： 5011-8431-22-2（施工现场临时用电施工方案） 5011-8430-02（绿色施工专项方案） 三、发现问题 施工档案问题：无 **结论：** 施工现场用电规划合理，照明采用节能器材，档案资料规范完整。上好	符合		
1.2	施工、生活用电、采暖计量表完备，推广应用高效节电设备	一、现场实体检查情况 施工、生活用电、采暖计量表完备，推广应用高效节电设备 二、档案号 施工部分：5011-8431-108-4（用电量统计记录表） 三、发现问题 施工档案问题：无 **结论：** 施工、生活用电、采暖计量表完备，推广应用高效节电设备，档案资料规范完整。上好	符合		
1.3	推广应用减烟节油设备	本工程无此项			
1.4	充分利用当地气候和自然资源条件，尽量减少夜间作业和冬期施工	一、现场实体检查情况 充分利用当地气候和自然资源条件，减少夜间作业和冬期施工 二、档案号 施工部分： 5011-8430-02（绿色施工专项方案） 三、发现问题 施工档案问题：无 **结论：** 充分利用当地气候和自然资源条件，减少夜间作业和冬期施工，档案资料规范完整。上好	符合		
2	节地与土地资源利用				
2.1	施工总平面布置应紧凑，减少占地	一、现场实体检查情况 施工总平面布置紧凑，减少占地 二、档案号 施工部分：5011-8430-02-1（施工组织设计） 三、发现问题 施工档案问题：无 **结论：** 施工总平面布置紧凑，减少占地，档案资料规范完整。上好	符合		

续表

序号	复查要点	复查发现的问题（自查情况）	复查结果		
			符合	基本符合	不符合
2.2	施工场地应有设备、材料定位布置图，实施动态管理	一、现场实体检查情况 施工场地有设备、材料定位布置图，实施动态管理 二、档案号 施工部分： 5011-8430-02-1（施工组织设计） 5011-8441-01（电气施工方案） 三、发现问题 施工档案问题：无 **结论：**施工场地有设备、材料定位布置图，实施动态管理，档案资料规范完整。上好	符合		
2.3	合理安排材料堆放场地，加快场地的周转使用，减少占用周期	一、现场实体检查情况 合理安排材料堆放场地，加快场地的周转使用，减少占用周期 二、档案号 施工部分： 5011-8430-02-1（施工组织设计） 5011-8441-01（电气施工方案） 三、发现问题 施工档案问题：无 **结论：**合理安排材料堆放场地，加快场地的周转使用，减少占用周期，档案资料规范完整。上好	符合		
2.4	土方工程调配方案和施工方案合理，有效利用现场及周围自然条件，减少工作量和土方购置量	一、现场实体检查情况 土方工程调配方案和施工方案合理，有效利用现场及周围自然条件，减少工作量和土方购置量 二、档案号 1.施工部分：5011-8431-23-3（土方回填施工方案） 2.设计部分：5011-8481-04（场地平整） 三、发现问题 1.施工档案问题：无 2.设计档案问题：无 **结论：**土方工程调配方案和施工方案合理，有效利用现场及周围自然条件，减少工作量和土方购置量，档案资料规范完整。上好	符合		

续表

序号	复查要点	复查发现的问题（自查情况）	复查结果		
			符合	基本符合	不符合
2.5	站区临建设施、道路永临结合，节约占地	一、现场实体检查情况 站区临建设施、道路永临结合，节约占地 二、档案号 1.施工部分：5011-8431-22-6（项目部临时设施施工方案） 2.设计部分：5011-8481-05 三、发现问题 1.施工档案问题：无 2.设计档案问题：无 **结论：**站区临建设施、道路永临结合，节约占地，档案资料规范完整。上好	符合		
3	节水与水资源利用				
3.1	施工现场供排水系统合理适用，采用节水器具，施工、生活用水计量表完备	一、现场实体检查情况 施工现场供排水系统合理适用，采用节水器具，施工、生活用水计量表完备 二、档案号 施工部分： 5011-8431-108-3（用水量统计记录表） 5011-8430-02（绿色施工专项方案） 三、发现问题 施工档案问题：无 **结论：**施工现场供排水系统合理适用，采用节水器具，施工、生活用水计量表完备，档案资料规范完整。上好	符合		
3.2	现场机具、设备、车辆冲洗水处理后排放或循环再用	一、现场实体检查情况 现场机具、设备、车辆冲洗水处理后排放或循环再用 二、档案号 施工部分：5011-8430-02（绿色施工专项方案） 三、发现问题 施工档案问题：无 **结论：**现场机具、设备、车辆冲洗水处理后排放或循环再用，档案资料规范完整。上好	符合		

续表

序号	复查要点	复查发现的问题（自查情况）	复查结果		
			符合	基本符合	不符合
4	节材与材料资源利用				
4.1	采用符合设计要求的绿色环保新型材料	一、现场实体检查情况 采用符合设计要求的绿色环保新型材料 二、档案号 1.施工部分：5011-8431-28（原材料及检测） 2.设计部分：5011-8481-（11～17） 三、发现问题 1.施工档案问题：无 2.设计档案问题：无 **结论：**采用符合设计要求的绿色环保新型材料，档案资料规范完整。上好	符合		
4.2	材料计划准确、储量适中、使用合理	一、现场实体检查情况 材料计划准确、储量适中、使用合理 二、档案号 施工部分： 5011-8430-02-1（施工组织设计） 5011-8430-02（绿色施工专项方案） 三、发现问题 施工档案问题：无 **结论：**材料计划准确、储量适中、使用合理，档案资料规范完整。上好	符合		
4.3	安装主材用量符合施工图设计值，减少材料损耗和浪费	一、现场实体检查情况 安装主材用量符合施工图设计值，减少了材料损耗和浪费 二、档案号 1.施工部分：5011-8430-02-6（绿色施工专项方案） 2.设计部分：5011-8481-（22～28）、35、37、39、40、42、44、45、47 三、发现问题 1.施工档案问题：无 2.设计档案问题：无 **结论：**安装主材用量符合施工图设计值，减少了材料损耗和浪费，档案资料规范完整。上好	符合		
4.4	模板、脚手架等周转性材料及时回收、管理有序，提高周转次数	一、现场实体检查情况 模板、脚手架等周转性材料及时回收、管理有序，提高了周转次数 二、档案号 施工部分：5011-8430-02-6（绿色施工专项方案） 三、发现问题 施工档案问题：无 **结论：**模板、脚手架等周转性材料及时回收、管理有序，提高了周转次数，档案资料规范完整。上好	符合		

续表

序号	复查要点	复查发现的问题（自查情况）	复查结果		
			符合	基本符合	不符合
4.5	设备材料零库存措施合理，效果明显，临时维护材料及时回收，降低损坏率	一、现场实体检查情况 设备材料零库存措施合理，效果明显，临时维护材料及时回收，降低了损坏率 二、档案号 施工部分：5011-8430-02-6（绿色施工专项方案） 三、发现问题 施工档案问题：无 **结论：**设备材料零库存措施合理，效果明显，临时维护材料及时回收，降低了损坏率，档案资料规范完整。上好	符合		
4.6	推广应用高性能混凝土，采用高强钢筋，减少用钢量	一、现场实体检查情况 已采用高强钢筋，减少了用钢量 二、档案号 1.施工部分： 5011-8430-02-2（创优策划实施细则） 5011-8431-26-10（钢筋报审） 2.设计部分：5011-8481-（22～28） 三、发现问题 1.施工档案问题：无 2.设计档案问题：无 **结论：**已采用高强钢筋，减少了用钢量，档案资料规范完整。上好	符合		
4.7	模板和支撑尽量采取以钢代木，减少木材用量	一、现场实体检查情况 模板和支撑采取了以钢代木，减少了木材用量 二、档案号 施工部分：5011-8430-02-6（绿色施工专项方案） 三、发现问题 施工档案问题：无 **结论：**模板和支撑采取了以钢代木，减少了木材用量，档案资料规范完整。上好	符合		
4.8	废材回收制度健全，现场实现无焊条头、无废弃电缆和成型桥架，实现边角余料回收	一、现场实体检查情况 废材回收制度健全，现场实现无焊条头、无废弃电缆和成型桥架，实现了边角余料回收 二、档案号 施工部分：8431-22-5（安全文明施工二次策划书） 三、发现问题 施工档案问题：无 **结论：**废材回收制度健全，现场实现无焊条头、无废弃电缆和成型桥架，实现了边角余料回收，档案资料规范完整。上好	符合		

续表

序号	复查要点	复查发现的问题（自查情况）	复查结果		
			符合	基本符合	不符合
5	环境保护效果				
5.1	现场施工标牌应包括环境保护内容，并在醒目位置设环境保护标志	一、现场实体检查情况 现场施工标牌包括环境保护内容，并在醒目位置设环境保护标志 二、档案号 施工部分：5011-8431-225S（管理策划） 三、发现问题 施工档案问题：无 **结论：**现场施工标牌包括环境保护内容，并在醒目位置设环境保护标志，档案资料规范完整。上好	符合		
5.2	施工作业应采取有效防尘、抑尘措施，实施效果不得超出限额控制指标	一、现场实体检查情况 施工作业采取了有效防尘、抑尘措施，实施效果没有超出限额控制指标 二、档案号 施工部分：8430-02-4（安全、质量施工管理制度）（尘毒安全健康管理制度） 8431-108-2扬尘检查记录表 三、发现问题 施工档案问题：无 **结论：**施工作业采取了有效防尘、抑尘措施，实施效果没有超出限额控制指标，档案资料规范完整。上好	符合		
5.3	对现场施工机械、设备噪声等强噪声源，应采取降噪隔音措施，应符合《建筑施工场界环境噪声排放标准》（GB 12523）规定	一、现场实体检查情况 对现场施工机械、设备噪声等强噪声源，采取了降噪隔音措施，符合《建筑施工场界环境噪声排放标准》（GB 12523）规定 二、档案号 施工部分： 8430-02-4（安全、质量施工管理制度、噪声管理制度） 8431-22-5安全文明施工二次策划书 三、发现问题 施工档案问题：无 **结论：**对现场施工机械、设备噪声等强噪声源，采取了降噪隔音措施，符合《建筑施工场界环境噪声排放标准》（GB 12523）规定，档案资料规范完整。上好	符合		

续表

序号	复查要点	复查发现的问题（自查情况）	复查结果		
			符合	基本符合	不符合
5.4	废水、污水、废油经无害化处理后，循环利用，废液排放应符合国家和地方的污染物排放标准	一、现场实体检查情况 废水、污水、废油经无害化处理后，循环利用，废液排放符合国家和地方的污染物排放标准 二、档案号 1.施工部分：5011-8430-02（绿色施工专项方案） 2.设计部分：5011-8485-08 三、发现问题 1.施工档案问题：无 2.设计档案问题：无 **结论：** 废水、污水、废油经无害化处理后，循环利用，废液排放符合国家和地方的污染物排放标准，档案资料规范完整。上好	符合		
5.5	强光源控制及光污染应采取有效防范措施	一、现场实体检查情况 强光源控制及光污染采取了有效防范措施 二、档案号 施工部分：5011-8430-02（绿色施工专项方案） 三、发现问题 施工档案问题：无 无**结论：** 强光源控制及光污染采取了有效防范措施，档案资料规范完整。上好	符合		
5.6	现场危险品、有毒物品、有害气体存放应采取隔离措施，并设置安全警示标志	一、现场实体检查情况 现场危险品、有毒物品、有害气体存放采取了隔离措施，并设置了安全警示标志 二、档案号 施工部分：50118430-02-4(安全、质量施工管理制度、危险品及重大危险源管理制度) 三、发现问题 施工档案问题：无 **结论：** 现场危险品、有毒物品、有害气体存放采取了隔离措施，并设置了安全警示标志，档案资料规范完整。上好	符合		
5.7	防腐施工应采取有效措施，减少对环境的污染	一、现场实体检查情况 防腐施工采取了有效措施，减少了对环境的污染 二、档案号 施工部分：5011-8441-37（构支架防腐喷涂施工方案） 三、发现问题 施工档案问题：无 **结论：** 防腐施工采取了有效措施，减少了对环境的污染，档案资料规范完整。上好	符合		

续表

序号	复查要点	复查发现的问题（自查情况）	复查结果		
			符合	基本符合	不符合
5.8	装饰装修产生的有害气体及时排放；正式投入使用前，室内环境污染检测完毕，并符合国家现行标准限值	一、现场实体检查情况 装饰装修产生的有害气体及时排放；正式投入使用前，室内环境污染检测完毕，并符合国家现行标准限值 二、档案号 施工部分：5011-8431-35-1（主控通信楼室内环境检测） 三、发现问题 施工档案问题：无 **结论**：装饰装修产生的有害气体及时排放；正式投入使用前，室内环境污染检测完毕，并符合国家现行标准限值，档案资料规范完整。上好	符合		

复查结果统计：
1.总个数：
2.符合个数：
3.基本符合个数：
4.不符合个数：
5.符合率：符合个数 ÷ 总个数 ×100%=_____%

实得分：（1）+（2）=_____分
（1）符合率 ×0.06×100=_____分
（2）获得地市级以上文明工地得 1 分

复查组成员签名：
复查组组长签名：

年　月　日

表 5-8 输变电工程管理现场复查结果表

序号	复查要点	复查发现的问题（自查情况）	复查结果		
			符合	基本符合	不符合
1	工程管理				
1.1	质量管理体系、职业健康安全管理体系、环境管理体系认证证书在有效期内，项目管理体系健全，覆盖工程全过程；过程管理记录齐全、真实	一、现场检查情况 质量管理体系、职业健康安全管理体系、环境管理体系认证证书在有效期内，项目管理体系健全，覆盖工程全过程；过程管理记录齐全、真实 二、档案号 1.施工部分：5011-8430-03-02（三标体系） 2.设计部分：5011-8410-02 3.监理部分：5011-8462-02 三、发现问题 1.施工档案问题：无 2.设计档案问题：无 3.监理档案问题：无 **结论**：质量管理体系、职业健康安全管理体系、环境管理体系认证证书在有效期内，项目管理体系健全，覆盖工程全过程；过程管理记录齐全、真实；档案资料记录规范完整。上好	符合		
1.2	创优目标明确，创优策划体现全过程质量控制，参建单位制定具有操作性的实施细则并已实施	一、现场检查情况 创优目标明确，创优策划体现全过程质量控制，参建单位制定具有操作性的实施细则并已实施 二、档案号 1.施工部分：5011-8430-02-2（创优实施细则） 2.设计部分：5011-8410-01 3.监理部分：5011-8162-03 4.业主部分：5011-8420-01 三、发现问题 1.施工档案问题：无 2.设计档案问题：无 3.监理档案问题：无 4.业主档案问题：无 **结论**：创优目标明确，创优策划体现全过程质量控制，参建单位制定具有操作性的实施细则并已实施，档案资料记录规范完整。上好	符合		
1.3	法规、标准清单实行动态管理	一、现场检查情况 法规、标准清单实行动态管理 二、档案号 1.施工部分：5011-8441-04-12、13（电气部分） 2.设计部分：5011-8410-01 3.监理部分：5011-8162-03 4.业主部分：5011-8420-02 三、发现问题 1.施工档案问题：无	符合		

续表

序号	复查要点	复查发现的问题（自查情况）	复查结果		
			符合	基本符合	不符合
1.3	法规、标准清单实行动态管理	2.设计档案问题：无 3.监理档案问题：无 4.业主档案问题：无 **结论**：法规、标准清单实行动态管理，档案资料记录规范完整。上好	符合		
1.4	施工图会检记录齐全，设计更改管理制度完善，施工图设计符合初步设计审查批复要求，重大设计变更按程序批准	一、现场检查情况 施工图会检记录齐全，设计更改管理制度完善，施工图设计符合初步设计审查批复要求，重大设计变更按程序批准 二、档案号 1.施工部分：5011-8462-17、11、12（施工图会审纪要）5011-8414-02（设计变更） 2.设计部分：5011-8410-02 3.监理部分：5011-8162-17 三、发现问题 1.施工档案问题：无 2.设计档案问题：无 3.监理档案问题：无 **结论**：施工图会检记录齐全，设计更改管理制度完善，施工图设计符合初步设计审查批复要求，重大设计变更按程序批准，档案资料记录规范完整。上好	符合		
1.5	未擅自扩大建设规模或提高建设标准	一、现场检查情况 未擅自扩大建设规模或提高建设标准 二、档案号 业主部分：5011-8411-05、5011-8401-01、5011-8412-08 三、发现问题 业主档案问题：无 **结论**：未擅自扩大建设规模或提高建设标准，档案资料记录规范完整。上好	符合		
1.6	竣工决算未超出批准动态概算	一、现场检查情况 竣工决算未超出批准动态概算 二、档案号 业主部分：5011-8472-01 三、发现问题 业主档案问题：无 **结论**：竣工决算未超出批准动态概算，档案资料记录规范完整。上好	符合		

续表

序号	复查要点	复查发现的问题（自查情况）	复查结果		
			符合	基本符合	不符合
1.7	科技创新、技术进步形成的优化设计方案应按规定程序审批	一、现场检查情况 科技创新、技术进步形成的优化设计方案按规定程序审批 二、档案号 设计部分：5011-8410-01 三、发现问题 设计档案问题：无 **结论：** 科技创新、技术进步形成的优化设计方案按规定程序审批，档案资料记录规范完整。上好	符合		
1.8	首次使用的新材料、新设备应有鉴定报告或允许使用证明文件	本工程无此项内容			
1.9	设计单位提交工程质量检查报告、工程总结	一、现场检查情况 设计单位提交工程质量检查报告、工程总结 二、档案号 设计部分：5011-8410-01、5011-8471-05 三、发现问题 设计档案问题：无 **结论：** 设计单位提交工程质量检查报告、工程总结，档案资料记录规范完整。上好	符合		
1.10	监理单位提交工程总体质量评估报告	一、现场检查情况 监理单位提交工程总体质量评估报告 二、档案号 监理部分：5011-8473-01 三、发现问题 监理档案问题：无 **结论：** 监理单位提交工程总体质量评估报告，档案资料记录规范完整。上好	符合		
2	安全管理				
2.1	安全管理目标明确，组织机构健全	一、现场检查情况 安全管理目标明确，组织机构健全 二、档案号 1.施工部分：5011-8431-23-2（安全生产责任书） 2.设计部分：5011-8410-01、02 3.监理部分：5011-8162-02 4.业主部分：5011-8421-01、5011-8420-01 三、发现问题 1.施工档案问题：无 2.设计档案问题：无 3.监理档案问题：无	符合		

续表

序号	复查要点	复查发现的问题（自查情况）	复查结果		
			符合	基本符合	不符合
2.1	安全管理目标明确，组织机构健全	4.业主档案问题：无 **结论：**安全管理目标明确，组织机构健全，档案资料记录规范完整。上好	符合		
2.2	各单位签订安全生产责任书，各自的权利、义务与责任明确	一、现场检查情况 各单位签订安全生产责任书，各自的权利、义务与责任明确 二、档案号 1.施工部分：5011-8431-23-2（安全生产责任书） 2.设计部分：5011-8410-02 3.监理部分：5011-8162-02 三、发现问题 1.施工档案问题：无 2.设计档案问题：无 3.监理档案问题：无 **结论：**各单位签订安全生产责任书，各自的权利、义务与责任明确，档案资料记录规范完整。上好	符合		
2.3	安全管理制度及相应的操作规程完善	一、现场检查情况 安全管理制度及相应的操作规程完善 二、档案号 1.施工部分：5011-8430-02-04（安全管理制度） 2.设计部分：5011-8410-02 3.监理部分：5011-8462-02 三、发现问题 1.施工档案问题：无 2.设计档案问题：无 3.监理档案问题：无 **结论：**安全管理制度及相应的操作规程完善，档案资料记录规范完整。上好	符合		
2.4	施工过程中安全风险辨识与控制符合规定	一、现场检查情况 施工过程中安全风险辨识与控制符合规定 二、档案号 施工部分：5011-8441-04-14、15、16（电气部分安全风险辨识） 三、发现问题 施工档案问题：无 **结论：**施工过程中安全风险辨识与控制符合规定，档案资料记录规范完整。上好	符合		
2.5	安全检查提出问题及整改闭环记录完整	一、现场检查情况 安全检查提出问题及整改闭环记录完整 二、档案号 施工部分：5011-8440-02、5011-8431-110	符合		

续表

序号	复查要点	复查发现的问题（自查情况）	复查结果		
			符合	基本符合	不符合
2.5	安全检查提出问题及整改闭环记录完整	三、发现问题 施工档案问题：无 **结论**：安全检查提出问题及整改闭环记录完整，档案资料记录规范完整。上好	符合		
2.6	特种作业人员经专项培训，持证上岗	一、现场检查情况 特种作业人员经专项培训，持证上岗 二、档案号 施工部分：5011-8462-25、5011-8462-23 三、发现问题 施工档案问题：无 **结论**：特种作业人员经专项培训，持证上岗，档案资料记录规范完整。上好	符合		
2.7	危险性较大的分部分项工程应有专项安全施工方案，超过一定规模的应有专家论证	一、现场检查情况 危险性较大的分部分项工程有专项安全施工方案，超过一定规模的有专家论证 二、档案号 施工部分：5011-8441-01（3、4）（构支架方案）、5011-8431-23-10（防火墙）、5011-8431-22-14（土方开挖工程） 三、发现问题 施工档案问题：无 **结论**：危险性较大的分部分项工程有专项安全施工方案，超过一定规模的有专家论证，档案资料记录规范完整。上好	符合		
2.8	备用电源、不间断电源及保安电源切换、运行可靠	一、现场检查情况 备用电源、不间断电源及保安电源切换、运行可靠 二、档案号 1.施工部分：5011-8451-03-18、5011-8451-03-19 2.设计部分：5011-8483-24 三、发现问题 1.施工档案问题：无 2.设计档案问题：无 **结论**：备用电源、不间断电源及保安电源切换、运行可靠，档案资料记录规范完整。上好	符合		
2.9	试运、生产阶段严格执行"两票三制"	一、现场检查情况 试运、生产阶段严格执行"两票三制" 二、档案号 运行部分：操作票、工作票、相关制度 三、发现问题 运行档案问题：无 **结论**：试运、生产阶段严格执行"两票三制"，档案资料记录规范完整。上好	符合		

续表

序号	复查要点	复查发现的问题（自查情况）	复查结果		
			符合	基本符合	不符合
2.10	应急管理体系健全，职责明确，定期演练	一、现场检查情况 应急管理体系健全，职责明确，定期演练 二、档案号 施工部分：5011-8431-22-1（应急预案） 5011-8431-23-5（应急演练记录） 三、发现问题 施工档案问题：无 **结论：**应急管理体系健全、职责明确、定期演练，档案资料记录规范完整。上好	符合		
2.11	危险品运输、储存、使用管理制度健全	本工程无危险品运输、储存、使用			
2.12	安全工器具保管、检验符合规定	一、现场检查情况 安全工器具保管、检验符合规定 二、档案号 施工部分：5011-8462-26（电气工器具进场报审） 三、发现问题 施工档案问题：无 **结论：**安全工器具保管、检验符合规定，档案资料记录规范完整。上好	符合		
2.13	环保水保措施方案、防洪度汛方案符合有关规定	一、现场检查情况 环保水保措施方案、防洪度汛方案符合有关规定 二、档案号 施工部分：5011-8430-02-6（环保、水保措施方案） 5011-8431-22-18（防洪度汛方案） 2.设计部分：5011-8412-04，5011-8481-06、5011-8481-07、5011-8481-18 三、发现问题 1.施工档案问题：无 2.设计档案问题：无 **结论：**环保水保措施方案、防洪度汛方案符合有关规定，档案资料记录规范完整。上好	符合		
2.14	未发生较大及以上安全责任事故	一、现场检查情况 未发生较大及以上安全责任事故 二、档案号 1.施工部分：5011-5011-8471-07 2.业主部分：5011-8471-13 三、发现问题 1.施工档案问题：无 2.业主档案问题：无 **结论：**未发生较大及以上安全责任事故，档案资料记录规范完整。上好	符合		

续表

序号	复查要点	复查发现的问题（自查情况）	复查结果		
			符合	基本符合	不符合
2.15	未发生重大环境污染责任事故	一、现场检查情况 未发生重大环境污染责任事故 二、档案号 1.施工部分：5011-8471-07 2.业主部分：5011-8471-13 三、发现问题 1.施工档案问题：无 2.业主档案问题：无 **结论**：未发生重大环境污染责任事故，档案资料记录规范完整。上好	符合		
复查结果统计： 1.总个数： 2.符合个数： 3.基本符合个数： 4.不符合个数： 5.符合率：符合个数 ÷ 总个数 ×100%=_____%					
实得分：（1）+（2）=_____分 （1）符合率 ×0.03×100=_____分 （2）投资额＞10亿元以上得2分					
复查组成员签名： 复查组组长签名： 　　　　　　　　　　　　　　　　　　　　　　　　　　　　　　年　月　日					

表5-9　输变电工程综合效益现场复查结果表

序号	复查要点	复查发现的问题（自查情况）	复查结果		
			符合	基本符合	不符合
1	技术经济指标				
1.1	保护及自动装置投入率100%，无误动、拒动	现场检查情况：运行系统查询得出保护及自动装置投入率100%，无误动、拒动 **结论**：保护及自动装置投入率100%，无误动、拒动	符合		
1.2	微机监测（控）系统投入率、正确率100%	现场检查情况：运行系统查询得出微机监测（控）系统投入率、正确率100% **结论**：微机监测（控）系统投入率、正确率100%	符合		
1.3	母线电量不平衡率 ≯ ±0.5%	现场检查情况：母线电量不平衡率为0.16% **结论**：母线电量不平衡率 ≯ ±0.5%	符合		

续表

序号	复查要点	复查发现的问题（自查情况）	复查结果		
			符合	基本符合	不符合
1.4	合成电场强度千伏/m（直流工程）≯规定要求	本工程无此项			
1.5	工频电场强度千伏/m≯规定要求	一、现场检查情况 工频电场强度千伏/m≯符合规定要求 二、档案号 运行部分：5011-8471-10 三、发现问题 运行档案问题：无 **结论：** 工频电场强度千伏/m≯符合规定要求，档案资料规范完整，上好	符合		
1.6	工频磁感应强度μT≯规定要求	一、现场检查情况 工频电场强度千伏/m≯符合规定要求 二、档案号 运行部分：5011-8471-10 三、发现问题 运行档案问题：无 **结论：** 工频电场强度千伏/m≯符合规定要求，档案资料规范完整。上好	符合		
1.7	变电（换流）站场界噪声≯规定要求	一、现场检查情况 变电（换流）站场界噪声≯符合规定要求 二、档案号 运行部分：5011-8471-10 三、发现问题 运行档案问题：无 **结论：** 变电（换流）站场界噪声≯符合规定要求，档案资料规范完整。上好	符合		
2	社会效益				
2.1	未发生非计划停运	一、现场检查情况：现场检查未发生非计划停运 **结论：** 未发生非计划停运	符合		
2.2	主变（换流变）可用系数≥98%	现场实体检查情况：2018—2019 年因定检共停运 6 天，截至 2019 年 8 月 25 日，共运行 699 天，可用系数 99.14‰ **结论：** 主变（换流变）可用系数≥98%	符合		

复查结果统计：
1. 总个数：
2. 符合个数：

续表

序号	复查要点	复查发现的问题（自查情况）	复查结果		
			符合	基本符合	不符合
3.基本符合个数：					
4.不符合个数：					
5.符合率：符合个数 ÷ 总个数 ×100%=_____%					
实得分：符合率 ×0.05×100=_____分					
复查组成员签名： 复查组组长签名：					
					年 月 日

表 5-10 中国建设工程鲁班奖（国家优质工程奖）综合评价表（自查情况）

工程名称：500 千伏北海（福成）变电站工程　　实得总分：98.5 分

评价项目	序号	主要评价内容		检查表	工业、交通、水利和市政园林评价分值	实得分值
安全、适用、美观（85分）	1	地基基础、主体结构牢固安全		表1	28	28
	2	安装工程功能完备、排布有序		表2	27	27
	3	装饰装修工程美观、细部精良		表3	5	5
	4	工程资料内容齐全、真实有效	共性资料	表4	10	9.7
			专业资料		10	9.6
技术进步与创新（3分）	1	获科技奖或技术创新	省（部）级及以上科技进步奖或省（部）级及以上工法，发明专利、实用新型专利	表5	3	3
	2	推广应用新技术	一项国内领先或建筑业10项新技术中6项以上		（2）	
节能、环保（7分）	1	"四节"	"四节"措施与效果	表6	2	2
	2	环保	环保等专项验收合格		4	4
	3	文明（绿色）施工	地市级及以上文明工地		1	1
工程管理（5分）	1	质量安全保证体系	制度、体系健全	表7	1	1
	2	管理方法	工程项目管理方法先进、规范、科学，有优秀成果		2	1.6
	3	工程投资规模	投资规模10亿元以上		2	1.6
综合效益（5分）	1	经济效益好	工程产能、功能均达到设计要求	表8	2	2
	2	工艺技术指标	居全国同行业同类型工程领先水平		2	2
	3	社会效益好	赢得社会好评		1	1

专家签字：　　　　　　　　　　　　　　　　　　　　填表日期：

表 5-11　中国建设工程鲁班奖（国家优质工程奖）复查综合评价表（自查情况）

工程名称：500 千伏北海（福成）变电站　　实得总分：98.5

评价项目	序号	主要评价内容		房屋建筑评价分值	工业、交通、水利和市政园林评价分值	实得分数
安全、适用、美观90分（80分）	1	地基基础、主体结构安全可靠		26	28（37）	26
	2	安装工程使用功能完备、排布有序		水暖6，通风、空调6，电气6，智能、电梯5	27（18）	23
	3	屋面工程、装饰装修工程美观、细部精良		23	5	22.5
	4	工程资料内容齐全完整、真实有效		土建8，设备4，电气4，节能2	20	17.5
技术进步与创新4分（7分）	1	科技获奖	省（部）级及以上科技进步奖	4	4	4
	2	技术创新与推广应用	省（部）级及以上工法	（1）	（2）	1
			发明专利、实用新型专利	（1）	（2）	1
			建筑业10项新技术中6项以上或项目新技术应用企业自评报告	（2）	（3）	2
绿色文明施工2分（5分）	1	省（部）级及以上文明工地或部级及以上绿色施工示范工程（绿色施工总结报告）		2	5	2
工程管理3分	1	工程管理	质量安全保证体系健全、制度完善，有创优策划，过程控制有效，有QC成果、BIM应用成果	1	1	1
	2	工程规模	建筑面积6万～10万 m²	（1）	/	0
			建筑面积10万 m² 以上	2	/	
	3	工程投资规模	投资规模10亿元以上	/	2	1.5
综合效益1分（5分）	1	经济效益好、社会效益好	工程产能、功能均达到设计要求，赢得社会好评	1	2	1
	2	工艺技术指标	居全国同行业同类型工程领先水平	/	3	0
合计				100	100	98.5

专家签字：　　　　　　　　　　　　　　　　　填表时间：

注：1.“安全、适用、美观”评价项目一栏，工业、交通、水利和市政园林工程的评价采用两组分值，括号内的分值侧重桥梁、隧道、大坝等工程。

　　2.“技术进步与创新”一栏，按工程所显示的最高技术水平评分，不重复计算。

表 5-12　中国建设工程鲁班奖（国家优质工程奖）复查申报资料复核表（自查情况）

工程名称：500 千伏北海（福成）变电站　　　　　　　　　　　　　日期：

序号	部门	复查内容	审核（复查）情况
*1	计划	立项批复	一、档案号 业主部分：5011-8401-01 二、发现问题 业主档案问题：无
2	规划	建设工程规划许可证	一、档案号 业主部分：5011-8401-02 二、发现问题 业主档案问题：无
*3		建设工程竣工规划验收	一、档案号 业主部分：5011-8471-12 二、发现问题 业主档案问题：无
4	土地	国有土地使用证	一、档案号 业主部分：5011-8401-04 二、发现问题 业主档案问题：无
*5	建设	建设工程项目施工许可证（开工批复文件）	一、档案号 业主部分：5011-8431-05、5011-8462-18 二、发现问题 业主档案问题：无
6	消防	设计文件审批意见	一、档案号 业主部分：5011-8471-07 二、发现问题 业主档案问题：无
*7		工程消防验收意见书	一、档案号 业主部分：5011-8471-07 二、发现问题 业主档案问题：无
8	环保	项目环保评价批复	一、档案号 业主部分：5011-8471-10 二、发现问题 业主档案问题：无
*9		项目竣工环保验收	一、档案号 业主部分：5011-8471-10 二、发现问题 业主档案问题：无
10	人防	建设工程人防验收意见	本工程不涉及
11	城建档案	建设工程档案验收意见	一、档案号 业主部分：5011-8471-14 二、发现问题 业主档案问题：无

续表

序号	部门	复查内容	审核（复查）情况
12	建筑节能	节能专项意见	一、档案号 业主部分：5011-8471-12 二、发现问题 业主档案问题：无
*13	工程竣工备案 （综合验收）	工程竣工验收备案表（综合验收文件）	一、档案号 业主部分：5011-8471-12 二、发现问题 业主档案问题：无
*14	奖项	地区（行业）优质结构证明文件（结构评价文件）	一、档案号 业主部分：5011-8473-03 二、发现问题 业主档案问题：无
		省（部）级优质工程证明文件	一、档案号 业主部分：5011-8474-01 二、发现问题 业主档案问题：无
		省（部）级优秀设计证明文件或设计水平评价证明	一、档案号 业主部分：5011-8474-01 二、发现问题 业主档案问题：无

专家签字：　　　　　　　　　　　　　　　　　填表时间：

注：1. 综合验收指工业、交通、水利工程。

　　2. *项目为否决性指标，应提供原件，符合要求方可进行现场复查。

　　3. 审核复查情况须填写证明文件编号。

　　4. 地区指地市级以上。

第三节 500 千伏北海（福成）变电站现场复查报告（自查报告）

一、工程概况

500 千伏北海（福成）变电站工程的类别为工业交通水利工程。工程规划、性质及用途为变电站。总建筑面积 1679.8 平方米。地下层数 0 层，地上层数 2 层。

建筑物（主控通信楼）长 25.6 m，宽 18.7 m，总高度 9.3 m，檐高 7.5 m。工程总投资 74871 万元，竣工决算投资 73100 万元。工程开工日期为 2015 年 11 月 30 日，工程竣工日期为 2017 年 9 月 30 日。工程质量自评等级为高质量等级优良工程。工程质量核定等级为高质量等级优良工程。

竣工验收单位为广西电网有限责任公司、广西电网有限责任公司北海供电局、广西电网有限责任公司电网建设分公司、广西正远电力工程建设监理有限责任公司和中国能源建设集团广西电力设计研究院有限公司。

专项验收单位有五个。其中，消防验收单位为广西北海市公安消防支队，档案验收单位为广西壮族自治区档案局，职业卫生验收为广西电网有限责任公司电网建设分公司，水土保持设施验收单位为广西电网有限责任公司，环境保护验收单位为广西电网有限责任公司。

工程参建单位有五个。其中，申报单位为广西建宁输变电工程有限公司，建设单位为广西电网有限责任公司电网建设分公司，监理单位为广西正远电力工程建设监理有限责任公司，设计单位为中国能源建设集团广西电力设计研究院有限公司，工程质量监督机构为广西电力工程质量监督中心站。

二、工程技术难度与新技术推广应用情况

1. 工程技术难度。主变压器及高压并联电抗器防火墙框架采用清水混凝土结构，框架梁、柱整体一次浇筑成型，施工难度大。混凝土电缆沟侧壁与压顶一次浇筑，采用定型模板及支撑体系，保证侧壁混凝土密实、无接缝，电缆沟压顶平直、倒角光滑顺直。

2. 新技术推广应用。通过了中国电力建设企业协会新技术应用专项评价和绿色施工专项评价，整体应用水平为国内领先。

（1）省部级科技进步奖获奖情况见表5-13。

表5-13　省部级科技进步奖获奖情况

序号	课题	获得奖项
1	电网工程设计与管理平台	2017年度电力建设科学技术进步奖三等奖
2	智能化电气一次辅助设计系统	2017年度电力建设科学技术进步奖三等奖
3	吊车安全距离控制装置研制与应用	2017年度电力建设科学技术进步奖三等奖
4	灵活互动的智能用电关键技术与成套装置及应用	2017年中国电力科学技术进步奖
5	新型钢模板清刷机研究应用	2018年度电力建设科学技术进步奖三等奖
6	气动校直机的研制和应用	2018年度电力建设科学技术进步奖三等奖

（2）建设部推广应用十项新技术。本工程应用了建筑业十项新技术中的8大项15子项，见表5-14。

表5-14　本工程应用的建筑业新技术

序号	大项名称	小项名称
1	混凝土技术	纤维混凝土技术
		混凝土裂缝控制技术
2	钢筋及预应力技术	高强钢筋应用技术
3	模板及脚手架技术	清水混凝土应用技术
4	钢结构技术	高强度钢材应用技术
5	机电安装工程技术	管线综合布置技术
		管道工厂化预制技术
6	绿色施工技术	预拌混凝土浆技术
		外墙体自保温体系施工技术
		铝合金窗断桥技术
		透水混凝土
7	防水技术	遇水膨胀止水胶技术
		聚氨酯防水胶技术
8	信息化应用技术	虚拟仿真施工技术
		施工现场远程监控管理及工程远程验收技术

（3）其他新技术见表5-15。

表5-15　本工程应用风光储能发电技术等电力建设"五新"技术

序号	名称	序号	名称
1	风光储能发电技术	12	具有防水、防火、抗震等功能的新型建筑材料及制品
2	电能质量监测与控制技术	13	1000 mm² 大截面导线
3	用电信息采集系统技术	14	耐热铝合金导线
4	高精度输电线路故障测距技术	15	新型节能灯具
5	电力光纤数字通信传输技术	16	扩径导线应用
6	电力高速数据通信网络和IP网络技术	17	工厂化加工配置
7	电力光纤线路监测与通信网络资源管理技术	18	节能环保建筑构件、工程预制件
8	变电站综合自动化系统	19	无收缩二次灌浆材料
9	二次航空插头组件	20	抽屉式电缆槽盒
10	400 MPa 及以上高强钢筋	21	变电站预制光缆组件
11	新型保温、隔热、隔音材料		

（4）创新技术及工法专利等见表5-16。

表5-16　创新技术及工法专利

序号	名称	获得奖项
1	无机复合型水泥板制作方法、电缆槽盖板及人行道步板	发明专利
2	电缆同步输送机组合式固定装置	实用新型专利
3	活动式地脚螺栓定位架	实用新型专利
4	一种起吊设备的安全距离控制系统	实用新型专利
5	一种气动校直机	实用新型专利
6	一种新型钢模板清刷机	实用新型专利
7	电缆同步输送机在电缆敷设施工中的施工工法	2018年度电力建设工法

三、工程质量复查情况

1. 技术资料齐全情况。包括工程前期资料（前期资料可列表表述）、工程质保资料和工程管理资料齐全。工程技术资料编制了总目录、卷内目录和细目录，分类合理、编目细致、便于查找；所有施工技术资料齐全、完整，数据真实有效，手续齐全；填写规范及时，与工程进度同步。项目管理策划、方案及措施齐全，实施有效，交底培训落实到位。

407 卷文字档案和 33 张电子档案真实、完整、规范，资料编目和组卷清晰合理、查找方便、可追溯性强。

强制性条文计划及实施，土建专业共执行强制性条文 81 条，电气专业共执行强制性条文 54 条，执行率为 100%，记录齐全。

工程取得规划许可证、不动产权（土地）证等全部合法合规文件。

工程通过环保、水保、消防、档案等专项验收，资料齐全。

2. 工程质量验收情况及工程获奖情况。业主组织相关单位按《建筑工程施工质量验收统一标准》（GB 50300—2013）和中国南方电网有限责任公司的相关规程规范进行了总体验收和达标投产验收。通过了中国电力建设企业协会组织的工程地基基础、主体结构两次中间质量检查，通过了地基结构专项评价。质量评价结论为高质量等级优良工程。

本工程获得 2017 年度电力行业优秀工程设计奖、2018 年度中国电力优质工程奖及 2019 年广西建设工程"真武阁杯"奖。

3. 工程实物质量情况。

（1）地基与基础工程。全站地势平坦，地质良好，全部基础均采用天然基础。地基经过承载力检测，承载力特征值满足设计地基承载力要求。基础无裂缝、无倾斜、未发生超出规范范围的不均匀沉降及变形。

共布设 105 个沉降观测点，委托第三方进行了全周期沉降观测，于 2016 年 11 月 11 日至 2019 年 7 月 15 日共进行了 7 次观测。最大累计沉降值为 –5.88 mm（主变压器基础沉降点 34#）。本工程最后 100 天最大累积沉降值为 –0.82 mm（主变压器基础沉降点 34#），每天平均沉降速率为 0.008 mm，符合规范规定的每天 0.01 ～ 0.04 mm 范围要求，沉降处于稳定状态。

（2）主体工程质量情况。土建主体结构未使用国家明令禁止使用与淘汰的材料。钢筋、水泥、混凝土等原材料均按要求进行取样送检，检测报告均符合要求。混凝土结构实体检测进行了钢筋保护层厚度检测、混凝土抗压回弹法检测等。主体结构安全、可靠、耐久，内坚外美，无影响结构安全和使用功能的裂缝、变形及外观缺陷。主控楼及各继电小室主体结构全高最大偏差值为 8 mm（小于规范允许值 30 mm），垂直度最大偏差值为 5 mm（小于规范允许值 8 mm），施工质量较好，观感质量优良。

（3）防水工程。屋面防水采用 I 级防水，三元乙丙橡胶共混防水卷材。屋面及卫生间表面装修层施工前后，均进行蓄水试验，不渗不漏、排水畅通，无积水。

（4）门窗工程。门窗采用断桥铝合金窗，全站门窗玻璃均采用钢化玻璃，合格证及出厂检验报告齐全，窗的风压变形性能、空气渗透性能、雨水渗透性能试验合格，相关性能等级满足设计图纸要求。窗框安装牢固，无变形，开启灵活。

（5）室内环境检测。主控楼及各继电小室室内空气均进行了甲醛、苯、氨、氡、TVOC 五种有害物质检测，检测结果均符合 II 类民用建筑工程标准。

（6）建筑电气工程（含智能建筑等）。全站管线布置规范整齐，建筑物埋管符合要求，管路连接管口平整光滑。灯泡（灯管）功率符合设计要求，与底座固定牢固，灯具布置合理、美观、实用，配电箱安装位置正确，工艺美观。

（7）建筑节能情况。建筑节能一次通过验收。屋面采用了挤塑聚苯乙烯板材料，外墙采用 600 mm×240 mm×250 mm 蒸压加气混凝土砌块材料；外门窗采用断桥式铝合金窗。未使用国家明令禁止使用与淘汰的材料和设备。全站采用工厂化预制式电缆沟模板及围墙；钢筋采用 HRB400 钢筋及构支架，全面优化以节约用钢量；采用变频、叠压等节能型给水设备、节水型卫生洁具、污水处理装置；使用风光互补太阳能灯和 LED 灯具。

（8）户外构支架。构架采用高强度钢，500 kV 多层布置，安装可靠，焊缝饱满、均匀，无损检测结果符合要求。安装规范整齐，垂直度、标高符合要求，外观色泽一致，采用对全站构支架与保护帽连接处填胶、螺栓加盖不锈钢保护帽等方法进行保护。

（9）电气设备安装。2 组 750 MVA 主变采用绕组轴向力测量装置，直接测量绕组轴向力，每组主变分三相安装，安装符合规范及厂家技术要求。投运以来，运行稳定，无渗油、泄漏及其他异常现象发生。

断路器、隔离开关、互感器、避雷器等设备安装精准可靠、横平竖直，工艺精湛无垫片，运行可靠。

接地装置安装采用扁钢冷弯工艺，横平竖直，焊缝饱满，规范美观。

硬母线安装可靠、精准，水平一致，软母线弧度一致、美观大方。

屏柜安装精准、整齐划一、固定牢固、封堵美观，电缆号牌整齐。

电缆支架采用复合型电缆支架，安装牢固、可靠，在盐雾度、湿度较大的环境中提高了电缆支架寿命；电缆敷设横平竖直、弧度自然、整齐美观、层次分明、符合规范；二次接线排列整齐，接线工艺美观、弧度一致、标识清晰。

（10）电气设备试验。经过设备常规试验及特殊试验检测，设备试验结果满足规程规范及厂家技术要求，产品性能完备、稳定可靠。

（11）保护设备调试。保护设备采用先进、稳定、可靠的保护测控装置，单体调试及系统调试结果符合规程规范及厂家技术要求，产品性能完备、稳定可靠。投运以来，保护、自动、监控系统投入率 100%。继电保护动作正确率、监控系统正确率 100%。

4. 主要特色与亮点。工程建设贯彻规范达标、绿色可靠、文档齐全、零缺陷管理理念，通过技术创新、管理创新，不断提高工程质量；高度重视质量管理成果的总结提炼，获得多项质量管理成果，现场质量亮点突出。

（1）针对北海地区多降水、多台风、多盐雾等特点进行差异化建设。主变基础等采用纤维混凝土抗裂，操作小道等采用透水混凝土工艺，建筑物风机排风口采用 90° 弯头加防风百叶网，优化门窗面积并选用安全玻璃，户外端子箱加装防风扣和内置除湿器，使用高分子涂料封堵门缝开口等。

（2）主控楼设计独特，采用檐屋面筒瓦、拱窗等，展现当地"骑楼"风貌，美观大方。

（3）全站采用"一体式美化"建设，设备、构筑物、围墙、盖板、绿化等色调和谐美观。

（4）装配式围墙高低式建设，通过了抗17级台风试验，经受了"天鸽"和"山竹"2次强台风考验，安全可靠。

（5）全站建筑物典雅精致，内外装饰装修工艺精湛。

（6）防火墙排版分缝合理、表面平整、内实外光。

（7）设备基础平整密实、色泽一致、棱角精致。

（8）沥青道路密实美观、色泽均匀，转弯弧度顺滑。

（9）建筑物门、窗安装牢固，表面洁净，框体与墙体间嵌缝饱满。

（10）全站4836块电缆沟盖板使用无机复合型水泥基板，几何尺寸精确，表面平整，色泽统一，行走无响动，获国家发明专利。

（11）防盐雾腐蚀设置严实，全站构支架与保护帽连接处填胶、螺栓加盖不锈钢保护帽、外露电缆加装槽盒。

（12）全站检修围栏支墩设置科学，便于运行、检修区域隔离。

（13）实施精益化运行维护，按照二十四节气开展设备运维保养。

（14）用蚁群活动方式缩短巡检距离和时间。

（15）设备安装精准可靠、横平竖直，工艺精湛无垫片，运行可靠，无渗油、泄漏及其他异常现象发生。

（16）接地安装采用冷弯工艺，横平竖直，规范美观。

（17）硬母线安装可靠、精准、水平一致，软母线弧度一致、美观大方。

（18）悬垂瓷瓶安装可靠精准、符合规范，整齐美观。

（19）二次接线排列整齐，接线工艺美观，弧度一致、标识清晰；电缆备用芯预留规范，标识醒目。

（20）屏柜安装精准，固定牢固，封堵美观，电缆号牌整齐。

（21）消防管道安装规范，标识清晰；电缆防火符合设计要求，封堵严密、美观。

（22）两组电力变压器采用绕组轴向力测量装置，直接测量绕组轴向力，获国家发明专利。

（23）广西电网首次在最高电压等级的变电站采用交直流一体化电源系统，实现数据的集中采集和分析。

（24）工程采用BIM技术辅助设计，提高了设计施工精度和效率，获国家工程建设优秀QC小组奖。

（25）采用自主研发设计系统，完善了电气一次辅助设计系统和电网工程设计与管理平台，设计与质量均获国家计算机软件著作权登记证书和电力建设科技进步奖三等奖。

（26）全站20.22 km电缆使用电缆同步输送机、电缆出口保护滑车的施工新方法，横平竖直、整齐美观、层次分明，获2项实用新型专利和1项电力建设工法。

5.工程不足之处。局部施工细节还有质量提升空间。

四、工程综合评价和推荐意见

500 千伏北海（福成）变电站工程是国家"一带一路"海上丝绸之路北部湾出海港保供电项目，是中国 – 东盟博览会电网交流示范项目，工程建设严格遵守国家有关程序和审批规定，合法合规性文件齐全，工程质量优良，积极推进科技创新，工程亮点突出，四节一环保效果显著，技术指标达到国内同类领先水平，经济和社会效益显著，工程荣获中国电力优质工程奖及广西建设工程"真武阁杯"奖。建设单位、使用单位、监理单位、设计单位和广西电力建设工程质量监督中心站对本工程总体满意度评价意见均为"非常满意"。

总结提升

第一章　总结亮点　更上台阶

第一节　党建引领　成效卓著

500 千伏北海（福成）变电站建设工作，在广西电网公司党组的正确指引下，电网建设分公司党委组织各参建单位党委及支部积极行动，经过共同努力，圆满完成了项目建设各项任务，培养了一批项目建设精英团队，为后续电网建设项目质量提升打下了坚实的基础。

一、建设目标，全面实现

1. 500 千伏北海（福成）变电站工程于 2019 年 12 月获得中国建设工程鲁班奖，详见建协〔2019〕36 号《关于颁发 2018 ～ 2019 年度中国建设工程鲁班奖（国家优质工程）的决定》。

2. 500 千伏北海输变电工程的建成投产，结束了北海市无 500 千伏电网接入的历史，极大地提升了北海市电网抗风险的能力，为北海市经济社会进一步发展提供了先行条件，为"一带一路"海上丝绸之路进出北部湾港区提供了安全、稳定、可靠的供电保障。

3. 自 500 千伏北海（福成）变电站取得中国建设工程鲁班奖、500 千伏美林变电站取得国家优质工程奖和 220 千伏排岭变电站、220 千伏北海紫荆变电站取得中国安装工程优质奖后，不断有设计单位、施工单位、监理单位向电网建设分公司咨询取经，寻求他们的工程创优之路。

4. 500 千伏北海（福成）变电站取得"中国建设工程鲁班奖"犹如星火，将会在广西电网公司内部形成建造优质工程的燎原之火。广西电网公司建立了三年滚动修编的创建优质工程行动计划，不断提升广西电网网架建设质量。

二、联合临时党支部，项目成效显著

在工程组建联合临时党支部，将红色阵地延伸至项目一线，持续推行"支部建在项目上"，整合所有参建单位党员队伍资源，充分发挥党支部战斗堡垒作用和党员先锋模范作用。

联合临时党支部挂图作战，将项目建设目标进行分解，明确工作事项和责任人，定期召开支委会，定期检查完成情况，取得了显著的成效。

（一）设计精益管理党小组

优化了主控楼外观设计，采用具有北海特色的骑楼风貌；拓展设计思维，在噪声较大的设备区采用加高装配式围墙方案，降音降噪；研发了 BIM 技术辅助设计方法，提高设计施工精度和效率，

获国家工程建设优秀 QC 小组奖；践行国家环境和谐要求，全站污水零排放等。

（二）项目合规性文件办理攻关党小组

通过政企合作、支部联建，取得了项目建设所需要的全部合规性文件。

（三）工程创优攻关党小组

项目建设全过程落实策划在前、实施在后的精细管控，积极开展科技创新，取得自主创新成果15 项（表 6-1）。

表 6-1　自主创新成果一栏表

序号	名称	获奖类别	序号	名称	获奖类别
1	无机复合型水泥板制作方法	发明专利	9	一种新型钢模板清刷机	实用新型专利
2	电缆同步输送机在电缆敷设施工中的施工工法	省部级工法	10	一种气动校直机	实用新型专利
3	电网工程设计与管理平台	省部级科技进步奖	11	活动式地脚螺栓定位架	实用新型专利
4	智能化电器一次辅助设计系统	省部级科技进步奖	12	电缆同步输送机组合式固定装置	实用新型专利
5	新型钢模板清刷机研究应用	省部级科技进步奖	13	一种起吊设备的安全距离控制系统	实用新型专利
6	气动校直机的研制和应用	省部级科技进步奖	14	改进型 35 kV 跌落式熔断器	实用新型专利
7	吊车安全距离控制装置研制与应用	省部级科技进步奖	15	一种变电站空气开关标识牌	实用新型专利
8	灵活互动的智能用电关键技术与成套装置及应用	省部级科技进步奖			

（四）安全质量进度精益管理小组

积极推行广西电网特色"自保""互保"安全文化，建立党员安全责任区，全面开展安全生产党员"双无"（党员无违章、党员身边无违章）活动，把项目安全质量抓牢抓细，确保了项目没有发生任何等级的安全质量事故，实体质量以高得分通过了有资质的第三方评价。500 千伏北海送变电工程和 220 千伏配套建设项目同时按计划建成投产。

（五）精益化验收攻关小组

由支委牵头组建攻关团队，把验收关口前移，将以往工程验收发现问题、精益化运维需要、规程规范及反措要求等，融入施工图纸、设备材料制造厂验收和实体工程质量管控等环节上，对设备出厂验收、现场开箱验收和安装调试等全过程"健康"指标进行严格把关，验收时发现问题的数量和整改内容比以往同类项目减少约 70%，且均为一般性问题。这为工程顺利投产、实现"双零一达标"投产移交做出了积极贡献。

此外，联合临时党支部统筹项目资源，按标准做好阵地建设，把上级党建工作要求及时传递到项目管理团队，组织团队成员学习上级文件、视频，对照反腐通报案例开展自查自省等工作，开展每日一语微信正能量宣传，组织开展"两学一做在基层　安全施工有保障""劳动竞争"等活动，把抓安全、抓质量、抓进度等管理与党建、项目文化建设紧密结合在一起。

三、项目建设，培养人才

500千伏北海（福成）变电站的项目通过成立联合临时党支部，实现了党员成长、组织成长的"双成长"。

党员成长。广大党员在"支部建在项目上"党建载体实践过程中，被推到了各项工作的首位。"我是党员我带头"的先锋模范意识明显增强，做到了关键岗位有党员领着，关键工作由党员盯着，关键时刻有党员撑着，尤其是党员在多次台风暴雨里挺身而出，确保了人员和工程的安全。注重在项目建设中开展"双培养一输送"，项目从开工到投产，有近十名专业骨干向党组织提交了入党申请书。支部党员在专业技能方面有了全面提升，在后续建设项目中都分别承担了重要岗位角色。

组织成长。联合临时党支部工作紧紧围绕中心工作开展，工作内容没有流于形式，而是贯穿于工程建设和优质工程申报与迎检的始终。在项目建设过程中，党组织的思想、组织、行动引领作用得到强化，目标明确、行动统一。尤其在攻坚课题方面成果显著，有效解决了工程建设过程中遇到的技术难题，对工程的实体质量提升产生了较大作用。

第二节　经验积累　更上台阶

一、建立了项目创优策划实施质量管理体系

从工程立项到投产，以争创鲁班奖为工程建设目标，建立创优完善的组织体系。业主单位组织编写了500千伏北海（福成）变电站工程创优大纲，各参建单位按照大纲要求实施创优细则，业主单位引领，在"设计—监理—施工—参建厂家"各环节交互信息与提升，坚持质量引领，从而形成500千伏北海（福成）变电站工程创优特色成果。

二、建立了全方位组织管理体系

鲁班奖的必备条件有"三高"：即高层（领导）重视、高人指点、高手施工，缺一不可。500千伏北海（福成）变电站项目得到业主及建设、运行、施工、设计、监理单位高层领导的高度重视，建设过程中多次到现场指导并主持召开协调会议。聘请国内权威创优专家多次莅临变电站进行检查指导并提出整改优化意见。各参建单位选择了精英管理团队和施工能手，经过层层重视、层层把关、精心施工，终于打造出了精品工程。

三、策划先行，样板指路，精益求精

项目业主首先在项目立项、设计阶段就明确了创优目标，并按目标分步骤实施。样板指路方面，每个分项（分部）工程均应先进行样板施工，样板经各方评审验收合格后才大面积施工。同样的，对每个施工作业班组也要求先做样板，追求实体工程精益求精。500千伏北海（福成）变电站与国内常规的同类站相比，大同小异，但在参建各单位的共同努力下，工程的每一处工艺细节都精益求精。力求完美，这也是本工程能脱颖而出的关键所在。

四、狠抓落实，创新发展

狠抓工程施工创新，用技术创新为管理创新铺路，管理创新又为技术创新提供土壤。创新课题多层多角度，取得成果丰硕。

五、强化建筑信息模型（BIM）等新技术应用

BIM作为工程信息处理工具，参建单位工作通过BIM协同平台连接，利用该平台对合同、进度、质量和安全进行管理。在施工阶段，指导实际施工，并对施工进度及质量进行整体把握，严格做好施工管理。

六、操作性强的创优管理制度作保障

1. 创优策划研讨会制度。建立创优策划研讨会制度，在工程建设的各个阶段实施前，组织各参建方对工程创优总体策划方案、设计优化方案、施工工艺创新方案以及施工过程中每一个具体工序细节都进行了充分研讨，集思广益，确保工程质量朝着预定创优的目标前进。从项目开始到竣工投产，召开创优研讨会共计21次。

2. 定期质量评定制度。专业监理工程师和现场监理人员定期组织相关施工管理人员总结质量活动情况，针对不足提出改进措施，并进行闭环管理。本工程共组织开展质量评定9次，提出质量整改33项，完成整改33项，闭环率100%。

3. 质量问题的纠正和预防措施制度。对已经出现的质量问题，及时组织相关单位进行会诊，找出原因，查清责任，深入剖析，举一反三，并立即采取纠正措施，消除质量问题，杜绝类似问题再次发生。

第二章　总结不足　持续改进

第一节　对标先进　提升质量

2019 年 1 月，国务院国资委在《关于中央企业开展质量提升行动的实施意见》中明确要求提升质量管理水平，打造精品工程，深入推进全面质量管理。进一步强调建立健全质量管理制度，全面落实质量管理主体责任，对标先进标准，引领质量提升，推进质量改进和创新，开展质量攻关行动。

在新的发展形势下，广西电网公司作为广西经济社会发展的先行者，以国内外企业先进水平为标杆，建立了一套制度化、规范化和系统化的工程质量管理体系和配套文件。特别是近几年来，为适应改革发展的需要，广西电网公司在质量管理方面进行了全面系统的创新和实践，打造了一批批优质工程。

展望未来，广西电网公司将以质量强国、质量第一、质量时代等质量发展新形势下的战略思想为指导，有效治理质量突出问题，增强广西电网工程建设质量水平，推动广西电网高质量发展，为南方电网建设具有全球竞争力的企业贡献力量。

第二节　近年各工程"创优"发现问题及改进措施汇总

电网建设分公司近年"创优"项目各阶段专家指出的问题及改进措施汇总见表 6-2 至表 6-5。

1. 综合部分问题及改进措施见表 6-2。

表 6-2　综合问题及改进措施汇总

序号	专家指出问题	防治要点及措施	发生频次	责任人
1	项目开工前没有完成土地使用证、有资质的第三方图纸审查、消防审查、施工许可证的办理等前期手续	按照项目建设程序，加强前期合规性文件办理进度	每个项目	业主
2	个别参建单位的创优实施细则分项目标，与业主创优策划大纲目标不一致	①今后参建单位要严格落实业主建设目标并认真审核，确保无差别②业主项目部仔细审查把关	一次	业主、设计、施工、监理

续表

序号	专家指出问题	防治要点及措施	发生频次	责任人
3	创优策划大纲的质量目标和分解的质量目标不规范，质量目标单位工程优良率不满足验评要求；质量目标"土建分部分项工程质量合格率100%，单位工程土建工程优良率100%"，有错	1. 按照规范整改 2. 修正该工程创优策划大纲质量目标：土建分部分项工程质量优良率100%，单位工程土建工程优良率100%	一次	业主
4	创优策划大纲对绿色施工、新技术应用和地基结构等专项评价、全过程质量评价及分值达标投产验收等均未策划	对该工程整改完善，今后项目创优策划书内容不再遗漏这部分内容	二次	业主
5	创优策划大纲引用的文件和标准不全、国家标准与行业标准归类混乱、部分引用了废弃版本的标准	1. 每年滚动修编项目建设执行国家标准、行业标准、强条清单、创优引用文件清单等 2. 业主项目部每年根据上述清单组织对创优总策划书和实施细则进行修订	反复	业主
6	创优策划大纲编制人、审核人、批准人未签字	对该项目创优策划大纲整改完善，不再打印责任人签名，改为手工签字	一次	业主
7	工程建设管理策划文件未经电网建设分公司领导批准签发	对该工程建设管理策划文件整改完善	一次	业主
8	未见成立防洪度汛组织机构文件及年度防洪度汛方案	对该工程补充修编	一次	业主
9	已报审的"创优策划"报审表与附件不符（2015年11月20日报审，但附件有2016年标准及评选办法）	业主项目部和各参建单位项目部各司其职，加强细节把关	一次	业主、设计、监理、施工
10	施工合同廉洁协议书没有填写日期	对该工程补充完善	一次	业主
11	设计合同无安全责任书	对该工程补充修编	一次	业主
12	施工单位创优实施细则技术标准清单未滚动修订、存在不适用标准	施工单位，加强适用技术标准把关	反复	施工
13	未见工程施工所需的工程质量验收标准及规程规范，主要工序施工作业指导书不全	1. 施工单位每年修订工程质量验收标准及规程规范清单、作业指导书清单 2. 上述清单要传达到施工项目部的管理人员和施工项目上	反复	施工
14	施工组织总设计引用技术标准缺少部分电气国家级及行业标准，编制内容缺少设备、图纸供应计划，作业指导书编制计划无编审级别及编制时间要求	按指导意见整改完善	反复	施工
15	施工现场用电规划不合理，照明采用节能器材未明确	施工单位对用电规划进行整改完善并明确照明器材节能具体要求和指标	一次	施工

续表

序号	专家指出问题	防治要点及措施	发生频次	责任人
16	各施工专项方案针对性不强	按指导意见进一步改进完善	反复	施工、监理、业主
17	事故油池基础开挖（-4.5米以上属"危大工程"）施工方案安全措施中，缺少临边支护有关措施，如对临边防护栏杆的低端固定与基坑距离、立杆间距、横杆间距、挡脚板的设置及每根杆件承力情况等均未描述	按照《建筑施工高处作业安全技术规范》（JGJ 80—2016）的规定和指导意见及专家指导进行整改完善	一次	施工、监理、业主
18	施工质量技术标准清单未报审	按照有关规定逐级报审完善	一次	施工
19	未见技术、管理、材料、设备的进场验收和抽样检验等制度	对该工程所缺制度补充编制完善	一次	施工
20	施工单位质量目标中质量等级，一是土建工程没有优良率，二是WHS作为创优目标错误且允许有5%的不合格率，这是监理的正常工作，且必须全覆盖	按指导意见整改完善	一次	施工
21	施工组织设计无施工场地设备、材料定位布置图，实施动态管理等相关材料	按指导意见整改完善	多次	施工
22	所有施工方案编、审、批无时间，部分签名未手签	按指导意见整改完善	多次	施工
23	开工报告签章手续不符合规范要求	按照《电力建设施工质量验收及评价规程》（DL/T 5210.1—2012）的规定整改完善	一次	施工
24	监理规划的编制依据中个别标准名称或标准编号不准确	1. 对该项目监理规划整改完善 2. 监理单位每年滚动编制适用标准清单，并及时传递到监理项目部管理人员	一次	监理
25	监理规划编写的内容不完整，缺少工程质量控制、工程造价控制、工程进度控制、安全生产管理、合同与信息管理、组织协调等章节，没有加盖监理公司公章	按照《建设工程监理规范》（GB 50319—2013）第4.2.3条规定和专家指导意见进行整改	一次	监理
26	土方击实试验报告对所测样品名称（扰动土）记录不规范	按照规范要求及时完善记录	一次	业主
27	回填土压实度检测报告中，未见取样区域和点位布置图	按照规范要求，准确绘制、记录取样区域和点位布置图	一次	业主
28	桩基检测报告和沉降观测报告中未见监理和设计单位的见证和符合性意见	按照有关规范要求整改完善	一次	业主
29	全站接地电阻测试报告缺少实验报告应有的签字、盖章	按照有关规范要求整改完善	一次	业主

续表

序号	专家指出问题	防治要点及措施	发生频次	责任人
30	建设单位制定的档案管理手册不够全面、具体，应依据《电网建设项目文件归档与档案整理规范》（DL/T 1363—2014）及《输变电工程达标投产验收规程》（DL 5279—2012）编制本工程项目文件档案管理实施细则，内容包括：归档范围、归档责任、归档质量、归档程序、归档时间、归档份数、档案的归属、控制措施等	对该工程档案管理手册整改完善	一次	业主
31	个别项目文件、部分检测报告、施工方案、施工记录、检测单位的试验检测报告、预报混凝土配料通知单及钢筋等出厂质量证明书中部分计量单位书写不正确，例如：Mpa、m²、m³、Kv、kv、Kg/m³、KN、T(吨)等	按照有关规范要求整改完善	反复	施工、监理
32	应补充完善采用雨水回收、基坑降水储存再利用等节水措施	按指导意见补充完善	一次	设计
33	应补充完善现场机具、设备、车辆冲洗水处理后排放或循环再用的相关材料	按指导意见补充完善	一次	设计、施工
34	未见设备材料零库存措施和对临时维护材料及时回收、降低损坏率的相关措施	按指导意见补充完善	一次	施工、业主
35	未见施工作业有效防尘、抑尘措施	按指导意见补充完善	一次	施工
36	未见废水、污水、废油经无害化处理后，循环利用的措施和使废液排放符合国家和地方的污染物排放标准的相关措施	按指导意见补充完善	一次	设计、施工
37	只有一级技术交底记录，无技术交底制度	按指导意见补充完善	一次	施工、监理
38	专项施工方案未明确人工挖孔桩、开挖基础深度	按指导意见补充完善	一次	施工、监理
39	未按期每月填写一次强条检查记录、部分强制性条文实施记录内容不正确、强制性条文检查实时记录未见	按照规范要求，及时规范检查和记录	一次	监理、业主、设计、施工
40	未见建设单位对本工程执行强制性条文的学习及考核记录	按照专家指导意见整改落实	二次	业主
41	地基验槽记录检查内容未注明地基承载力是否符合设计	按照专家指导意见整改完善	一次	施工、监理
42	第三方的站区建筑物地基承载力检测报告未反映主变基础等重要设备基础地基承载力检测记录	按照规范要求和专家指导意见，完善检测记录内容	一次	业主

续表

序号	专家指出问题	防治要点及措施	发生频次	责任人
43	勘测单位未参加地基验槽，未详细记录基底土层状态，各验收单位未加盖公章	1.以后项目按照规范要求开展验槽 2.该项目各验收单位补充加盖公章	一次	设计、施工、监理、业主
44	未记录验槽时是否进行了轻型动力触探，承载力情况缺乏可追溯性；验收结论未见"同意隐蔽"的验收结论	以后项目按照规范《建筑地基基础工程施工质量验收规范》（GB 50202—2002）第 A.2 条的规定、《建筑工程勘察单位项目负责人质量安全责任七项规定》建市〔2015〕35 号的规定和指导意见实施和注意报告的完整性	一次	施工、监理、业主、设计
45	二次回填压实系数0.94检测报告只有一次，缺回填土分层厚度等数据	按照规范要求检测和编制报告	一次	施工、监理
46	主控楼验槽结论未见地质土质是否和勘察报告相符的结论	按照有关规范要求整改完善	一次	施工、监理
47	主控楼土方回填检测报告数据与设计不一致，报告无结论	按照《建筑地基基础工程施工质量验收标准》（GB 50202—2018）第9.5.2条和《房屋建筑和市政基础设施工程质量检测技术管理规范》（GB 50618—2011）第E.0.3条的规定整改	一次	施工、监理、业主、设计
48	主控楼主体结构钢筋加工检验批质量验收记录主控项目中，施工单位对钢筋原材料检验和箍筋末端弯钩角度和平整段长度等记录自检为"符合有关规范规定"和"√"，却均未记录实际检查情况；监理单位验收记录"经核验未发现缺陷"结论均"合格"，监理日志未记录当日检查情况，以上缺乏可追溯性	按照《混凝土结构工程施工质量验收规范》（GB 50204—2015）第 5.2 条和第 5.3 条及《建设工程监理规范》（GB/T 50319—2013）第 5.2.14 条的规定整改。加强过程管控，及时规范如实记录实测数据	一次	监理、施工
49	主变防火墙钢筋安装检验批验收记录绑扎用钢丝扣入结构内未记录，监理单位验收结论均"合格"，监理日志未记录当日检查情况，以上缺乏可追溯性	按照《混凝土结构工程施工质量验收规范》（GB 50204—2015）第5章及《建设工程监理规范》（GB/T 50319—2013）第 5.2.14 条的规定整改。加强过程管控，及时规范如实记录实测数据	一次	监理、施工
50	个别钢筋进场复验报告描述不规范	按照有关规范要求整改完善	一次	施工、监理
51	混凝土同条件强度检测报告中强度代表值未除以0.88，未提供混凝土同条件强度评定记录	1.该项目按照规范要求整改数值 2.后续项目及时完整做好混凝土同条件强度评定记录	一次	施工、监理
52	所有屋面、地面应该为蓄水试验，全部为淋水试验	后续项目严格按照规范要求做蓄水试验	一次	施工
53	事故油池抗渗混凝土的养护时间为7天	严格按照《混凝土结构工程施工规范》（GB 506666—2011）第 8.5.2 条的规定实施养护	一次	施工、监理

续表

序号	专家指出问题	防治要点及措施	发生频次	责任人
54	试验单位抗渗试验不符合,按照《普通混凝土长期性能和耐久性能试验方法标准》(GB/T 50082—2009)中 2 和 6.2.4 规程规定,结论错误	按照有关规范要求整改	一次	施工
55	独立避雷针隐蔽工程记录实际数值错误	按照有关规范要求整改	一次	施工、监理
56	500 kV 主变安装技术交底使用了 220 kV 参数交底	按照 500 kV 主变安装技术交底整改	一次	施工
57	主变运输冲击记录值未标明 X/Y/Z 轴向位置	按照有关规范要求补充完善	一次	施工
58	主变、高抗变运输冲击记录,变压器隐蔽签证记录未填写	按照有关规范要求补充完善	一次	施工
59	主变绝缘油报告缺少主变冲击前报告、主变运输冲击记录表无冲击记录值、主变原始冲击记录未见四方签字	按照有关规范要求补充完善	一次	施工、监理、业主、厂家
60	变压器破氮前压力检查时间不满足规范规定,实际压力超标未采取措施	后续项目按照规范要求检查,出现状况按规范要求采取相关措施进行处理	一次	施工、监理、业主、厂家
61	主变真空注油记录多项参数不满足规范规定	严格按照规范要求实施	一次	施工、监理
62	主变隐蔽签证记录铁芯暴露时间失真,隐蔽签证记录时间未在施工当天完成	严格按照规范要求实施	一次	施工、监理
63	主变整体气密试验记录数据应为 0.035MPa,误写成 0.35MPa	按正确数据整改	一次	施工
64	主变分项质量安装部分记录与实际不符	按实际数据整改	一次	施工
65	主变分项工程质量验收记录的检查结果全用"√"号代替定量检验结果	按照规范要求整改	一次	施工、监理
66	主变绕组直流电阻测试报告缺少与出厂试验做比对结果	按照规范要求和专家指导意见补充完善	一次	施工
67	断路器分闸线圈最低动作电压高于规范规定额定电压 85%	按照规范要求和指导意见重新处置	一次	施工
68	SF$_6$ 断路器等施工交底内容缺失、SF$_6$ 断路器微水数据失真	按照规范要求和专家指导意见补充完善、整改	一次	施工
69	SF$_6$ 断路器施工方案缺少进场新气抽检、全检工序	后续项目按照规范要求和专家指导意见完善实施	一次	施工
70	SF$_6$ 断路器部分试验参数用符合规范规定代替具体数值	按照规范要求和专家意见整改完善	一次	施工

续表

序号	专家指出问题	防治要点及措施	发生频次	责任人
71	SF₆进场气体抽检比例不满足规范规定，抽检项目不全	按照规范要求和专家指导意见整改完善	一次	施工
72	断路器分项工程质量验收记录、启委会验收组抽查结果空白	按照专家指导意见完善	一次	施工
73	蓄电池组充放电曲线表为单个蓄电池充放电曲线	按照规范要求和专家指导意见改正完善	一次	施工
74	电气设备交接试验报告（含特殊试验）不符合《电气设备交接试验报告统一格式》（DL/T 5293—2013）的规定，不便于核查试验项目是否齐全	按照规范要求和专家指导意见整改	一次	施工
75	继电保护调试报告无调试依据标准，无调试用仪器仪表的型号、规格及有效期的记录，无法追溯调试的有效性，二次回路调试记录缺少电流回路的二次负载记录，二次回路的调试记录与装置调试记录未装订在一起	按照规范要求和专家指导意见整改	一次	施工
76	电气设备交接试验报告无报告审核人员签字	按照专家指导意见完善	一次	施工
77	电气设备性能检测试验报告缺审核人员签字	按照专家指导意见完善	一次	施工
78	电气设备安装质量验收评定记录表均采用南网 Q/CSG 表	增加行业验收评定记录表	一次	施工
79	电气质量验评划分表主变两个单位工程划分为一个单位工程；500 kV 与 220 kV、35 kV 单位工程未用小序号区别；单位、分部、分项工程栏未标注序号	按照规范要求和专家指导意见整改完善	一次	施工
80	质量验评划分表各级电压等级配电装置单位工程划分错误，无子单位工程	按照规范要求和专家指导意见整改完善	一次	施工
81	断路器分项工程质量验收记录的检查结果全用"√"号代替定量检	按照规范要求和专家指导意见整改完善	一次	施工
82	项目验评划分表自行增加了分部工程，不符合规程规定	按照规范要求和专家指导意见整改完善	一次	施工
83	材料跟踪台账不全，个别记录内容不详实	加强管控，确保记录不遗漏	反复	施工
84	监理评估报告编制不完整，单位工程数量统计不准确	按照规范要求和专家指导意见整改完善	一次	监理
85	监理单位对参建单位报验文件的审核存在把关不严现象（如监理人员对记录审核不严格，对报审表式缺少编号）	按专家指导意见整改完善	一次	监理
86	监理的质量评估报告结论不准确	按照规范要求和专家指导意见整改完善	一次	监理

续表

序号	专家指出问题	防治要点及措施	发生频次	责任人
87	部分施工记录、隐蔽工程验收记录表、见证记录等存在涂改痕迹；抽查监理单位旁站记录存在涂改现象	业主项目部加强对监理、施工项目部的检查和承包商考核扣分	一次	监理、施工
88	隐蔽工程验收记录检查意见不规范，钢筋没有填写复检报告编号，特别是采用多种钢筋没有填写复检报告编号，无法溯源	按照规范要求整改完善，后续项目加强管控	反复	监理
89	部分隐蔽工程验收记录无结论意见	按照规范要求和专家指导意见整改完善	二次	监理、施工、业主、设计
90	变电站安全防范子系统包含脉冲电子围栏；工程资料检查中未见该子系统的设计图纸及技术条件、验收要求；脉冲电子围栏的安装使用需经属地公安部门备案	按照指导意见完善	一次	设计
91	检验批质量验收记录中主变区域单位工程定位放线检验批质量验收记录主控项目，施工单位自检对控制桩测量、平面控制桩和高程控制桩精度以及全站仪定位精度等均未记录具体检查情况，监理验收意见均为"经核验未发现缺陷"，验收结论均为"验收合格"。缺乏可追溯性	按照《建筑工程施工质量验收统一标准》（GB 50300—2013）第 5.0.1 条和《建设工程监理规范》（GB 50319—2013）第 5.2.5 规定整改	一次	监理、施工
92	单位工程主要技术资料，本工程没有的项目仍然"同意验收"	按照专家指导意见整改	一次	业主、设计、施工、监理
93	室内空气环境检测报告中检测结果有超标值，无整改措施和后续检测报告	采取措施减低指标值，再补充检测和编制检测报告	一次	业主
94	竣工图章不合理	按照规范要求整改	一次	设计
95	主变中性点接地方式改变，竣工图未修改	按照专家指导意见整改	反复	设计

2. 设计部分问题及改进措施见表 6-3、表 6-4。

表6-3　土建问题及改进措施汇总

序号	专家指出问题	防治要点及措施	发生频次
1	主控楼上屋面的钢直梯最底下一级踏棍离地面的高度大于 0.45 m	按照《固定式钢梯及平台安全要求：范围》（GB 4053.1—2009）第 5.5.1 的规定整改	反复
2	厕所门未设百叶窗	本项目改正，以后项目不再发生	每个项目
3	卫生间地漏设置欠规范，设置在台板下	按照《建筑给水排水及采暖工程施工质量验收规范》（GB 50242—2002）规定改正	每个项目

续表

序号	专家指出问题	防治要点及措施	发生频次
4	卫生间窗户未采用毛玻璃	按规范整改	每个项目
5	洗手池下水管未设存水弯	按规范整改	每个项目
6	个别封闭式水落管未设置检查口	按规范整改	反复
7	墙面砖使用了小于1/2的块料	按不小于1/2的块料设计和施工	反复
8	建筑物散水伸缩缝，沉降缝设置太宽	按规范设置	反复
9	屋面排水沟坡度不满足标准规定，排水口未设置箅子	按规范整改	反复
10	建筑物部分户外照明开关不是防水型开关	按《建筑电气照明装置施工与验收规范》（GB 50617—2010）的相关要求整改	每个项目
11	主控楼的室内消防栓栓口安装位置不合理	按照《室内消火栓安装》图集号：15S202的有关规定整改	反复
12	主控楼的室内楼梯平台栏杆下部未设置挡板；室外疏散钢梯未设置踢脚板	按照《固定式钢梯及平台安全要求》（GB 4053.3—2009）第5.6.1条规定整改	反复
13	主控楼梯扶手玻璃挡板未采用夹胶玻璃	按照规范整改	一次
14	建筑物外墙未设置伸缩缝	按照《外墙饰面砖工程施工及验收规程》（JGJ 126—2005）规程规定整改	反复
15	台阶未设置伸缩缝	按照规范整改	反复
16	个别建筑物的推拉门窗未安装防脱落、防碰撞装置	按照《建筑装饰装修工程质量验收标准》（GB 50210—2011）第6.1.12条规定整改	反复
17	建筑物门窗未设置接地	按照规范整改	反复
18	部分穿墙及楼板的管道、空调穿墙管未设置穿墙套管	按照《通风与空调工程施工规范》（GB 50738—2011）第3.2.3条规定整改	反复
19	部分电缆沟过水槽两侧未设置顺利过水的有效装置	按规范做细部整改	反复
20	建筑物开关箱等电器、钢结构等未设置跨接	按规范整改	每个项目
21	个别高于5米的爬梯未设护笼	按规范要求改正	反复
22	蓄电池室内未设计对流通风口	按规范要求整改	一次
23	蓄电池室的玻璃窗玻璃为透明玻璃	按《电力工程直流电源系统设计技术规程》（DL/T 5044—2014）第8.1.2条规定整改	一次
24	公共卫生间的冲水阀、水龙头为非自动装置	按规范要求整改	反复
25	蓄电池室轴流风机距顶棚距离大于100 mm	按照《发电厂供暖通风与空气调节设计规范》（DL/T 5035—2016）第6.2.2条规定整改	一次
26	室外灯具、钢梯等未设置接地	按规范要求整改	反复

续表

序号	专家指出问题	防治要点及措施	发生频次
27	全站屏柜基础槽钢无明显接地	按规范要求整改	反复
28	主控楼露台柱压顶处鹰嘴坡度偏小，使墙面砖产生泛碱现象	按照《建筑装饰装修工程施工质量验收规范》（GB 50210—2001）第4.2.10规定整改	一次
29	蓄电池室两组蓄电池间未设置防火间隔墙	按照《电力设备典型消防规程》（DL5027-2015）第10.6.1条规定整改	一次
30	蓄电池小室未设置进风口	按照《火力发电厂采暖通风与空气调节设计技术规程》（DL/T 5035）的有关规定整改	反复
31	51小室门口无操作小道	设计根据现场情况补设计变更	一次
32	电缆沟沟盖板设计内嵌，雨水灌沟内	设计在后续工程改为盖板覆盖式	一次
33	楼梯上梁高度不够，且未在梁下设置软包防撞	加强设计方案审核把关	一次

表6-4 电气问题及改进措施汇总

序号	专家指出问题	防治要点及措施	发生频次
1	脉冲电子围栏系统设计不合理	按照《脉冲电子围栏及其安装与安全运行》（GB/T 7964—2008）标准规定：脉冲电子围栏系统应有可靠的接地系统，并符合《电气装置安装工程低压电器施工及验收规范》（GB 50254—2014）的规定进行整改	反复
2	等电位铜排与设备接地混接且将等电位铜排接入设备接地连线	将等电位铜排接地与设备接地分开，等电位铜排不接设备接地连线	每个项目
3	室外使用了室内绝缘子	按规范要求整改	反复
4	主变事故放油管不便于事故操作	按规范要求整改	一次
5	主变断路器机构箱内无二次等电位接地铜牌	按规范要求整改	一次
6	主变事故排油阀、高压电抗器无弯头	给排油阀增设弯头	一次
7	主变压器中性点接地未设置围栏、未绝缘	按规范要求整改	每个项目
8	防火墙构架接地未设置断开端子	按规范要求整改	每个项目
9	主变压器爬梯未安装五防闭锁	按规范要求整改	反复
10	高抗中性点接地铜排未增加防护栏且颜色为黑色	按照《电气装置安装工程母线装置施工及验收规范》（GB 50149—2010）第3.1.10条规定整改	反复
11	蓄电池室内安装非防爆温感器电气设备	按照《电气装置安装工程蓄电池施工及验收规范》（GB 50172—2012）第3.0.7条强条规定整改	反复
12	摄像头电源箱安装在蓄电池室	按照《电气装置安装工程蓄电池施工及验收规范》（GB 50172—2012）第3.0.7条强条规定整改	反复

续表

序号	专家指出问题	防治要点及措施	发生频次
13	蓄电池＋、－极螺栓裸露，电缆无保护管	按照《电气装置安装工程蓄电池施工及验收规范》（GB 50172—2012）第3.0.7条强条规定整改	反复
14	蓄电池室空调设置明插座	按照《电气装置安装工程蓄电池施工及验收规范》（GB 50172—2012）第3.0.7条强条规定整改	反复
15	蓄电池在线监测装置不防爆	按照《电气装置安装工程蓄电池施工及验收规范》（GB 50172—2012）第3.0.7条强条规定整改	反复
16	蓄电池室照明灯具在蓄电池上方	按照《建筑电气照明装置施工验收规范》（GB 50167—2010）第4.0.5条规定整改	反复
17	500 kV断路器操作平台过小	根据打开机构箱门操作，对断路器六氟化硫压力表精确读数的需要空间进行整改	一次
18	主控楼工具房无接地网	根据现场情况出设计变更	一次
19	主变压器防火墙构架接地未设置断开节点	按照规范进行整改	反复
20	缺少事故照明控制开关	出设计变更改进	一次
21	全站一次二次接地、等电位接地缺漏	根据规范要求，出设计变更	反复

3. 施工部分问题及改进措施见表6-5、表6-6。

表6-5　土建问题及改进措施汇总

序号	专家指出问题	防治要点及措施	发生频次
1	沉降观测点、水准点未做保护	按照《建筑施工测量标准》（JGJ/T408—2017）中第13.1.8.3条规定整改	反复
2	主控楼女儿墙下防水卷材封口、排水沟存在裂纹	加强施工工艺控制	反复
3	主控楼屋面水落管进口无箅子	按照规范整改	反复
4	穿墙、板管道未设置穿墙套管；部分空调穿墙管也未设置穿墙套管	按照规范整改（设计、施工均有责任）	反复
5	屋面有积水现象	按照《屋面工程质量验收规范》（GB 50207—2012）第8.5.3条规定整改	反复
6	散水坡有开裂现象	按照《混凝土结构工程施工质量验收规范》（GB 50204—2015）第8.1.2条要求做整改处理	反复
7	墙体渗漏	按照《建筑装饰装修工程质量验收规范》（GB 50210—2011）第5.1.3条规定整改，提高施工工艺	一次
8	防火墙表面出现锈点	以后项目在钢筋绑扎时，确保混凝土保护层厚度、绑扎铁线头向内	反复
9	主变防火墙清水混凝土色差较大	按照《混凝土结构工程施工质量验收规范》（GB 50204—2015）改进，加强施工工艺控制	反复
10	混凝土基础面缺棱掉角	按照《混凝土结构工程施工规范》（GB 50666—2011）第4.2.3条规定整改，做好施工工艺控制和成品保护	反复

续表

序号	专家指出问题	防治要点及措施	发生频次
11	混凝土结构表面蜂窝、麻面、裂纹，存在尺寸偏差	按照《建筑装饰装修工程质量验收规范》（GB 50210—2011）第10.3.11条规定整改，提高施工工艺	反复
12	外墙分格缝不直、不平、错缝	按照《建筑装饰装修工程质量验收规范》（GB 50210—2011）第10.3.11条规定整改，提高施工工艺	反复
13	饰面板（砖）不平整，接缝不顺直	按照《建筑装饰装修工程质量验收规范》（GB 50210—2011）第10.3.11条规定整改，提高施工工艺	反复
14	饰面砖板面返碱、腐蚀	按照《建筑装饰装修工程质量验收规范》（GB 50210—2011）第10.3.11条规定整改，提高施工工艺	反复
15	地板块铺贴后出现空鼓，墙面板块自然脱落	按照《建筑装饰装修工程质量验收规范》（GB 50210—2011）第10.3.11条规定整改，提高施工工艺	反复
16	吊顶安装不平整	按照《建筑装饰装修工程质量验收规范》（GB 50210—2011）第10.3.11条规定整改，提高施工工艺	反复
17	电缆沟出现的问题：沉降开裂、压顶裂缝、沟底积水，临时增加电缆，造成沟壁补疤	按照《混凝土结构工程施工质量验收规范》（GB 50204—2015）第8.1.2条规定整改，提高施工工艺	反复
18	现场预制电缆盖板安装不平、不顺直，裂纹、露浆、表面不平整、盖板镀锌角铁边锈蚀等	1. 按照《混凝土结构工程施工质量验收规范》（GB 50204—2015）第8.1.2条规定整改，提高施工工艺 2. 尽量采用装配式预制板	反复
19	墙板内线盒预埋深浅不一、线头裸露、固定螺栓松动、盒内导线余量不足	按照《建筑电气工程施工质量验收规范》（GB 50303—2015）第5.2.9条规定整改，做好施工工艺控制	反复
20	屋檐板、雨篷、窗台等外挑结构未设置滴水线	按照《建筑装饰装修工程质量验收规范》（GB 50210—2011）第4.2.9条规定整改，做好施工工艺控制	反复
21	临空面窗户未设置防脱落装置	按照《建筑装饰装修工程质量验收规范》（GB 50210—2011）第6.1.12条规定整改：推拉门窗扇必须牢固，必须安装防脱落装置	反复
22	穿越墙、板管道未做穿墙套管	按照《建筑给水排水及采暖工程施工质量验收规范》（GB 50242—2002）第3.3.13条规定整改	反复
23	围墙变形缝设置不规范，个别围墙的压顶未设置变形缝	按照《混凝土结构设计规范》（GB 50010—2010）第9.1.1条规定整改	反复
24	建筑物屋面上避雷带存在多部位混凝土浆污染、接地引下线断接卡制作、安装不规范	按照《建筑物电子信息系统防雷技术规范》（GB 50343—2004）规定整改	一次
25	站区隔离不锈钢栏杆立柱安装焊接不牢，部分焊缝工艺较差	按照《电力建设安全工作规程》（DL5009.2—2013）要求整改，业主项目部和监理部管控	反复

续表

序号	专家指出问题	防治要点及措施	发生频次
26	厨房内插座配置不合理	按照《建筑装饰装修工程质量验收规范》（GB 50210—2011）要求整改	反复
27	饮用水处理装置个别不锈钢管件使用碳钢螺栓连接	按照《电力建设施工技术规范 第6部分：水处理及制氢设备和系统》（DL5190.6—2012）第3.1.11要求整改	一次
28	主控楼、10 kV配电间屋面瓷砖防水保护层分隔缝间距大于6 m	按照《屋面工程质量验收规范》（GB 50207—2012）的相关规定整改	一次
29	消防间外出消防管道未设置介质流向	按照规范要求整改	反复
30	主变喷淋管道油漆多处剥落，且无介质流向	按照规范要求整改	反复
31	沥青道路接缝痕迹明显，工艺较差	按照《公路沥青路面施工技术规范》（JTG—F40—2004）要求整改	每个项目
32	混凝土道路龟裂，胀、缩缝施工不规范，路面污染	按照《水泥混凝土路面施工及验收规范》（GBJ97—87）第3.0.1条规定整改，清洁路面	一次
33	地漏排水不畅，存在地面积水现象	按照《建筑给水排水及采暖工程施工质量验收规范》（GB 50242—2002）第7.2.1条规定整改	反复
34	土建部分，跨接严重缺漏	各项目管理部加强管控、监督、检查	每个项目

表6-6 电气问题及改进措施汇总

序号	专家指出问题	防治要点及措施	发生频次
1	线路工程接入的光缆，安装不规范	按照《光纤复合架空地线（OPGW）防雷接地技术导则》（DL/T 1378-2014）第6.3.4条、第7条的规定进行整改	每个项目
2	高压电抗器法兰缺少一侧短接线；主变本体与散热片采用法兰连接，未跨接线连接	按照《电气装置安装工程接地装置施工及验收规范》（GB 50169—2016）第4.3.10.5规定要求整改	反复
3	大部分接地螺栓穿向螺母未在维护侧	按照《电气装置工程母线装置施工及验收规范》（GB 50149—2010）第3.3.3条规定要求进行整改	反复
4	35 kV电抗器绝缘柱底座接地串联连接	按照《电气装置安装工程接地装置施工及验收规范》（GB 50169—2016）第4.2.9条强条规定进行整改	反复
5	电缆铠装层错接在等电位地线上	按照《电气装置安装工程 接地装置施工及验收规范》（GB 50169—2016）4.9.8条规定进行整改	反复
6	管母避雷器计数器固定螺栓过短	按照《电气装置工程母线装置施工及验收规范》（GB 50149—2010）第3.3.3条规定进行整改	反复
7	部分屏柜二次接地排上接地线鼻子超过2个	按照《电气装置安装工程盘、柜及二次回路接线施工及验收》（GB 50171—2012）第4.2.9条强条规定进行整改	反复

续表

序号	专家指出问题	防治要点及措施	发生频次
8	设备室一次接地网不统一,有暗敷接地、明敷接地	按照策划要求进行整改	反复
9	保护盘、汇控柜、端子箱一次接地与等电位接地混接	按照《电气装置安装工程 装置施工及验收规范》(GB 50169—2016)第4.9.1条规定进行整改	反复
10	设备支架接地搭接面涂漆	按照《电气装置工程 母线装置施工及验收规范》(GB 50149—2010)第3.1.12条规定进行整改	反复
11	保护用等电位铜排为并联连接	按照《电气装置安装工程 接地装置施工及验收规范》(GB 50169)第3.3.19条款的要求进行整改	反复
12	泡沫灭火装置接地焊接不满足要求	按照《电气装置安装工程 接地装置施工及验收规范》(GB 50169—2016)第4.3.4条规定进行整改	反复
13	计算机室26P相量测量主机屏内的等电位接地铜排直接接地,不正确	按照《电气装置安装工程 盘、柜及二次回路接线施工及验收规范》(GB 50171—2012)第7.0.12.1条规定进行整改	反复
14	消防水泵房接地采用串联接地	按照《电气装置安装工程 接地装置施工及验收规范》(GB 50169—2016)第4.2.9条强条规定要求整改	反复
15	电缆沟电缆叠加敷设	按照《电气装置安装工程 电缆线路施工及验收标准》(GB 50168—2006)第6.1.17规定整改	一次
16	部分电缆保护管未封堵	按照规范要求整改	反复
17	部分盘柜内电缆敷设不符合规范	按照规范要求整改	反复
18	安装接地螺栓应自里向外穿,固定螺栓应从里向外穿	按照规范要求整改	反复
19	二次屏柜编号不唯一	按照策划要求整改	反复
20	电缆槽盒普遍存在明显的色差问题	加强采购材料质量把关	反复
21	线夹压接部位未涂防锈红漆	按照《电气装置工程母线装置施工及验收规范》(GB 50149—2010)第3.5.8条要求整改	反复
22	母线颜色为黑色	按照《电气装置工程母线装置施工及验收规范》(GB 50149—2010)第3.5.8条规定整改	一次
23	空调室内柜机位于电缆沟盖板上、防静电地板上,无基座	加强规范施工管控,及时整改	反复
24	保护盘底板需对缝隙做防火处理	按规范要求和指导意见整改	反复
25	每个工程有50%以上的安装问题是设备、盘柜、螺栓等没有做跨接	各项目管理部加强管控、监督、检查	每个项目

4.资料、档案部分问题及改进措施见表6-7。

表6-7　资料、档案问题及改进措施汇总

序号	专家指出问题	防治要点及措施	发生频次	责任人
1	建设单位编制的工程档案管理策划文件需进一步修订完善，工程档案分类及档号的设置与要求不一致，归档范围内容不全	根据《国家重大建设项目文件归档要求与档案整理规范》（DA/T 28—2002）、《科学技术档案案卷构成的一般要求》（GB/T 11822—2008）、《电网建设项目文件归档与档案整理规范》（DL/T1363—2014）要求和南方电网、广西电网有关管理规定修编	一次	业主
2	档案管理工作策划书编写人、审核人、审批人没有签名	按照专家的指导意见整改完善	一次	业主
3	未见职业病危害预评价报告	补充编制职业病危害预评价报告入档	一次	业主
4	未见质量管理体系、职业健康安全管理体系、环境管理体系认证证书档案资料	各参建单位按专家指导意见增加这部分资料入档	一次	设计施工监理
5	未见工程所需的工程质量验收标准及规程规范	按专家指导意见补充这份资料入档	一次	业主
6	未见抗震钢筋原材料试验的最大力总伸长率	后续项目不漏这项实验和加强资料入档管理	一次	施工
7	未见地质土质是否和勘察报告相符的结论	按照专家指导意见补充结论并将资料入档	一次	设计
8	未见钢筋采用电渣压力焊连接前试验报告	后续项目不漏这项实验和加强资料入档管理	一次	施工
9	未见钢板、钢筋焊接用焊条、焊剂的产品合格证	加强资料收集、保管和入档	一次	施工
10	未见钢筋焊工考试合格证	按要求整改完善，资料入档	一次	施工
11	未见部分施工单位预埋件钢筋电弧焊T形接头工艺试验报告	后续项目不漏这项实验和加强资料入档管理	一次	施工
12	未见混凝土用骨料碱含量及混凝土氯离子含量检测报告	后续项目严格按照《普通混凝土用混凝土、石质量及检验方法标准》（JGJ 52—2006）的规定做检测并将报告入档	反复	施工
13	未见混凝土各配合比碱含量的计算文件	按专家指导意见补充资料并入档	反复	施工
14	未见施工场地设备、材料定位布置图、实施动态管理等相关材料	按专家指导意见补充资料并入档	一次	施工
15	绝缘子出厂质量证明书、合格证印章不清晰	加强进场材料实体质量和文件资料把关	一次	施工监理

续表

序号	专家指出问题	防治要点及措施	发生频次	责任人
16	管理人员、特殊工种人员证件没有按原尺寸复印；人员报审有效期不能涵盖工程有效工期，无后续报审材料或人员管理台账证明材料	加强资料合格性管控	一次	施工
17	未见混凝土搅拌用水及现场搅拌混凝土浆用水水质检测报告	补充完善水质检测报告并入档	一次	施工
18	未见建筑材料试验检测单位"广西水电科学研究院有限公司"计量认证证书中"检测能力附表"和试验人员授权书	按专家指导意见补充完善资料并入档	一次	业主
19	未见商品混凝土"北海市裕宏混凝土有限公司"提供其试验室计量认证文件	按专家指导意见补充完善资料并入档	一次	施工
20	未见预拌混凝土供应商提供的 28 d 强度报告及混凝土强度质量评定	按专家指导意见补充完善资料并入档	一次	施工
21	未见继电器室雨篷钢筋保护层厚度检测报告	按专家指导意见补做检测、编写报告并入档	一次	业主
22	未见铝合金窗"水密性、气密性、抗风压"检测报告	按专家指导意见补做检测、编写报告并入档	一次	施工
23	未见地面砖放射性限量合格的检验报告	按专家指导意见补做检测、编写报告并入档	一次	施工
24	未见同条件养护混凝土试块留置方案和实体检测计划	补充完善方案和检查计划，后续项目落实到位	一次	施工
25	未见混凝土试块（含同条件养护）汇总及评定表	按专家指导意见完善资料并入档	一次	施工
26	未见混凝土坍落度测试记录	后续项目严格管控测试记录并入档	一次	施工
27	未见墙体砌筑水平混凝土浆饱满度检测报告	按专家指导意见补做检测、编写报告并入档	一次	施工
28	未见围墙和防火墙预制墙板抗风压强度检验报告	补充完善检验报告并入档，	一次	业主
29	未见配电装置构件镀锌层厚度检测报告	按专家指导意见补做检测、编写报告并入档	一次	业主
30	未见配电装置横梁安装后挠度变形检测记录	按专家指导意见补做检测、编写报告并入档	一次	施工
31	未见事故油池及污水池满水试验记录	按照规范要求和专家指导意见实施且资料入档	反复	施工、监理
32	未见消防水管道水压试验报告	按照规范要求和专家指导意见实施且资料入档	一次	施工
33	未见消火栓试射记录和验收记录	按照规范要求和专家指导意见实施且资料入档	一次	施工

续表

序号	专家指出问题	防治要点及措施	发生频次	责任人
34	未见消防水池模板安装检验批质量验收对拉螺栓安装，如止水环和对拉螺栓孔施工情况	按规范要求和专家指导意见整改	一次	施工
35	未见个别试验见证取样单，材料跟踪记录	加强过程资料管控，确保文档资料的完整性	一次	施工
36	未见部分有见证的检测报告上有"见证取样检测"专用章	按规范要求和专家指导意见整改	一次	施工
37	生活污水检测报告不全，按照《城市污水再生利用　城市杂用水水质》（GB/T 18920—2002）标准做了 4 项检测。而标准要求的检测项目为 13 项，并依据检测指标将水质分为冲厕、道路清扫、消防、城市绿化、车辆冲洗、建筑施工五类杂用水	按规范要求和专家指导意见整改	一次	施工
38	虽有养护照片，但未见消防水池、事故油池抗渗混凝土等养护记录	按规范要求和专家指导意见整改	一次	施工
39	未见事故油池防水做法隐蔽验收记录及相关材料报审、验收记录	资料管控不到位，这部分资料事后找到并归档。后续项目加强文件资料管控和入档	一次	施工
40	未见供屋面保温层厚度检测报告	按规范要求和专家指导意见整改	一次	施工
41	未见电缆支架膨胀螺栓抗拔试验报告	按规范要求和专家指导意见实施	一次	施工
42	未见主变、高抗变冲击合闸及额定电压运行 24 h 后，变压器油的色谱分析报告	分析报告事后找到，后续项目加强资料保管	一次	施工
43	未见施工单位理化试验资质报审资料	按规范要求和专家指导意见整改	一次	施工
44	未见水泥、混凝土、灰混凝土砖主要原材料使用跟踪管理台账	原材料使用跟踪管理台账只有部分，未归档。后续项目加强台账管理和资料保管	反复	施工
45	未见厂区测量控制点原始资料交接记录	按照《电力建设施工技术规范》（DL 5190.1—2012）和专家指导意见整改	一次	设计、施工
46	未见隐蔽工程验收对灌注桩头混凝土锚入承台高度和钢筋锚入承台长度的记录	严格按照《建筑工程施工质量验收统一标准》（GB 50300—2013）规定和专家指导意见实施	一次	业主、设计、监理、施工
47	个别项目文件编制不严谨，有的无编制日期，有的未签署日期，有的签署人名字为打印未进行手签，有的未加盖印章，有的缺号和未编号等，应保持连续性、唯一性	按照规范要求和专家指导意见整改	一次	业主、设计、监理、施工

续表

序号	专家指出问题	防治要点及措施	发生频次	责任人
48	设备的合格证、检验报告、说明书等出厂证明文件未整理编目	按照有关规范要求和专家指导意见整改	一次	施工、监理
49	未见工程质量评价报告、电力绿色施工专项评价、电力工程新技术应用专项评价、电力工程地基结构专项评价过程文件，专项验收支撑材料（会议材料、汇报材料、申请材料、整改闭环材料等）、达标投产各小组检查记录文件等；部分项目文件归档不全，如工程质量评价报告、电力绿色施工专项评价、电力工程新技术应用专项评价、电力工程地基结构专项评价过程文件，专项验收支撑材料（会议材料、汇报材料、申请材料、整改闭环材料等）、达标投产各小组检查记录文件等	按照专家指导意见整改	一次	业主
50	未见单位工程验收签证	按照规范要求和专家指导意见完善	一次	业主、设计、监理、施工
51	调试文件归档不全，已归档的调试大纲未进行报审	按照规范要求和专家指导意见整改	一次	施工
52	未见直流设备安装工程电气设备性能检测试验报告	按照规范要求和专家指导意见整改	一次	施工
53	未见电气图纸会审纪要	按规范完善并补充归档	一次	施工
54	未见工程生活饮用水管道消毒记录及生活饮用水检测报告	按要求整改完善并归档	一次	施工
55	未见电气总平面布置优化设计方案论证及程序审批文、设计单位工程总结	按照专家指导意见补充完善并入档	一次	设计
56	全套施工图未归档	按照《电网建设项目文件归档与档案整理规范》（DL/T 1363—2014），施工图是必归项，整改入档	一次	设计
57	竣工图审查章，施工单位不需对竣工图进行审核	按照《电网建设项目文件归档与档案整理规范》（DL/T 1363—2014）和专家指导意见整改	一次	设计
58	未见电子围栏安装图纸、记录、调试报告资料	按照规范和专家指导意见整改	一次	设计
59	个别前期文件归档不全，用复印件代替原件归档现象。有缺请示、批复或附件现象。项目核准文件未提供原件（迎检时应提供原件）	按照规范要求和专家指导意见整改	一次	业主

续表

序号	专家指出问题	防治要点及措施	发生频次	责任人
60	未见生产运营资料：管理制度、运行规程、系统图、记录表单、工作票、操作票、运行日志、运行记录、缺陷管理台账等	按照规范要求和专家指导意见整改完善	一次	业主
61	未见各阶段质量监督检查专家意见书、转序通知书、质量监督检查报告及不符合项闭环文件	按照规范要求和专家指导意见整改完善	一次	业主
62	质量监督整改回复文件中无勘察单位签署及公章；个别照片无文字说明	按照规范要求和专家指导意见整改完善	一次	业主
63	未见投产后质量监督报告（质量监督站）等项目文件	按照规范要求和专家指导意见整改完善	一次	业主
64	未见启委会成立文件请示，启委会议纪要	按照规范要求和专家指导意见整改完善	一次	业主
65	监理单位纸质照片档案不符合规范	按照规范要求和专家指导意见整改完善	一次	监理
66	照片档案与纸质档案未建立对应关系，未填写相对应的互见号	按照规范要求和专家指导意见整改完善	一次	施工、监理
67	施工管理人员、特殊工种人员证件没有按原尺寸复印；人员报审有效期不能涵盖工程有效工期，无后续报审材料或人员管理台账证明材料	按照《电力建设施工质量验收及评价规程》（DL/T 5210.1—2012）的规定和专家指导意见整改完善	一次	施工
68	部分施工单位案卷题名编写不完整规范	按照规范要求和专家指导意见整改完善	一次	施工、业主
69	归档文件有质量问题，少量归档文件签字、盖章、编审批手续不完备（如设计单位的工程质量检查报告无编审批责任人；土工压实度检测报告全是电子签名）	按照规范要求和专家指导意见整改完善	一次	业主、设计、施工、监理
70	部分项目前期文件及重要的专项验收文件以扫描件和复印件归档，如环境影响报告批复、水土保持方案批复、地质灾害危险性评估报告备案表、消防验收文件、施工图纸审查会纪要等为复印件归档	按照规范要求和专家指导意见整改完善	一次	业主、设计
71	纸质照片没有填写档案号	按照规范要求和专家指导意见整改完善	一次	业主、设计、施工、监理
72	监理归档电气强条执行记录表空白	按照规范要求和专家指导意见整改完善	一次	监理

续表

序号	专家指出问题	防治要点及措施	发生频次	责任人
73	接收的照片档案尚未进行归档价值的鉴定，反映工程结构、主体设备安装、工程质量特色部位等的照片较少，有些不具存档价值	按照规范要求和专家指导意见整改完善	一次	业主、设计、施工、监理
74	书本式的档案目录内无页号标引，不利于快捷查找档案	按照规范要求和专家指导意见整改完善	一次	业主
75	个别案卷组卷不合理，将同一类目不同事件的组成一卷，如将项目核准文件、工程建设许可、用地预审、工程选址意见等文件组成一卷。应一事一卷，同一类目可以分若干卷	按照规范要求和专家指导意见整改完善	一次	业主
76	部分案卷组合未保持工程建设项目的成套性、系统性，同一事由的文件分散组卷，（如成立启动验收委员会文件及会议纪要与工程竣工验收签证书分别组卷）不便于快捷检索利用	按照规范要求和专家指导意见整改完善	一次	业主
77	不同载体的档案连续排号（照片与纸质档案）	按照规范要求和专家指导意见整改完善	一次	业主

附录一

强制性条文执行清单

表1 设计部分强制性条文清单（节选）

序号	强制性条文内容										规范

11.1.4 变电所内各建（构）筑物及设备的防火间距不应小于表11.1.4的规定。

表11.1.4 变电站内建（构）筑物及设备的防火间距（m）

建（构）筑物名称			丙、丁、戊类生产建筑 耐火等级		屋外配电装置 每组断路器油量（t）		可燃介质电容器（室、棚）	总事故贮油池	生活建筑 耐火等级	
			一、二级	三级	＜1	≥1			一、二级	三级
丙、丁、戊类生产建筑	耐火等级	一、二级	10	12	—	10	10	5	10	12
		三级	12	14					12	14
屋外配电装置	每组断路器油量（t）	＜1	—		—		10	5	10	12
		≥1	10							
油浸变压器	单台设备油量(t)	5～10	10		见第11.1.6条		10	5	15	20
		＞10～50							20	25
		＞50							25	30
可燃介质电容器（室、棚）			10		10		—	5	15	20
总事故贮油池			5		5		5	—	10	12
生活建筑	耐火等级	一、二级	10	12	10		15	10	6	7
		三级	12	14	12		20	12	7	8

注：1.建（构）筑物防火间距应按相邻两建（构）筑物外墙的最近距离计算，如外墙有凸出的燃烧构件时，则应从其凸出部分外缘算起。

2.相邻两座建筑两面的外墙为非燃烧体且无门窗洞口、无外露的燃烧屋檐，其防火间距可按本表减少25%。

3.相邻两座建筑较高一面的外墙如为防火墙时，其防火间距不限，但两座建筑物门窗之间的净距不应小于5m。

4.生产建（构）筑物侧墙外5m以内布置油浸变压器或可燃介质电容器等电气设备时，该墙在设备总高度加3m的水平线以下及设备外廓两侧各3m的范围内，不应设有门窗、洞口；建筑物外墙距设备外廓5～10m时，在上述范围内的外墙可设甲级防火门，设备高度以上可设防火窗，其耐火极限不应小于0.90h。

规范：《火力发电厂与变电站设计防火规范》（GB 50229—2006）

| 2 | 3.1.4 在TN—C系统中不应将保护接地中性导体隔离，严禁将保护接地中性导体接入开关电器。 | 《低压配电设计规范》（GB 50054—2011） |

续表

序号	强制性条文内容	规范
3	3.1.7 半导体开关电器严禁作为隔离电器。	《低压配电设计规范》（GB 50054—2011）
4	3.1.10 隔离器、熔断器和连接片，严禁作为功能性开关电器。	
5	3.1.12 采用剩余电流动作保护电器作为间接接触防护电器的回路时，必须装设保护导体。	
6	3.2.13 装置外可导电部分严禁作为保护接地中性导体的一部分。	
7	4.2.6 配电室通道上方裸带电体距地面的高度不应低于2.5 m；当低于2.5 m时，应设置不低于现行国家标准《外壳防护等级（IP代码）》GB 4208规定的IPXXB级或IP2X级的遮拦或外护物，遮拦或外护物底部距地面的高度不应低于2.2 m。	
8	7.4.1 除配电室外，无遮护的裸导体至地面的距离不应小于3.5 m；采用防护等级不低于现行国家标准《外壳防护等级（IP代码）》GB 4208规定的IP2X的网孔遮拦时，不应小于2.5 m。网状遮拦与裸导体的间距，不应小于100 mm；板状遮拦与裸导体的间距，不应小于50 mm。	
9	4.2.9 金属电缆支架全长均应有良好的接地。	《电气装置安装工程电缆线路施工及验收规范》（GB 50168—2006）
10	7.0.1 对易受外部影响着火的电缆密集场所或可能着火蔓延而酿成严重事故的电缆线路，必须按设计要求的防火阻燃措施施工。	
11	6.6.2 油量为2500 kg及以上的屋外油浸变压器之间的最小间距应符合表6.6.2的规定。 表6.6.2 屋外油浸变压器之间的最小间距 | 电压等级	最小间距
---	---
35 kV及以下	5 m
63 kV	6 m
110 kV	8 m
220～500 kV	10 m		《火力发电厂与变电站设计防火规范》（GB 50229—2006）
12	6.7.2 建(构)筑物中电缆引至电气柜、盘或控制屏、台的开孔部位，电缆贯穿隔墙、楼板的空洞应采用电缆防火封堵材料进行封堵，其防火封堵组件的耐火极限不应低于被贯穿物的耐火极限，且不应低于1 h。	
13	6.7.3（3～6）在电缆竖井中，每间隔约7m宜设置防火封堵。在电缆隧道或电缆沟中的下列部位，应设置防火墙： 1.公用主隧道或沟内引接的分支处。 2.电缆沟内每间隔100 m处。 3.通向建筑物的入口处。 4.厂区围墙处。	
14	6.7.5 防火墙上的电缆孔洞应采用电缆防火封堵材料进行封堵，并应采取防止火焰延燃的措施。其防火封堵组件的耐火极限应为3 h。	

续表

序号	强制性条文内容	规范
15	6.7.10 靠近带油设备的电缆沟盖板应密封。	《火力发电厂与变电站设计防火规范》（GB 50229—2006）
16	6.7.12 在电缆隧道和电缆沟道中，严禁有可燃气、油管路穿越。	
17	6.7.13 在密集敷设电缆的电缆夹层内，不得布置热力管道、油气管以及其他可能引起着火的管道和设备。	
18	3.0.4 电气装置的下列金属部分，均必须接地： 1. 电气设备的金属底座、框架及外壳和传动装置。 2. 携带式或移动式用电器具的金属底座和外壳。 3. 箱式变电站的金属箱体。 4. 互感器的二次绕组。 5. 配电、控制、保护用的屏（柜、箱）及操作台的金属框架和底座。 6. 电力电缆的金属护层、接头盒、终端头和金属保护管及二次电缆的屏蔽层。 7. 电缆桥架、支架和井架。 8. 变电站（换流站）构、支架。 9. 装有架空地线或电气设备的电力线路杆塔。 10. 配电装置的金属遮拦。 11. 电热设备的金属外壳。	《电气装置安装工程接地装置施工及验收规范》（GB 50169—2016）
19	4.1.8 严禁利用金属软管、管道保温层的金属外皮或金属网、低压照明网络的导线铅皮以及电缆金属护层作为接地线。	
20	4.2.9 电气装置的接地必须单独与接地母线或接地网相连接，严禁在一条接地线中串接两个及两个以上需要接地的电气装置。	
21	11.7.1 变电站的消防供电应符合下列规定： 1. 消防水泵、电动阀门、火灾探测报警与灭火系统、火灾应急照明应按 II 类负荷供电。 2. 消防用电设备采用双电源或双回路供电时，应在最末一级配电箱处自动切换。 3. 应急照明可采用蓄电池作备用电源，其连续供电时间不应少于 20 min。 4. 消防用电设备应采用单独的供电回路，当发生火灾切断生产、生活用电时，仍应保证消防用电，其配电设备应设置明显标志。 5. 消防用电设备的配电线路应满足火灾时连续供电的需要，当暗敷时，应穿管并敷设在不燃烧体结构内，其保护层厚度不应小于 30 mm；当明敷时（包括敷设在吊顶内），应穿金属管或封闭式金属线槽，并采取防火保护措施。当采用阻燃或耐火电缆时，敷设在电缆井、电缆沟内可不采取防火保护措施；当采用矿物绝缘类等具有耐火、抗过载和抗机械破坏性能的不燃性电缆时，可直接明敷。宜与其他配电线路分开敷设，当敷设在同一井、沟内时，宜分别布置在井、沟的两侧。	《火力发电厂与变电站设计防火规范》（GB 50229—2006）

续表

序号	强制性条文内容	规范
22	3.0.1 电力负荷应根据对供电可靠性的要求及中断供电在对人身安全、经济损失上所造成的影响程度进行分级，并应符合下列规定： 1. 符合下列情况之一时，应视为一级负荷。 （1）中断供电将造成人身伤害时。 （2）中断供电将在经济上造成重大损失时。 （3）中断供电将影响重要用电单位的正常工作。 2. 在一级负荷中，当中断供电将造成人员伤亡或重大设备损坏或发生中毒、爆炸和火灾等情况的负荷，以及特别重要场所的不允许中断供电的负荷，应视为一级负荷中特别重要的负荷。 3. 符合下列情况之时，应视为二级负荷。 （1）中断供电将在经济上造成较大损失时。 （2）中断供电将影响较重要用电单位的正常工作。 4. 不属于一级和二级负荷者应为三级负荷。	《供配电系统设计规范》（GB 50052—2009）
23	3.0.2 一级负荷应由双重电源供电，当一电源发生故障时，另一电源不应同时受到损坏。	
24	3.0.3 一级负荷中特别重要的负荷供电，应符合下列要求： 1. 除应由双重电源供电外，尚应增设应急电源，并严禁将其他负荷接入应急供电系统。 2. 设备的供电电源的切换时间，应满足设备允许中断供电的要求。	
25	3.0.9 备用电源的负荷严禁接入应急供电系统。	
26	4.0.2 应急电源与正常电源之间，应采取防止并列运行的措施。当有特殊要求，应急电源向正常电源转换需短暂并列运行时，应采取安全运行的措施。	
27	4.1.2（3）每个串联段的电容器并联总容量不应超过 3900 kvar。	《并联电容器装置设计规范》（GB 50227—2008）
28	4.2.6（2）严禁放电线圈一次绕组中性点接地。	
29	6.2.4 并联电容器的投切装置严禁设置自动重合闸。	
30	8.2.5（2）集合式电容器在地面安装时外壳应可靠接地。	
31	8.2.6（3）并联电容器安装连线严禁直接利用电容器套管连接或支承硬母线。	
32	8.3.1（2）屋内安装的油浸铁心串联电抗器，其油量超过 100 kg 时，应单独设置防爆间隔和储油设施。	
33	8.3.2（2）当采用屋内布置时，应加大对周围的空间距离，并应避开继电保护和微机监控等电气二次弱电设备。	
34	9.1.2（3）并联电容器装置必须设置消防设施。	
35	9.1.7 油浸集合式并联电容器，应设置储油池或挡油墙。电容器的浸渍剂和冷却油不得污染周围环境和地下水。	

续表

序号	强制性条文内容	规范
36	6.3.13 公共和工业建筑非爆炸危险场所通用房间或场所照明功率密度限值应符合表 6.3.13 的规定。 表 6.3.13 公共和工业建筑非爆炸危险场所通用房间或场所照明功率密度限值	《建筑照明设计标准》（GB 50034—2013）

表 6.3.13 内嵌表格：

房间或场所		照度标准值（lx）	照明功率密度限额（W/m³）	
			现行值	目标值
走廊	一般	50	≤ 2.5	≤ 2.0
	高档	100	≤ 4.0	≤ 3.5
厕所	一般	75	≤ 3.5	≤ 3.0
	高档	150	≤ 6.0	≤ 5.0
试验室	一般	300	≤ 9.0	≤ 8.5
	高档	500	≤ 15.0	≤ 13.5
检验	一般	300	≤ 9.0	≤ 8.0
	精细，有颜色要求	750	≤ 23.0	≤ 21.0
计量室、测量室		500	≤ 15.0	≤ 13.5
控制室	一般控制室	300	≤ 9.0	≤ 8.0
	主控室	500	≤ 15.0	≤ 13.5
电话站、网络中心、计算机站		500	≤ 15.0	≤ 13.0
动力站	风机房、空调机房	100	≤ 4.0	≤ 3.5
	泵房	100	≤ 4.0	≤ 3.5
	冷冻站	150	≤ 6.0	≤ 5.0
	压缩空气站	150	≤ 6.0	≤ 5.0
	锅炉房、煤气站的操作房	100	≤ 5.0	≤ 4.5
仓库	大件库	50	≤ 2.5	≤ 2.0
	一般件库	100	≤ 4.0	≤ 3.5
	半成品库	150	≤ 6.0	≤ 5.0
	精细件库	200	≤ 7.0	≤ 6.0
公共车库		50	≤ 2.5	≤ 2.0
车辆加油站		100	≤ 5.0	≤ 4.5

序号	强制性条文内容	规范
37	6.3.14 当房间或场所的室形指数值等于或小于 1 时，其照明功率密度限值应增加，但增加值不应超过限值的 20%。	
38	6.3.15 当房间或场所的照度标准值提高或降低一级时，其照明功率密度限值应按比例提高或折减。	
39	3.0.3（10）在可能发生对地闪击的地区，遇下列情况之一时，应划为第二类防雷建筑物： 预计雷击次数大于 0.25 次/a 的住宅、办公楼等一般性民用建筑物或一般性工业建筑物。	《建筑物防雷设计规范》（GB 50057—2010）

续表

序号	强制性条文内容	规范
40	4.1.1 各类防雷建筑物应设防直击雷的外部防雷装置，并应采取防闪电电涌侵入的措施。 第一类防雷建筑物和本规范第3.0.3条5～7款所规定的第二类防雷建筑物，尚应采取防闪电感应的措施。 4.1.2 各类防雷建筑物应设内部防雷装置，并应符合下列规定： 在建筑物的地下室或地面层处，以下物体应与防雷装置做防雷等电位连接：建筑物金属体；金属装置；建筑物内系统；进出建筑物的金属管线。 除本条1款的措施外，外部防雷装置与建筑物金属体、金属装置、建筑物内系统之间，尚应满足间隔距离的要求。	《建筑物防雷设计规范》（GB 50057—2010）
41	4.3.3 专设引下线不应少于2根，并应沿建筑物四周和内庭院四周均匀对称布置，其间距沿周长计算不宜大于18 m。当建筑物的跨度较大，无法在跨距中间设引下线时，应在跨距两端设引下线并减小其他引下线的间距，专设引下线的平均间距不应大于18 m。	
42	4.3.5（6）利用建筑物的钢筋作为防雷装置时应符合下列规定： 6 构件内有箍筋连接的钢筋或成网状的钢筋，其箍筋与钢筋、钢筋与钢筋应采用土建施工的绑扎法、螺丝、对焊或搭焊连接。单根钢筋、圆钢或外引预埋连接板、线与构件内钢筋的连接应焊接或采用螺栓紧固的卡夹器连接。构件之间必须连接成电气通路。	
43	4.3.8（4）（5）防止雷电流流经引下线和接地装置时产生的高电位对附近金属物或电气和电子系统线路的反击，应符合下列要求： 4 在电气接地装置与防雷接地装置共用或相连的情况下，应在低压电源线路引入的总配电箱、配电柜处装设Ⅰ级试验的电涌保护器。电涌保护器的电压保护水平值应小于或等于2.5 kV。每一保护模式的冲击电流值，当无法确定时应取等于或大于12.5 kA。 5 当Yyn0型或Dyn11型接线的配电变压器设在本建筑物内或附设于外墙处时，应在变压器高压侧装设避雷器；在低压侧的配电屏上，当有线路引出本建筑物至其他有独自敷设接地装置的配电装置时，应在母线上装设Ⅰ级试验的电涌保护器，电涌保护器每一保护模式的冲击电流值，当无法确定时冲击电流应取等于或大于12.5 kA；当无线路引出本建筑物时，应在母线上装设Ⅱ级试验的电涌保护器，电涌保护器每一保护模式的标称放电电流值应等于或大于5 kA。电涌保护器的电压保护水平值应小于或等于2.5 kV。	
44	4.5.8 在独立接闪杆、架空接闪线、架空接闪网的支柱上，严禁悬挂电话线、广播线、电视接收天线及低压架空线等。	
45	6.1.2 当电源采用TN系统时，从建筑物总配电箱起供电给本建筑物内的配电线路和分支线路必须采用TN—S系统。	
46	6.4.7 事故通风的通风机应分别在室内及靠近外门的外墙上设置电气开关。	《工业建筑供暖通风与空气调节设计规范》（GB 50019—2015）
47	6.1.1 按照国家工程建设消防标准需要进行消防设计的新建、扩建、改建（含室内外装修、建筑保温、用途变更）工程，建设单位应当依法申请建设工程消防设计审核、消防验收，依法办理消防设计和竣工验收消防备案手续并接受抽查。	《电力设备典型消防规程》（DL 5027—2015）

续表

序号	强制性条文内容	规范
48	6.1.2 建设工程或项目的建设、设计、施工、工程监理等单位应当遵守消防法规、建设工程质量管理法规和国家消防技术标准，应对建设工程消防设计、施工质量和安全负责。	
49	6.1.3 建（构）筑物的火灾危险性分类、耐火等级、安全出口、防火分区和建（构）筑物之间的防火间距，应符合现行国家标准的有关规定。	
50	6.1.4 有爆炸和火灾危险场所的电力设计，应符合现行国家标准《爆炸和火灾危险环境电力装置设计规范》（GB 50058）的有关规定。	
51	6.1.5 电力设备，包括电缆的设计、选型必须符合有关设计标准要求。建设、设计、施工、工程监理等单位对电力设备的设计、选型及施工质量的有关部分负责。	
52	6.1.6 疏散通道、安全出口应保持畅通，并设置符合规定的消防安全疏散指示标志和应急照明设施。保持防火门、防火卷帘、消防安全疏散指示标志、应急照明、机械排烟送风、火灾事故广播等设施处于正常状态。	
53	6.1.22 电缆隧道内应设置指向最近安全出口处的导向箭头，主隧道、各分支拐弯处醒目位置装设整个电缆隧道平面示意图，并在示意图上标注所处位置及各出入口位置。	
54	6.1.24 变电站还应符合下列要求： 1. 无人值班变电站火灾自动报警系统信号的接入应符合本规程第6.3.8条的规定。 2. 无人值班变电站宜设置视频监控系统，火灾自动报警系统宜和视频监控系统联动，视频信号的接入场所按本规程第6.3.8条的规定采用。 3. 无人值班变电站应在入口处和主要通道处设置移动式灭火器。 4. 地下变电站内采暖区域严禁采用明火取暖。 5. 电气设备间设置的排烟设施，应符合国家标准的规定。 6. 火灾发生时，送排风系统和空调系统应能自动停止运行。当采用气体灭火系统时，穿过防护区的通风或空调风道上的防火阀应能自动关闭。 7. 室内消火栓应采用单栓消火栓。确有困难时可采用双栓消火栓，但必须为双阀双出口型。	《电力设备典型消防规程》（DL 5027—2015）
55	6.1.26 开关站还应符合下列要求： 1. 开关站消防灭火设施应符合现行国家标准《火力发电厂与变电站设计防火规范》（GB 50229）的有关规定。 2. 有人值班或具有信号远传功能的开关站应装设火灾自动报警系统。装设火灾报警系统时，要求同变电站。 3. 发生火灾时，应能自动切断空调通风系统以及与排烟无关的通风系统电源。	
56	6.3.4 新建、扩建和改建工程或项目，需要设置消防设施的，消防设施与主体设备或项目应同时设计、同时施工、同时投入生产或使用，并通过消防验收。	
57	10.5.1 防止电缆火灾延燃的措施应包括封、堵、涂、隔、包、水喷雾、悬挂式干粉等措施。	
58	10.5.2 涂料、堵料应符合现行国家标准《防火封堵材料》（GB 23864）的有关规定，且取得型式检验认可证书，耐火极限不低于设计要求。防火涂料在涂刷时要注意稀释液的防火。	

续表

序号	强制性条文内容	规范
59	10.5.3 凡穿越墙壁、楼板和电缆沟道而进入控制室、电缆夹层、控制柜及仪表盘、保护盘等处的电缆孔、洞、竖井和进入油区的电缆入口处必须用防火堵料严密封堵。发电厂的电缆沿一定长度可涂以耐火涂料或其他阻燃物质。靠近充油设备的电缆沟，应设有防火延燃措施，盖板应封堵。防火封堵应符合现行行业标准《建筑防火封堵应用技术规程》CECS 154 的有关规定。	《电力设备典型消防规程》（DL 5027—2015）
60	10.5.4 在已完成电缆防火措施的电缆孔洞等处新敷设或拆除电缆，必须及时重新做好相应的防火封堵措施。	
61	10.5.5 严禁将电缆直接搁置在蒸汽管道上，架空敷设电缆时，电力电缆与蒸汽管净距应不少于 1.0 m，控制电缆与蒸汽管净距应不少于 0.5 m，与油管道的净距应尽可能增大。	
62	10.5.6 电缆夹层、隧（廊）道、竖井、电缆沟内应保持整洁，不得堆放杂物，电缆沟洞严禁积油。	
63	10.5.9 在多个电缆头并排安装的场合中，应在电缆头之间加隔板或填充阻燃材料。	
64	10.5.11 电力电缆中间接头盒的两侧及其邻近区域，应增加防火包带等阻燃措施。	
65	10.5.12 施工中动力电缆与控制电缆不应混放、分布不均及堆积乱放。在动力电缆与控制电缆之间，应设置层间耐火隔板。	
66	11.0.3 控制室、调度室应有不少于两个疏散出口。	
67	11.0.10 各室配电线路应采用阻燃措施或防延燃措施，严禁任意拉接临时电线。	

表2　土建施工部分强制性条文（节选）

序号	条款内容	规范名称
1	1.0.3 建筑施工现场临时用电工程专用的电源中性点直接接地的220/380V三相四线制低压电力系统，必须符合下列规定： 1.采用三级配电系统； 2.采用TN—S接零保护系统； 3.采用二级漏电保护系统。 3.1.4 临时用电组织设计及变更时，必须履行"编制、审核、批准"程序，由电气工程技术人员组织编制，经相关部门审核及具有法人资格企业的技术负责人批准后实施。变更用电组织设计时应补充有关图纸、资料。 3.1.5 临时用电工程必须经编制、审核、批准部门和使用单位共同验收，合格后方可投入使用。 3.3.4 临时用电工程定期检查应按分部、分项工程进行，对安全隐患必须及时处理，并应履行复查验收手续。 5.1.1 在施工现场专用变压器的供电的TN—S接零保护系统中，电气设备的金属外壳必须与保护零线连接。保护零线应由工作接地线、配电室（总配电箱）电源侧零线或总漏电保护器电源侧零线处引出。 5.1.2 当施工现场与外电线路共用同一供电系统时，电气设备的接地、接零保护应与原系统保持一致。不得一部分设备做保护接零，另一部分设备做保护接地。采用TN系统做保护接零时，工作零线（N线）必须通过总漏电保护器，保护零线（PE线）必须由电源进线零线重复接地处或总漏电保护器电源侧零线处，引出形成局部TN—S接零保护系统。 5.1.10 PE线上严禁装设开关或熔断器，严禁通过工作电流，且严禁断线。 5.3.2 TN系统中的保护零线除必须在配电室或总配电箱处做重复接地外，还必须在配电系统的中间处和末端处做重复接地。在TN系统中，保护零线每一处重复接地装置的接地电阻值不应大于10Ω。在工作接地电阻值允许达到10Ω的电力系统中，所有重复接地的等效电阻值不应大于10Ω。 5.4.7 做防雷接地机械上的电气设备，所连接的PE线必须同时做重复接地，同一台机械电气设备的重复接地和机械的防雷接地可共用同一接地体，但接地电阻应符合重复接地电阻值的要求。 6.1.6 配电柜应装设电源隔离开关及短路、过载、漏电保护电器。电源隔离开关分断时应有明显可见分断点。 6.1.8 配电柜或配电线路停电维修时，应挂接地线，并应悬挂"禁止合闸、有人工作"停电标志牌。停送电必须由专人负责。 7.2.1 电缆中必须包含全部工作芯线和用作保护零线或保护线的芯线。需要三相四线制配电的电缆线路必须采用五芯电缆。五芯电缆必须包含淡蓝、绿/黄二种颜色绝缘芯线。淡蓝色芯线必须用作N线；绿/黄双色芯线必须用作PE线，严禁混用。 7.2.3 电缆线路应采用埋地或架空敷设，严禁沿地面明设，并应避免机械损伤和介质腐蚀。埋地电缆路径应设方位标志。 8.1.3 每台用电设备必须有各自专用的开关箱，严禁用同一个开关箱直接控制2台及2台以上用电设备（含插座）。 8.1.11 配电箱的电器安装板上必须分设N线端子板和PE线端子板。N线端子板必须与金属电器安装板绝缘；PE线端子板必须与金属电器安装板做电气连接。进出线中的N线必须通过N线端子板连接；PE线必须通过PE端子板连接。 8.2.10 开关箱中漏电保护器的额定漏电动作电流不应大于30mA，额定漏电	《施工现场临时用电安全技术规范》（JGJ46—2005）

续表

序号	条款内容	规范名称
1	动作时间不应大于0.1 s。使用于潮湿或有腐蚀介质场所的漏电保护器应采用防溅型产品，其额定漏电动作电流不应大于15 mA，额定漏电动作时间不应大于0.1 s。 8.2.11 总配电箱中漏电保护器的额定漏电动作电流应大于30mA，额定漏电动作时间应大于0.1 s，但其额定漏电动作电流与额定漏电动作时间的乘积不应大于30 mA·S。 8.2.15 配电箱、开关箱的电源进线端严禁采用插头和插座做活动连接。 8.3.4 对配电箱、开关箱进行定期维修、检查时，必须将其前一级相应的电源隔离开关分闸断电，并悬挂"禁止合闸、有人工作"停电标志牌，严禁带电作业。 9.7.3 对混凝土搅拌机、钢筋加工机械、木工机械、盾构机械等设备进行清理、检查、维修时，必须首先将其开关箱分闸断电，呈现可见电源分断点，并关门上锁。 10.2.2 下列特殊场所应使用安全特低电压照明器：潮湿和易触及带电体场所的照明，电源电压不得大于24 V。 10.2.5 照明变压器必须使用双绕组型安全隔离变压器，严禁使用自耦变压器。	《施工现场临时用电安全技术规范》（JGJ46—2005）
2	4.1.1 坠落高度基准面2 m及以上进行临边作业时，应在临空一侧设置防护栏杆，并应采用密目式安全立网或工具式栏板封闭。 4.2.1 在洞口作业时，应采取防坠落措施，并应符合下列规定： （1）当竖向洞口短边边长小于500 mm时，应采取封堵措施；当垂直洞口短边边长大于或等于500 mm时，应在临空一侧设置高度不小于1.2 m的防护栏杆，并应采用密目式安全立网或工具式栏板封闭，设置挡脚板； （2）当非竖向洞口短边边长为25～500 mm时，应采用承载力满足使用要求的盖板覆盖，盖板四周搁置应均衡，且应防止盖板移位； （3）当非竖向洞口短边边长为500～1500 mm时，应采用盖板覆盖或防护栏杆等措施，并应固定牢固； （4）当非竖向洞口短边边长大于或等于1500 mm时，应在洞口作业侧设置高度不小于1.2 m的防护栏杆，洞口应采用安全平网封闭。 5.2.3 严禁在未固定、无防护设施的构件及管道上进行作业或通行。 8.1.2 采用平网防护时，严禁使用密目式安全立网代替平网使用。	《建筑施工高处作业安全技术规范》（JGJ 80—2016）
3	4.2.1 宿舍、办公用房的防火设计应符合下列规定： （1）建筑构件的燃烧性能等级应为A级。当采用金属夹芯板材时，其芯材的燃烧性能等级应为A级。 4.2.2 变配电房、厨房操作间防火设计应符合下列规定： （1）建筑构件的燃烧性能等级应为A级。 4.3.3 既有建筑进行扩建、改建施工时，必须明确划分施工区和非施工区，施工区不得营业、使用和居住；非施工区继续营业、使用和居住时，应符合下列规定： （1）施工区和非施工区之间应采用不开设门、窗、洞口的耐火极限不低于3.0 h的不燃烧体隔墙进行防火分隔。 （2）非施工区内的消防设施应完好和有效，疏散通道应保持畅通，并应落实日常值班及消防安全管理制度。 （3）施工区的消防安全应配有专人值守，发生火情应能立即处置。 （4）施工单位应向居住和使用者进行消防宣传教育，告知建筑消防设施、疏散通道的位置及使用方法，同时应组织疏散演练。	《建设工程施工现场消防安全技术规范》（GB 50720—2011）

续表

序号	条款内容	规范名称
3	（5）外脚手架搭设不应影响安全疏散、消防车正常通行及灭火救援操作，外脚手架搭设长度不应超过该建筑物外立面周长的 1/2。 5.1.4 施工现场的消火栓泵应采用专用消防配电线路。专用消防配电线路应自施工现场总配电箱的总断路器上端接入，且应保持不间断供电。 5.3.5 临时用房的临时室外消防用水量不应小于规定。 5.3.6 在建工程的临时室外消防用水量不应小于规定。 5.3.9 在建工程的临时室内消防用水量不应小于规定。 6.2.1 用于在建工程的保温、防水、装饰及防腐等材料的燃烧性能等级应符合设计要求。 6.2.3 室内使用油漆及其有机溶剂、乙二胺、冷底子油等易挥发产生易燃气体的物资作业时，应保持良好通风，作业场所严禁明火，并应避免产生静电。 6.3.1 施工现场用火应符合下列规定： （3）焊接、切割、烘烤或加热等动火作业前，应对作业现场的可燃物进行清理；作业现场及其附近无法移走的可燃物应采用不燃材料对其覆盖或隔离。 （5）裸露的可燃材料上严禁直接进行动火作业。 （9）具有火灾、爆炸危险的场所严禁明火。 6.3.3 施工现场用气应符合下列规定：储装气体的罐瓶及其附件应合格、完好和有效；严禁使用减压器及其他附件缺损的氧气瓶，严禁使用乙炔专用减压器、回火防止器及其他附件缺损的乙炔瓶。	《建设工程施工现场消防安全技术规范》（GB 50720—2011）
4	2.0.1 特种设备操作人员应经过专业培训、考核合格取得建设行政主管部门颁发的操作证，并应经过安全技术交底后持证上岗。 2.0.2 机械必须按出厂使用说明书规定的技术性能、承载能力和使用条件，正确操作，合理使用，严禁超载、超速作业或任意扩大使用范围。 2.0.3 机械上的各种安全防护和保险装置及各种安全信息装置必须齐全有效。 2.0.21 清洁、保养、维修机械或电气装置前，必须先切断电源，等机械停稳后再进行操作。严禁带电或采用预约停送电时间的方式进行检修。 4.1.11 建筑起重机械的变幅限位器、力矩限制器、起重量限制器、防坠安全器、钢丝绳防脱装置、防脱钩装置以及各种行程限位开关等安全保护装置，必须齐全有效，严禁随意调整或拆除。严禁利用限制器和限位装置代替操纵机构。 4.1.14 在风速达到 9.0 m/s 及以上或大雨、大雪、大雾等恶劣天气时，严禁进行建筑起重机械的安装拆卸作业。 5.1.4 作业前，必须查明施工场地内明、暗铺设的各类管线等设施，并应采用明显记号标识。严禁在离地下管线、承压管道 1m 距离以内进行大型机械作业。 5.1.10 机械回转作业时，配合人员必须在机械回转半径以外工作。当需在回转半径以内工作时，必须将机械停止回转并制动。 5.5.6 作业中，严禁人员上下机械，传递物件，以及在铲斗内、拖把或机架上坐立。 5.10.20 装载机转向架未锁闭时，严禁站在前后车架之间进行检修保养。 5.13.7 夯锤下落后，在吊钩尚未降下夯锤吊环附近前，操作人员严禁提前下坑挂钩。从坑中提锤时，严禁挂钩人员站在锤上随锤提升。 8.2.7 料斗提升时，人员严禁在料斗下停留或通过；当需在料斗下方进行清理或检修时，应将料斗提升至上止点，并必须用保险销锁牢或用保险链挂牢。 10.3.1 木工圆锯机上的旋转锯片必须设置防护罩。 12.1.4 焊割现场及高空焊割作业下方，严禁堆放油类、木材、氧气瓶、乙炔瓶、保温材料等易燃、易爆物品。	《建筑机械使用安全技术规程》（JGJ 33—2012）

续表

序号	条款内容	规范名称
5	3.0.1 起重吊装作业前，必须编制吊装作业的专项施工方案，并应进行安全技术措施交底；作业中，未经技术负责人批准，不得随意更改。 3.0.19 暂停作业时，对吊装作业中未形成稳定体系的部分，必须采取临时固定措施。 3.0.23 对临时固定的构件，必须在完成了永久固定，并经检查确认无误后，方可解除临时固定措施。	《建筑施工起重吊装工程安全技术规范》（JGJ 276—2012）
6	3.4.3 可调托撑抗压承载力设计值不应小于 40 kN，支托板厚不应小于 5 mm。 6.2.3 主节点处必须设置一根横向水平杆，用直角扣件扣接且严禁拆除。 6.3.3 脚手架立杆基础不在同一高度上时，必须将高处的纵向扫地杆向低处延长两跨与立杆固定，高低差不应大于 1 m。靠边坡上方的立杆轴线到边坡的距离不应小于 500 mm。 6.3.5 单排、双排与满堂脚手架立杆接长除顶层顶步外，其余各层各步接头必须采用对接扣件连接。 6.4.4 开口型脚手架的两端必须设置连墙件，连墙件的垂直间距不大于建筑物的层高，并且不应大于 4 m。 6.3.3 高度在 24 m 及以上的双排脚手架应在外侧全立面连续设置剪刀撑；高度在 24 m 以下的单、双排脚手架，均必须在外侧两端、转角及中间间隔不超过 15 m 的立面上，各设置一道剪刀撑，并应由底至顶连续设置。 6.6.5 开口型双排脚手架的两端均必须设置横向斜撑。 7.4.2 单、双排脚手架拆除作业必须由上而下逐层进行，严禁上下同时作业；连墙件必须随脚手架逐层拆除，严禁先将连墙件整层或数层拆除后再拆脚手架；分段拆除高差大于两步时，应增设连墙件加固。 7.4.5 卸料时各构配件严禁抛掷至地面。 8.1.4 扣件进入施工现场应检查产品合格证，并应进行抽样复试，技术性能应符合现行国家标准《钢管脚手架扣件》（GB 15831）的规定。扣件在使用前应逐个挑选，有裂缝、变形、螺栓出现滑丝的严禁使用。 9.0.1 扣件式钢管脚手架安装与拆除人员必须是经考核合格的专业架子工。架子工应持证上岗。 9.0.4 钢管上严禁打孔。 9.0.5 作业层上的施工荷载应符合设计要求，不得超载。不得将模板支架、缆风绳、泵送混凝土和砂浆的输送管等固定在架体上；严禁悬挂起重设备，严禁拆除或移动架体上安全防护设施。 9.0.7 满堂支撑架顶部的实际荷载不得超过设计规定。 9.0.13 在脚手架使用期间，严禁拆除下列杆件： （1）主节点处的纵、横向水平杆，纵、横向扫地杆； （2）连墙件。 9.0.14 当在脚手架使用过程中开挖脚手架基础下的设备基础或管沟时，必须对脚手架采取加固措施。	《建筑施工扣件式钢管脚手架安全技术规范》（JGJ 130—2011）
7	2.0.4 进入施工现场人员必须佩戴安全帽。作业人员必须戴安全帽、穿工作鞋和工作服；应按作业要求正确使用劳动防护用品。在 2 m 及以上的无可靠安全防护设施的高处、悬崖和陡坡作业时，必须系挂安全带。 3.0.1 架子工、起重吊装工、信号指挥工的劳动防护用品配备应符合下列规定： （1）架子工、塔式起重机操作人员、起重吊装工应配备灵便紧口的工作服、系带防滑鞋和工作手套。	《建筑施工作业劳动防护用品配备及使用标准》（JGJ 184—2009）

续表

序号	条款内容	规范名称
7	（2）信号指挥工应配备专用标志服装。在自然强光环境条件作业时，应配备有色防护眼镜。 3.0.2 电工的劳动防护用品配备应符合下列规定： （1）维修电工应配备绝缘鞋、绝缘手套和灵便紧口的工作服。 （2）安装电工应配备手套和防护眼镜。 （3）高压电气作业时，应配备相应等级的绝缘鞋、绝缘手套和有色防护眼镜。 3.0.3 电焊工、气割工的劳动防护用品配备应符合下列规定： （1）电焊工、气割工应配备阻燃防护服、绝缘鞋、鞋盖、电焊手套和焊接防护面罩。在高处作业时，应配备安全帽与面罩连接式焊接防护面罩和阻燃安全带。 （2）从事清除焊渣作业时，应配备防护眼镜。 （3）从事磨削钨极作业时，应配备手套、防尘口罩和防护眼镜。 （4）从事酸碱等腐蚀性作业时，应配备防腐蚀性工作服、耐酸碱胶鞋，戴耐酸碱手套、防护口罩和防护眼镜。 （5）在密闭环境或通风不良的情况下，应配备送风式防护面罩。 3.0.5 油漆工在从事涂刷、喷漆作业时，应配备防静电工作服、防静电鞋、防静电手套、防毒口罩和防护眼镜；从事砂纸打磨作业时，应配备防尘口罩和密闭式防护眼镜。 3.0.6 普通工从事淋灰、筛灰作业时，应配备高腰工作鞋、鞋盖、手套和防尘口罩，应配备防护眼镜；从事抬、扛物料作业时，应配备垫肩；从事人工挖扩桩孔孔井下作业时，应配备雨靴、手套和安全绳；从事拆除工程作业时，应配备保护足趾安全鞋、手套。 3.0.14 防水工的劳动防护用品配备应符合下列规定： （1）从事涂刷作业时，应配备防静电工作服、防静电鞋和鞋盖、防护手套、防毒口罩和防护眼镜。 （2）从事沥青熔化、运送作业时，应配备防烫工作服、高腰布面胶底防滑鞋和鞋盖、工作帽、耐高温长手套、防毒口罩和防护眼镜。 3.0.17 钳工、铆工、通风工的劳动防护用品配备应符合下列规定：从事使用锉刀、刮刀、錾子、扁铲等工具作业时，应配备紧口工作服和防护眼镜。从事剔凿作业时，应配备手套和防护眼镜；从事搬抬作业时，应配备保护足趾安全鞋和手套。	《建筑施工作业劳动防护用品配备及使用标准》（JGJ 184—2009）
8	4.2.1 施工现场的主要道路应进行硬化处理，裸露的场地和集中堆放的土方应采取覆盖、固化或绿化等措施。 4.2.5 建筑物内垃圾应采用容器或搭设专用封闭式垃圾道的方式清运，严禁凌空抛掷。 4.2.6 施工现场严禁焚烧各类废弃物。 5.1.6 施工现场生活区宿舍、休息室必须设置可开启式外窗，床铺不应超过2层，不得使用通铺。	《建设工程施工现场环境与卫生标准》（JGJ 146—2013）
9	3.0.9 施工企业严禁使用国家明令淘汰的技术、工艺、设备、设施和材料。 5.0.3 施工企业应建立和健全与企业安全生产组织相对应的安全生产责任体系，并应明确各管理层、职能部门、岗位的安全生产责任。 10.0.6 施工企业应根据施工组织设计、专项安全施工方案（措施）编制和审批权限的设置，分级进行安全技术交底，编制人员应参与安全技术交底、验收和检查。	《施工企业安全生产管理规范》（GB 50656—2011）

续表

序号	条款内容	规范名称
9	12.0.3 施工企业的工程项目部应根据企业安全生产管理制度，实施施工现场安全生产管理，应包括下列内容： （6）确定消防安全责任人，制订用火、用电、使用易燃易爆材料等各项消防安全管理制度和操作规程，设置消防通道、消防水源，配备消防设施和灭火器材，并在施工现场入口处设置明显标志。 15.0.4 施工企业安全检查应配备必要的检查、测试器具，对存在的问题和隐患，应定人、定时间、定措施组织整改，并应跟踪复查直至整改完毕。	《施工企业安全生产管理规范》(GB 50656—2011)
10	4.0.1 建筑施工安全检查评定中，保证项目应全数检查。 5.0.3 当建筑施工安全检查评定的等级为不合格时，必须限期整改达到合格。	《建筑施工安全检查标准》（JGJ 59—2011）
11	4.2.1 模板及支架用材料的技术指标应符合国家现行有关标准的规定。进场时抽样检验模板和支架材料的外观、规格和尺寸。检查数量：按国家现行相关标准的规定确定。检验方法：检查质量证明文件，观察，尺量。 2. 钢筋进场时，应按国家现行标准《钢筋混凝土用钢第1部分：热轧光圆钢筋》（GB 1499.1）、《钢筋混凝土用钢第2部分：热轧带肋钢筋》（GB 1499.2）、《钢筋混凝土用余热处理钢筋》（GB 13014）、《钢筋混凝土用钢第3部分：钢筋焊接网》（GB/T 1499.3）、《冷轧带肋钢筋》（GB 13788）、《高延性冷轧带肋钢筋》（YB/T 4260）、《冷轧扭钢筋》（JG 190）及《冷轧带肋钢筋混凝土结构技术规程》（JGJ 95），《冷轧扭钢筋混凝土构件技术规程》（JGJ 115）、《冷拔低碳钢丝应用技术规程》（JGJ 19—2010）抽取试件作屈服强度、抗拉强度、伸长率、弯曲性能和重量偏差检验，检验结果应符合相应标准的规定。 检查数量：按进场批次和产品的抽样检验方案确定。检验方法：检查质量证明文件和抽样检验报告。 5.2.3 对按一、二、三级抗震等级设计的框架和斜撑构件（含梯段）中的纵向受力普通钢筋应采用 HRB335E、HRB400E、HRB500E、HRBF335E、HRBF400E 或 HRBF500E 钢筋，其强度和最大力下总伸长率的实测值应符合下列规定：抗拉强度实测值与屈服强度实测值的比值不应小于1.25；屈服强度实测值与屈服强度标准值的比值不应大于1.30；最大力下总伸长率不应小于9%。检查数量：按进场的批次和产品的抽样检验方案确定。检验方法：检查抽样检验报告。 5.5.1 钢筋安装时，受力钢筋的牌号、规格和数量必须符合设计要求。检查数量：全数检查。检验方法：观察，尺量。 7.4.1 结构混凝土的强度等级必须符合设计要求。用于检验混凝土强度的试件应在浇筑地点随机抽取。检查数量：对同一配合比混凝土，取样与试件留置应符合下列规定： （1）每拌制100盘且不超过100 m³时，取样不得少于一次； （2）每工作班拌制不足100盘时，取样不得少于一次； （3）连续浇筑超过1000 m³时，每200 m³取样不得少于一次； （4）每一楼层取样不得少于一次； （5）每次取样应至少留置一组试件。检验方法：检查施工记录及混凝土强度试验报告。	《混凝土结构工程施工质量验收规范》（GB 50204—2015）

续表

序号	条款内容	规范名称
12	3.0.6 屋面工程所采用的防水、保温隔热材料应有产品合格证书和性能检测报告，材料的品种、规格、性能等应符合现行国家产品标准和设计要求。产品质量应由经过省级以上建设行政主管部门对其资质认可和质量技术监督部门对其计量认证的质量检测单位进行检测。 3.0.12 屋面防水工程完工后，应进行观感质量检查和雨后观察或淋水、蓄水试验，不得有渗漏和积水现象。 5.1.7 保温材料的导热系数、表观密度或干密度、抗压强度或压缩强度、燃烧性能，必须符合设计要求。	《屋面工程质量验收规范》(GB 50207—2012)
13	3.0.5 现场粘贴的外墙饰面砖工程完工后，应对饰面砖粘结强度进行检验。	《建筑工程饰面砖粘结强度检验标准》(JGJ 110—2008)
14	3.0.3 建筑地面工程采用的材料或产品应符合设计要求和国家现行有关标准的规定。无国家现行标准的，应具有省级住房和城乡建设行政主管部门的技术认可文件。材料或产品进场时还应符合下列规定：应有质量合格证明文件；应对型号、规格、外观等进行验收，对重要材料或产品应抽样进行复验。 3.0.5 厕浴间和有防滑要求的建筑地面应符合设计防滑要求。 3.0.18 厕浴间、厨房和有排水（或其他液体）要求的建筑地面面层与相连接各类面层的标高差应符合设计要求。 4.10.11 厕浴间和有防水要求的建筑地面必须设置防水隔离层。楼层结构必须采用现浇混凝土或整块预制混凝土板，混凝土强度等级不应小 C20；房间的楼板四周除门洞外应做混凝土翻边，高度不应小于 200 mm，宽同墙厚，混凝土强度等级不应小于 C20。施工时结构层标高和预留孔洞位置应准确，严禁乱凿洞。 4.10.13 防水隔离层严禁渗漏，排水的坡向应正确、排水通畅。 措施：检查地面施工材料的产品合格证及检测报告，编制施工方案并严格执行，现场施工质量严格按《10 kV ～ 500 kV 输变电及配电工程质量验收与评定标准》执行。	《建筑地面工程施工质量验收规范》(GB 50209—2010)
15	3.1.1 建筑装饰装修工程必须进行设计，并出具完整的施工图设计文件。 3.1.5 建筑装饰装修工程设计必须保证建筑物的结构安全和主要使用功能。当涉及主体和承重结构改动或增加荷载时，必须由原结构设计单位或具备相应资质的设计单位核查有关原始资料，对既有建筑结构的安全性进行核验、确认。 3.2.3 建筑装饰装修工程所用材料应符合国家有关建筑装饰装修材料有害物质限量标准的规定。 3.2.9 建筑装饰装修工程所使用的材料应按设计要求进行防火、防腐和防虫处理。 3.3.4 建筑装饰装修工程施工中，严禁违反设计文件擅自改动建筑主体、承重结构或主要使用功能；严禁未经设计确认和有关部门批准擅自拆改水、暖、电、燃气、通信等配套设施。 3.3.5 施工单位应遵守有关环境保护的法律法规，并应采取有效措施控制施工现场的各种粉尘、废气、废弃物、噪声、振动等对周围环境造成的污染和危害。	《建筑装饰装修工程质量验收规范》(GB 50210—2001)

续表

序号	条款内容	规范名称
15	4.1.12 外墙和顶棚的抹灰层与基层之间及各抹灰层之间必须粘结牢固。 5.1.11 建筑外门窗的安装必须牢固。在砌体上安装门窗严禁用射钉固定。 12.5.6 护栏高度、栏杆间距、安装位置必须符合设计要求。护栏安装必须牢固。	《建筑装饰装修工程质量验收规范》（GB 50210—2001）
16	3.1.9 对于长期处于潮湿环境的重要混凝土结构所用的砂、石，应进行碱活性检验。 3.1.10 砂中氯离子含量应符合下列规定：对钢筋混凝土用砂，其氯离子含量不应大于 0.06%（以干砂的质量百分率计）。	《普通混凝土用砂、石质量及检验方法标准》（JGJ 52—2006）
17	6.1.2 混凝土拌合物在运输和浇筑成型过程中严禁加水。	《混凝土质量控制标准》（GB 50164—2011）
18	4.0.1 水泥使用应符合下列规定： （1）水泥进场时应对其品种、等级、包装或散装仓号、出厂日期等进行检查，并应对其强度、安定性进行复验，其质量必须符合现行国家标准《通用硅酸盐水泥》（GB 175）的有关规定。 （2）当在使用中对水泥质量有怀疑或水泥出厂超过三个月（快硬硅酸盐水泥超过一个月）时，应复查试验，并按复验结果使用。 5.2.1 砖和砂浆的强度等级必须符合设计要求。 5.2.3 砖砌体的转角处和交接处应同时砌筑，严禁无可靠措施的内外墙分砌施工。在抗震设防烈度为 8 度及 8 度以上的地区，对不能同时砌筑而又必须留置的临时间断处应砌成斜槎，普通砖砌体斜槎水平投影长度不应小于高度的 2/3。多孔砖砌体的斜槎长高比不应小于 1/2。斜槎高度不得超过一步脚手架的高度。 8.2.2 构造柱、芯柱、组合砌体构件、配筋砌体剪力墙构件的混凝土及砂浆的强度等级应符合设计要求。	《砌体结构工程施工质量验收规范》（GB 50203—2011）

表3 变电施工部分强制性条文（节选）

序号	条款内容	规范名称
1	5.3.1 互感器安装时应进行下列检查：气体绝缘的互感器应检查气体压力或密度符合产品技术文件的要求，密封检查合格后方可对互感器充SF₆气体至额定压力，静置 24 h 后进行气体 SF₆ 含水量测量并合格。气体密度表、继电器必须经核对性检查合格。 5.3.6 互感器的下列各部位应可靠接地：（1）分级绝缘的电压互感器，其一次绕组的接地引出端子：电容式互感器的接地应符合产品技术文件的要求；（2）电容型绝缘的电流互感器，其一次绕组末屏的引出端子、铁芯引出接地端子；（3）互感器的外壳；（4）电流互感器的备用二次绕组端子应先短路后接地；（5）倒装式电流互感器二次绕组的金属导管；（6）应保证工作接地点有两根与主接地网不同地点连接的接地引下线。	《电气装置安装工程电力变压器、油浸电抗器、互感器施工及验收规范》（GB 50148—2010）
2	3.5.7 耐张线夹压接前应对每种规格的导线取试件两件进行试压，并应在试压合格后再施工。	《电气装置安装工程母线装置施工及验收规范》（GB 50149—2010）
3	1.0.3 从事铝母线焊接的焊工必须持有焊工考核合格证，才能上岗操作。	《铝母线焊接工程施工及验收规范》（GB 50586—2010）
4	4.2.9 金属电缆支架全长均应有良好的接地。 5.2.6 直埋电缆在直线段每隔 50～100 m 处、电缆接头处、转弯处、进入建筑物等处，应设置明显的方位标志或标桩。 7.0.1 对易受外部影响着火的电缆密集场所或可能着火蔓延而酿成严重事故的电缆回路，必须按设计要求的防火阻燃措施施工。	《电气装置安装工程电缆线路施工及验收规范》（GB 50168—2006）
5	3.0.4 电气装置的下列金属部分，必须接地： （1）电气设备的金属底座、框架及外壳和传动装置。 （3）箱式变电站的金属箱体。 （4）互感器的二次绕组。 （5）配电、控制、保护用的屏（柜、箱）及操作台等的金属框架和底座。 （6）电力电缆的金属护层、接头盒、终端头和金属保护管及二次电缆的屏。 （7）电缆桥架、支架和井架。 （8）变电站（换流站）构、支架。 （10）配电装置的金属遮拦。 4.1.8 严禁利用金属软管、管道保温层的金属外皮或金属网、低压照明网络的导线铅皮以及电缆金属护层作为接地线。 4.2.9 电气装置的接地必须单独与接地母线或接地网相连接，严禁在一条接地线中串接两个及两个以上需要接地的电气装置。	《电气装置安装工程接地装置施工及验收规范》（GB 50169—2016）
6	4.0.6 成套柜的安装应符合下列规定：机械闭锁、电气闭锁应动作准确可靠。 4.0.8 手车式柜的安装应符合下列规定：机械闭锁、电气闭锁应动作准确可靠。 7.0.2 成套柜的接地母线应与主接地网连接可靠。	《电气装置安装工程盘、柜及二次回路结线施工及验收规范》（GB 50171—2012）
7	3.0.16 需要接地的电器金属外壳、框架必须可靠接地。 9.0.2 三相四线系统安装熔断器时，必须安装在相线上，中性线（N线）、保护中性线（PEN线）严禁安装熔断器。	《电气装置安装工程低压电器施工及验收规范》（GB 50254—2014）

续表

序号	条款内容	规范名称
8	3.0.9 起重机非带电金属部分的接地应符合下列规定：司机室与起重机本体用螺栓连接时，必须进行电气跨接；其跨接点不应少于两处。	《电气装置安装工程起重机电气装置施工及验收规范》（GB 50256—2014）
9	7.1.1 在爆炸危险环境电气设备的金属外壳、金属构架、金属配线管及其配件、电缆保护管、电缆的金属护管等非带电的裸露金属部分，均应接地。 7.2.2 引入爆炸危险环境的金属管道、配线的钢管、电缆的铠装及金属外壳，均应在危险区域的进口处接地。 5.1.3 爆炸危险环境内采用的低压电缆和绝缘导线，其额定电压必须高于线路的工作电压，且不得低于 500 V，绝缘导线必须敷设于钢管内。电气工作中性线绝缘层的额定电压，应与相线电压相同，并应在同一护套或钢管内敷设。 5.2.1 电缆线路在爆炸危险环境内，必须在相应的防爆接线盒或分线盒内连接或分路。 5.4.2 本质安全电路关联电路的施工，应符合下列规定：本质安全电路与非本质安全电路不得共用同一电缆或钢管；本质安全电路或关联电路，严禁与其他电路共用同一条电缆或钢管。	《电气装置安装工程爆炸和火灾危险环境电气装置施工验收规范》（GB 50257—2014）
10	4.4.1 在验收时，应进行下列检查： （4）断路器及其操动机构的联动应正常，无卡阻现象；分、合闸指示应正确；辅助开关动作应正确可靠。 （5）密度继电器的报警、闭锁值应符合产品技术文件的要求，电气回路传动应正确。 （6）六氟化硫气体压力、泄漏率和含水量应符合现行国家标准《电气装置安装工程电气设备交接试验标准》（GB 50150）及产品技术文件的规定。 6.4.1（真空断路器和高压开关柜）在验收时，应进行下列检查： （3）真空断路器与操动机构联动应正常、无卡阻现象；分、合闸指示应正确；辅助开关动作应准确、可靠。 （6）高压开关柜应具备防止电气误操作的"五防"功能。	《电气装置安装工程高压电器施工及验收规范》（GB 50147—2010）
11	4.2.1 钢材、钢铸件的品种、规格、性能等应符合现行国家产品标准和设计要求。进口钢材产品的质量应符合设计和合同规定标准的要求。 5.2.4 设计要求全焊透的一、二级焊缝应采用超声波探伤进行内部缺陷的检验，超声波探伤不能对缺陷作出判断时，应采用射线探伤，其内部缺陷分级及探伤方法应符合现行国家标准《钢焊缝手工超声波探伤方法和探伤结果分级》（GB 11345）或《钢熔化焊对接接头射线照相和质量分级》（GB 3323）的规定。焊接球节点网架焊缝、螺栓球节点网架焊缝及圆管 T、K、Y 形节点相贯线焊缝，其内部缺陷分级及探伤方法应分别符合国家现行标准《焊接节点钢网架焊缝超声波探伤方法及质量分级法》（JG/T 3034.1）、《螺栓球节点钢网架焊缝超声波探伤方法及质量分级法》（JG/T 3034.2）、《建筑钢结构焊接技术规程》（JGJ 81）的规定。一级、二级焊缝的质量等级及缺陷分级应符合规定。	《钢结构工程施工质量验收规范》（GB 50205—2001）

附录二

地基和结构专项验收

表4　地基基础验收内容

序号	评价内容	质量程度（%）			应得分（本标准给定的分数）	实得分（应得分×质量程度%）	备注
		一档100～85（含85）	二档85～70（含70）	三档70以下			
一	质量、技术管理项目文件				100		
1	质量管理				50		
（1）	创优策划、质量目标及预控措施				5		
（2）	组织机构，质量体系及过程控制措施				5		
（3）	管理文件措施贯彻实施的严肃性				5		
（4）	管理工作对地基基础质量的成效				5		
（5）	是否使用国家明令禁止的技术、材料及半成品				5		
（6）	施工资料整理及时性、审签手续完备性				5		
（7）	施工资料内容齐全，真实性及准确性				5		
（8）	施工资料管理水平				5		
（9）	质量监督专家意见的整改情况				10		
2	技术管理				50		
（1）	施工组织设计、专业施工组织设计及指导性				10		
（2）	施工方案的针对性				5		
（3）	技术交底的可行性				5		
（4）	施工管理文件资料				5		
（5）	施工现场技术准备资料				5		
（6）	重大设计变更记录				/		
二	地基与桩基				100		
1	灌注桩地基检测				/		

续表

序号	评价内容	质量程度（%）			应得分（本标准给定的分数）	实得分（应得分 × 质量程度%）	备注
		一档100～85（含85）	二档85～70（含70）	三档70以下			
2	打入桩地基检测				/		
3	复合地基				/		
4	湿陷性黄土试验检测是否符合设计要求				5		
5	目前沉降、位移观测记录值				20		
（1）	主厂房（主控楼）				4		
（2）	主变基础				2		
6	重要报告				30		
（1）	工程地质勘测报告				5		
（2）	测量记录				3		
（3）	回填土击实试验及密实度的检测报告				2		
（4）	使用的材料质量证明和进场复验报告				2		
（5）	混凝土强度检测报告				3		
（6）	钢筋连接检测记录、钢筋接头工艺检验报告				2		
（7）	隐蔽工程记录				3		
（8）	分项、分部工程质量验收记录				2		
三	基础混凝土结构				100		
1	各种原材料出厂合格证、进场复验报告，构件出厂合格证、进场验收报告				15		
2	预应力筋锚夹具、连接器合格证进场验收及复验报告				10		
3	钢筋连接检测记录，钢筋接头工艺检验报告				10		
4	隐蔽工程记录				10		
5	工程测量记录				10		
6	混凝土强度检测记录（包括抗渗、抗冻检测记录）				10		

续表

序号	评价内容	质量程度（%）			应得分（本标准给定的分数）	实得分（应得分 × 质量程度%）	备注
		一档 100～85（含 85）	二档 85～70（含 70）	三档 70 以下			
7	工程质量验收记录（含分项、分部、检验批的验收）				10		
8	后浇带施工				10		
（1）	间隔时间应符合设计要求				5		
（2）	强度高于两侧混凝土强度一级（查阅报告）				5		
四	基础砌体结构				100		
1	原材料出厂合格证、进场验收及复试报告（包括水泥、砂、外加剂、砌块）				20		
2	砂浆配比和强度检验报告				20		
3	水平灰缝砂浆饱满度检测记录				20		
4	隐蔽工程验收记录				20		
5	检验批、分项、分部质量验收记录				20		

表 5　结构工程验收内容

序号	评价内容	质量程度（%）			应得分（本标准给定的分数）	实得分（应得分 × 质量程度%）	备注
		一档 100～85（含 85）	二档 85～70（含 70）	三档 70 以下			
一	质量、技术管理项目文件				100		
1	质量管理				50		
（1）	创优策划、质量目标和预控措施				5		
（2）	组织机构，质量体系过程控制措施				5		
（3）	管理文件措施贯彻实施的严肃性				5		
（4）	管理工作对主体结构质量的成效				5		
（5）	是否使用国家明令禁止的技术、材料及半成品				5		
（6）	施工资料整理及时性、审签手续完备性				5		

续表

序号	评价内容	质量程度（%）			应得分（本标准给定的分数）	实得分（应得分×质量程度%）	备注
		一档 100～85（含 85）	二档 85～70（含 70）	三档 70 以下			
（7）	施工资料内容齐全，真实性、准确性				5		
（8）	施工资料管理水平				5		
（9）	质量监督专家意见的整改情况				10		
2	技术管理				50		
（1）	施工组织设计、专业施工组织设计的指导性				10		
（2）	施工方案的针对性				5		
（3）	技术交底的可行性				5		
（4）	施工管理文件资料				5		
（5）	施工现场准备技术资料				5		
（6）	危险性较大的分部、分项工程施工方案是否进行外部专家论证（上部结构）				10		
（7）	重大设计变更记录				10		
二	混凝土结构				100		
1	目前沉降、位移观测记录值（最大值、最小值、相对沉降差和沉降速率）				15		
（1）	主控楼				4		
（2）	主变基座				1		
2	工程测量记录				10		
（1）	主体结构垂直度偏差（mm）				5		
3	主体结构实体检验				20		
（1）	混凝土同条件试件强度检测记录、温度记录、非破损检测记录				4		
（2）	结构实体钢筋保护层厚度检验记录				4		
（3）	现场预制构件的实体检验记录				4		

续表

序号	评价内容	质量程度（%）			应得分（本标准给定的分数）	实得分（应得分 × 质量程度%）	备注
		一档100～85（含85）	二档85～70（含70）	三档70以下			
（4）	确定重要梁、板结构部位的技术文件				4		
（5）	结构位置与尺寸偏差的检验记录				4		
4	大体积混凝土				/		
5	钢筋连接检测记录				16		
（1）	焊接连接工艺检验				4		
（2）	焊接连接抽检				4		
（3）	机械连接工艺检验				4		
（4）	机械连接抽检				4		
6	后浇带施工				9		
（1）	间隔时间应符合设计要求				4		
（2）	强度高于两侧混凝土强度一级（查阅报告）				5		
7	重要报告、施工记录				20		
（1）	各种原材料出厂合格证、进场复验报告，构件出厂合格证、进场验收报告				3		
（2）	预应力筋锚夹具、连接器合格证、进场验收及复验报告				3		
（3）	回填土击实试验及密实度的检测报告				4		
（4）	混凝土强度检测报告（包括抗渗、抗冻检测报告）				4		
（5）	隐蔽工程记录				4		
（6）	分项、分部工程质量验收记录				2		
三	钢结构				100		
1	钢结构安装工艺、安装尺寸偏差（轴线、标高、垂直偏差、变形）				10		

续表

序号	评价内容	质量程度（%）			应得分（本标准给定的分数）	实得分（应得分×质量程度%）	备注
		一档100～85（含85）	二档85～70（含70）	三档70以下			
2	现场焊接及焊缝无损检测				20		
（1）	Ⅰ焊缝探伤比例100%				10		
（2）	Ⅱ焊缝探伤比例20%				10		
3	高强螺栓连接副紧固质量检测				15		
（1）	扭矩法紧固				5		
（2）	转角法紧固				5		
（3）	扭剪型高强度螺栓施工扭矩				5		
4	空间网格结构				15		
（1）	结构的挠度测量记录				6		
（2）	结构的现场拼装记录				3		
（3）	高强螺栓硬度试验报告				3		
（4）	连接节点的承载力试验现场复验报告				3		
5	防火、防腐涂料				10		
（1）	涂刷遍数记录				5		
（2）	厚度检测报告				5		
6	彩钢围护结构				5		
7	重要报告、施工记录				25		
（1）	钢结构原材料出厂报告、进场复验报告				2		
（2）	焊接材料出厂合格证、进场复试报告				2		
（3）	防腐、防火涂料合格证、进场复试报告				2		
（4）	加工构件合格证及现场验收记录				2		
（5）	钢结构制作质量验收记录				3		
（6）	钢结构组合质量验收记录				3		
（7）	高强螺栓检测报告				3		
（8）	连接副扭矩系数检测报告				2		

续表

序号	评价内容	质量程度（%）			应得分（本标准给定的分数）	实得分（应得分×质量程度%）	备注
		一档100～85（含85）	二档85～70（含70）	三档70以下			
（9）	连接面抗滑移系数检测报告				2		
（10）	高强度螺栓施工记录				2		
（11）	分项、分部工程质量验收记录				2		
四	砌体结构				100		
1	原材料出厂合格证、进场验收及复试报告（包括水泥、砂、外加剂、砌块）				20		
2	砂浆配比和强度检验报告				20		
3	水平灰缝砂浆饱满度检测记录				20		
4	隐蔽工程验收记录				20		
5	检验批、分项、分部质量验收记录				20		
五	防水结构				100		
1	混凝土结构抗渗试验报告				20		
2	防水材料合格证、进场验收及复试报告				15		
3	防水层施工及质量验收记录				15		
4	防水层保护有无破损				10		
5	蓄水构筑物满水试验记录				20		

附录三

绿色施工专项验收

表6 绿色施工专项验收内容

序号	评价内容	质量程度（%）			应得分（标准给定的分数）	实得分（应得分×质量程度%）	备注
		一档100～85（含85）	二档85～70（含70）	三档70以下			
一	管控水平				100		
1	绿色施工组织与管理符合《建筑工程绿色施工规范》（GB/T 50905—2014）规定				5		
2	建设、设计、监理、施工单位各方履行的绿色施工职责应符合《建筑工程绿色施工规范》（GB/T 50905—2014）规定				5		
3	建设单位应组织制订建设项目"绿色施工总体策划"。其中的"限额控制指标清单"，应在符合《建筑工程绿色施工评价标准》（GB/T 50640—2010）规定的基础上，补充完善电力行业各专业规范和规范性文件规定				6		
4	设计单位除按国家现行有关标准和建设单位的要求进行工程的绿色设计外，还应协助、支持、配合施工单位做好建筑工程绿色施工的有关设计工作				4		
5	施工单位应建立以项目经理为第一责任人的绿色施工管理体系，制订绿色施工管理制度，负责绿色施工的组织实施，进行绿色施工的教育培训，定期开展自检、联检和评价工作，并有实施记录				5		

续表

序号	评价内容	质量程度（%）			应得分（标准给定的分数）	实得分（应得分 × 质量程度%）	备注
		一档100～85（含85）	二档85～70（含70）	三档70以下			
6	绿色施工组织设计、绿色施工方案或绿色施工专项方案编制前，应进行绿色施工影响因数分析，并据此制定实施对策和绿色施工评价方案				6		
7	施工单位应强化技术管理，施工组织设计、施工方案、专项技术措施、技术交底中应有专门的绿色施工章节，内容充实，涵盖"四节一环保"措施，可操作性强				5		
8	绿色施工过程技术资料应收集和归档				4		
9	积极采用"电力建设五新技术"中涉及绿色施工的新技术				5		
10	积极采用"建筑业10项新技术"中涉及绿色施工的新技术				5		
11	施工单位应积极开展绿色施工创新				3		
12	施工单位应建立不符合绿色施工要求的施工工艺、设备和材料的限制、淘汰等制度。不得使用国家、行业、地方政府明令淘汰的高耗能机电设备（产品）和禁止使用技术及建筑材料				3		
13	施工单位应建立建筑材料数据库，应采用绿色性能相对优良的建筑材料				5		
14	施工单位应建立施工机械设备数据库。应根据现场和周边环境情况，对施工机械和设备进行节能、减排和降耗指标分析和比较，采用高性能、低噪声和低能耗的机械设备				6		

续表

序号	评价内容	质量程度（%）			应得分（标准给定的分数）	实得分（应得分 × 质量程度%）	备注
		一档100～85（含85）	二档85～70（含70）	三档70以下			
15	工程应有保护江、河、湖、海生态环境的具体措施				5		
16	工程项目环境保护"三同时"，配套环保设施全部正常运行				7		
17	按现行国家标准《建筑工程绿色施工评价标准》（GB/T 50640—2010）及本办法的规定对施工现场绿色施工实施情况进行评价，并根据绿色施工评价情况，采取改进措施				6		
二	资源节约效果				100		
1	节能与能源利用				30		
（1）	施工现场用电规划合理，建筑室内外采用节能照明器材				3		
（2）	施工、生活用电、采暖计量表完备				2		
（3）	推广应用高效、变频等节电设备				3		
（4）	充分利用有效资源合理安排临建设施，通风、采暖、综合节能效果显著				3		
（5）	施工力能管线布置简洁合理，热力管道、制冷管道采取保温措施				3		
（6）	推广应用减烟节油设备				2		
（7）	金属切割采用焊接切割用燃气代替乙炔气				2		
（8）	推广应用10 kV施工电源和节能变压器				4		
（9）	按无功补偿技术配置无功补偿设备				2		
（10）	主要耗能施工设备有定期耗能统计分析				4		

续表

序号	评价内容	质量程度（%）			应得分（标准给定的分数）	实得分（应得分×质量程度%）	备注
		一档100～85（含85）	二档85～70（含70）	三档70以下			
（11）	充分利用当地气候和自然资源条件，尽量减少夜间作业和冬期施工				2		
2	节地与土地资源利用				20		
（1）	施工总平面布置应紧凑，减少占地，面积符合《火力发电工程施工组织设计导则》（DL/T 5706—2014）规定				3		
（2）	施工场地应有设备、材料定位布置图，实施动态管理				2		
（3）	合理安排材料堆放场地，加快场地的周转使用，减少占用周期				3		
（4）	大型临时设施应利用荒地、荒坡、滩涂布置				2		
（5）	土方工程调配方案和施工方案合理，有效利用现场及周围自然条件，减少工作量和土方购置量				3		
（6）	厂区临建设施、道路永临结合，节约占地				3		
（7）	采用预拌混凝土，节省现场搅拌站用地				2		
3	节水与水资源利用				25		
（1）	施工现场供、排水系统合理适用，办公区、生活区的生活用水采用节水器具				3		
（2）	施工、生活用水计量表完备				2		
（3）	采用雨水回收、基坑降水储存再利用等节水措施				4		
（4）	有条件的现场，充分利用雨水，减少地表水、地下水用量				4		
（5）	现场机具、设备、车辆冲洗水处理后排放或循环再用				3		
（6）	有效节约墙体湿润、材料湿润和材料浸泡用水				3		

续表

序号	评价内容	质量程度（%）			应得分（标准给定的分数）	实得分（应得分×质量程度%）	备注
		一档100～85（含85）	二档85～70（含70）	三档70以下			
（7）	安装和生产试验性用水应有计划，试验后应回收综合利用				2		
4	节材与材料资源利用				25		
（1）	积极采用符合设计要求的绿色环保新型材料				3		
（2）	材料计划准确、供应及时、储量适中、使用合理				1		
（3）	安装主材用量符合施工图设计值				2		
（4）	计划备料、限额领料、合理下料、减少废料，有效减少材料损耗和浪费				2		
（5）	模板、脚手架等周转性材料及时回收、管理有序，提高周转次数				2		
（6）	设备材料零库存措施合理，效果明显				2		
（7）	临时维护材料及时回收，降低损坏率				2		
（8）	推广应用高性能混凝土				3		
（9）	采用高强钢筋，减小用钢量				3		
（10）	通过掺加外加剂、掺合料技术优化混凝土配合比性能				2		
（11）	骨料和混凝土拌合物输送采用降温防晒措施				1		
（12）	模板和支撑尽量采取以钢代木，减少木材用量				1		
（13）	废材回收制度健全，现场实现无焊条头、无废弃防腐保温材料、无废弃填料和油料、无废弃电缆和成型桥架，实现边角余料回收				1		
三	环境保护效果				100		
1	现场施工标牌应包括环境保护内容，并应在醒目位置设环境保护标志				2		

续表

序号	评价内容	质量程度（%）			应得分（标准给定的分数）	实得分（应得分 × 质量程度%）	备注
		一档100～85（含85）	二档85～70（含70）	三档70以下			
2	施工现场的文物古迹和古树名木应采取有效保护措施				2		
3	现场应建立洒水清扫制度，配备洒水设备，并应有专人负责				5		
4	易产生扬尘的施工作业应采取有效防尘、抑尘措施，实施效果不得超出限额控制指标				5		
5	对土方工程应有有效的防尘、抑尘措施，实施效果不得超出限额控制指标				5		
6	有毒有害固体废弃物应合法处置				5		
7	现场施工机械、设备噪声和冲管、喷砂、喷涂施工等强噪声源，应采取降噪隔音措施，应符合《建筑施工场界环境噪声排放标准》（GB 12523—2011）规定				5		
8	废水、污水、废油经无害化处理后，循环利用				4		
9	各种水处理、废水处理的废液排放应符合国家和地方的污染物排放标准；禁止采用溢流、渗井、渗坑、或稀释等手段排放				5		
10	强光源控制及光污染应采取有效防范措施				4		
11	现场危险品、化学品、有毒物品存放应采取隔离措施，并设置安全警示标志；施工中应采取有效防毒、防污、防尘、防潮、通风等措施，保护人员健康				4		
12	现场放射源的保管、领用、回收应符合《放射性同位素与射线装置安全和防护条例》，防射线伤害措施正确，射源保管安全可靠				3		

续表

序号	评价内容	质量程度（%）			应得分（标准给定的分数）	实得分（应得分 × 质量程度%）	备注
		一档100～85（含85）	二档85～70（含70）	三档70以下			
13	建筑物室内采用的天然石材和带有放射性材料，其放射性指标应符合《民用建筑工程室内环境污染控制规范》（GB 50325—2010）				3		
14	禁止在现场燃烧废弃物				4		
15	汽、水、油、烟、粉、灰等设备、管道无内漏及外渗漏				4		
16	保温防腐施工应采取有效措施，减少对环境的污染				4		
17	装饰装修产生的有害气体及时排放；正式投入使用前，室内环境污染检测完毕并符合国家现行标准限值				4		
18	实施成品保护应采取有效措施，防止对已完工的建筑工程、已进入或已安装的设备盘柜等造成损坏、污染				4		
19	饮用水管道应消毒处理，水质应检测合格				4		
20	现场食堂应有卫生许可证，炊事员应持有效健康证明；厕所和生活污水按指定地点有序排放				4		
21	林地复耕及植被恢复符合国家水土保持有关规定和设计要求				4		
四	量化限额控制指标				100		
1	节能与能源利用				15		
（1）	用电指标				3		
（2）	节电设备（设施）配置率%				3		
2	节地与土地资源利用				3		
	临时设施占地面积有效利用率				3		
3	节水与水资源利用				10		
（1）	基础施工阶段（主体水工建筑物施工阶段）用水量				3		
（2）	办公区、生活区、生产作业区用水量				2		

续表

序号	评价内容	质量程度（%）			应得分（标准给定的分数）	实得分（应得分 × 质量程度%）	备注
		一档 100～85（含85）	二档 85～70（含70）	三档 70以下			
（3）	节水设备（设施）配置率				3		
（4）	循环水排污回收率				2		
4	节材与材料资源利用				17		
（1）	钢材材料损耗率				3		
（2）	木材材料损耗率				2		
（3）	模板平均周转次数				3		
（4）	临时围挡等周转设备（料）重复使用率				3		
（5）	就地取材				2		
（6）	施工废弃物回收利用				2		
（7）	施工垃圾再利用率和回收率				2		
5	环境保护				55		
（1）	建筑垃圾				3		
（2）	噪音控制				3		
（3）	水污染控制				3		
（4）	抑尘措施				2		
（5）	光源控制				2		
（6）	施工废气污染				2		
（7）	工程弃渣				2		
（8）	废水处理率				2		
（9）	基坑废水				2		
（10）	砂石料加工废水				2		
（11）	水泥灌浆废水				2		
（12）	基础造孔泥浆				/		
（13）	混凝土拌合冲洗废水				2		
（14）	机械修配与停车场洗车废水				2		
（15）	工频电场强度 kV/m（交流输电线路、变电站、换流站、升压站）				3		
（16）	工频磁感应强度 μT（交流输电线路、变电站、换流站、升压站）				3		
（17）	等效连续A声级 dB（A）（输电线路、变电、升压站）				3		

续表

序号	评价内容	质量程度（%）			应得分（标准给定的分数）	实得分（应得分 × 质量程度%）	备注
		一档 100～85（含 85）	二档 85～70（含 70）	三档 70 以下			
绿色施工评价结果	评价项目	量化限额控制指标					
	实得分						
	应得分	100					
	权重	25					

附录四

新技术应用专项验收

表 7 新技术应用专项验收内容

序号	评价内容	新技术应用内容													质量程度（%）			应得分（本标准给定的分数）	实得分（应得分×质量程度%）	备注
		应用项目名称	具体部位/系统名称	档案号/项目文件号	核查情况										一档 100~85（含85）	二档 85~70（含70）	三档 70以下			
					实体质量提升效果			性能指标提升效果			节能减排提升效果									
					设计值/标准值/保证值	实测值/或结论		标准值/设计值/保证值	实测值/或结论		标准值/设计值/保证值	实测值/或结论								
一	"国家重点节能低碳技术（2015版）"应用项目																	15		
二	"建筑业10项新技术（2010年版）"应用项目																	10		
三	"电力建设五新技术"应用项目																	20		
四	其他自主创新技术应用项目																	15		

续表

新技术应用效果评价

序号	评价内容	核查情况							质量程度（%）			应得分（本标准给定的分数）	实得分（应得分×质量程度%）	备注
		成果级别	成果名称	证书颁发/批准发布单位	证书颁发/批准发布时间	应用工程	主要完成单位	主要完成人	一档 100～85（含85）	二档 85～70（含70）	三档 70以下			
五	科技进步奖	国家级										15		
		省部级												
六	QC成果奖	国家级										5		
		省部级												
七	专利	发明专利										5		
		实用新型专利												
八	工法	国家级										5		
		省部级												
九	参编标准	国际标准										5		
		国家标准												
		行业标准												
		团体标准												
十	其他省部级及以上奖励	国家级										5		
		省部级												

续表

评价项目	采用《国家重点节能低碳技术推广目录（2015版）》应用项目	应用"建筑业10项新技术（2010版）"应用项目	应用"电力建设"五新技术"应用项目	其他自主创新及研发项目	科技进步奖	QC成果奖	专利	工法	参编标准	其他省部级及以上奖励
应得分	15	10	20	15	15	10	3	5	2	5
实得分										

工程新技术应用专项评价总得分 = Σ各评价项目实得分 = ＿＿＿ 分

现场评价结论（200字以内）：

现场评价组成员（签字）：

现场评价组组长（签字）：
年　月　日

申请受理单位（机构）会议评审结论：
申请受理单位（机构）（公章）：
年　月　日

（左侧合并单元格）工程新技术应用专项评价项目

附录五

全过程质量评价专项验收

一、工程质量评价体系

工程质量评价体系见表8、表9。

表8　变电（开关）站、换流站整体工程质量评价单项权重表

序号	单项名称	权重(%)
1	建筑工程	25
2	电气安装工程	40
3	性能指标	20
4	工程综合管理与档案	10
5	工程获奖	5
合计		100

表9　变电（开关）站、换流站单项工程质量评价项目权重值分配表

序号	评价项目	建筑单项工程				电气安装单项工程		
		桩基、地基及结构	屋面、装饰装修	给排水、采暖、通风与空调及电梯	建筑电气及智能建筑	高压电气装置	保护及低压电气装置	其他电气装置
1	施工现场质量保证条件	10	10	10	10	10	10	10
2	性能检测	30	25	25	25	35	30	25
3	质量记录	30	25	25	25	20	20	20
4	尺寸偏差及限值实测	10	15	15	15	15	15	10
5	强制性条文执行情况	10	10	10	10	10	10	10
6	观感质量	10	15	15	15	10	15	25
合计		100	100	100	100	100	100	100
工程部位（范围）权重(%)		40	30	15	15	45	35	20

二、建筑单项工程质量评价

1. 桩基、地基及结构工程部位质量评价。

（1）施工现场质量保证条件评价表。

（2）桩基、地基及结构工程部位性能检测质量评价表。

（3）桩基、地基及结构工程部位质量记录评价表。

（4）桩基、地基及结构工程部位尺寸偏差及限值实测评价表。

（5）桩基、地基及结构工程部位强制性条文执行情况评价表。

（6）桩基、地基及结构工程部位观感质量评价表。

2. 屋面、装饰装修工程部位（范围）质量评价。

（1）屋面、装饰装修工程部位施工现场质量保证条件质量评价按规定进行核查。

（2）屋面、装饰装修工程部位性能检测质量评价表。

（3）屋面、装饰装修工程部位质量记录评价表。

（4）屋面、装饰装修工程部位尺寸偏差及限值实测评价表。

（5）屋面、装饰装修工程部位强制性条文执行情况按规定进行核查、评价。

（6）屋面、装饰装修工程部位观感质量评价表。

3. 给排水、采暖、通风与空调及电梯安装工程部位质量评价。

（1）给排水、采暖、通风与空调及电梯安装工程部位施工现场质量保证条件要符合规定。

（2）给排水、采暖、通风与空调及电梯安装工程部位性能检测评价表。

（3）给排水、采暖、通风与空调及电梯安装工程部位质量记录评价表。

（4）给排水、采暖、通风与空调及电梯安装工程部位尺寸偏差及限值实测评价表。

（5）给排水、采暖、通风与空调及电梯安装工程部位强制性条文执行按规定进行检查、评价。

（6）给排水、采暖、通风与空调及电梯安装工程部位观感质量评价表。

4. 建筑电气及智能建筑工程部位质量评价。

（1）建筑电气及智能建筑工程部位施工现场质量保证条件按规定进行核查、评价。

（2）建筑电气及智能建筑工程部位性能检测评价表。

（3）建筑电气及智能建筑工程部位质量记录评价表。

（4）建筑电气及智能建筑工程部位尺寸偏差及限值实测质量记录评价表。

（5）建筑电气及智能建筑工程部位强制性条文执行按规定进行核查、评价。

（6）建筑电气及智能建筑工程部位观感质量评价表。

5. 建筑单项工程质量评价得分汇总情况见表 10。

表 10　建筑单项工程质量评价得分汇总情况

序号	评价项目	建筑工程								备注
		桩基、地基及结构		屋面、装饰装修		给排水采暖、通风与空调及电梯		建筑电气及智能建筑		
		权重值	实得分	权重值	实得分	权重值	实得分	权重值	实得分	
1	施工现场质量保证条件	10		10		10		10		
2	性能检测	30		25		25		25		

续表

序号	评价项目	建筑工程								备注
		桩基、地基及结构		屋面、装饰装修		给排水采暖、通风与空调及电梯		建筑电气及智能建筑		
		权重值	实得分	权重值	实得分	权重值	实得分	权重值	实得分	
3	质量记录	30		25		25		25		
4	尺寸偏差及限值实测	10		15		15		15		
5	强制性条文执行情况	10		10		10		10		
6	观感质量	10		15		15		15		
合计		100		100		100		100		
权重(%)		40		30		15		15		
各工程部位（范围）质量评价合计										
单项工程质量评价合计										
评价组长（签字）： 评价人员（签字）： 　　年　月　日								评价单位（公章）： 　　年　　月　　日		

三、电气安装单项工程质量评价

1. 高压电气装置安装工程部位（范围）质量评价。

（1）变电（开关）站、换流站高压电气装置安装工程部位施工现场质量保证条件要符合规范。

（2）变电（开关）站高压电气装置安装工程部位性能检测评价表。

（3）换流站高压电气装置安装工程部位性能检测评价表。

（4）变电（开关）站高压电气装置安装工程部位质量记录评价表。

（5）换流站高压电气装置安装工程部位质量记录评价表。

（6）变电（开关）站高压电气装置安装工程部位尺寸偏差及限值实测评价表。

（7）换流站高压电气装置安装工程部位尺寸偏差及限值实测评价表。

（8）变电（开关）站、换流站高压电气装置安装工程强制性条文执行情况质量评价要符合规范。

（9）变电（开关）站高压电气装置安装工程部位观感质量评价表。

（10）换流站高压电气装置安装工程部位观感质量评价表。

2. 保护、控制及低压电气装置安装工程部位（范围）质量评价。

（1）变电（开关）站、换流站保护、控制及低压电气装置安装工程部位施工现场质量保证条件质量评价要符合规范。

（2）变电（开关）站、换流站保护、控制及低压电气装置安装工程部位性能检测评价表。

（3）变电（开关）站、换流站保护、控制及低压电气装置安装工程部位质量记录评价表。

（4）变电（开关）站、换流站保护、控制及低压电气装置安装工程部位尺寸偏差及限值实测评价表。

（5）变电（开关）站、换流站保护、控制及低压电气装置安装工程部位强制性条文执行情况质量评价要符合规范。

（6）变电（开关）站、换流站保护、控制及低压电气装置安装工程部位观感质量评价表。

3. 其他电气装置安装工程部位质量评价。

（1）变电（开关）站、换流站其他电气装置安装工程部位施工现场质量保证条件质量评价要符合规范。

（2）变电（开关）站、换流站其他电气装置安装工程部位性能检测评价表。

（3）变电（开关）站、换流站其他电气装置安装工程部位质量记录评价表。

（4）变电（开关）站、换流站其他电气装置安装工程部位尺寸偏差及限值实测评价表。

（5）变电（开关）站、换流站其他电气装置安装工程部位强制性条文执行情况质量评价要符合规范。

（6）变电（开关）站、换流站其他电气装置安装工程部位观感质量评价表。

4. 电气安装单项工程质量评价得分情况见表 11。

表 11　电气安装单项工程质量评价得分汇总

序号	评价项目	高压电气装置		保护、控制及低压电气装置		其他电气装置		备注
		权重值	实得分	权重值	实得分	权重值	实得分	
1	施工现场质量保证条件	10		10		10		
2	性能检测	35		30		25		
3	质量记录	20		20		20		
4	尺寸偏差及限值实测	15		15		10		
5	强制性条文和执行情况	10		10		10		
6	观感质量	10		15		25		
合计		100		100		100		
权重(%)		45		35		20		
各工程部位（范围）质量评价合计								
单项工程质量评价合计								
评价组长（签字）： 　　年　月　日						评价单位（公章）： 　　年　月　日		

5. 性能指标单项质量评价见表 12。

表 12　性能指标单项工程质量评价表

工程名称				评价单位				
调试单位				试验单位				
序号	评价内容	设计值/保证值	实际值	档案（项目文件）号	发现的问题	评价结果		
						符合	基本符合	不符合
1	母线电量不平衡率	不大于 ±0.5%						
2	保护装置投入率	100%						
3	自动装置投入率	100%						
4	保护装置误动	不允许						
5	保护装置拒动	不允许						
6	显示仪表准确率	大于 95%						
7	计算机监控系统投入率	100%						
8	计算机监控系统正确率	100%						
9	变电站运行可靠性统计	非停次数小于 2 次/年						
合计								
评价结果	评价结果统计：1. 总个数；2."基本符合"个数；3. 基本符合率（%）；4."不符合"个数 评价结果：_____ 档 合计：_____ 分							
评价组长（签字）： 评价人员（签字）： 　　年　　月　　日				评价单位（公章）： 　　年　　月　　日				

6. 工程综合管理与档案单项质量评价见表 13、表 14。

表 13　工程综合管理与档案单项质量评价表

序号	评价内容	档案（项目文件）号	发现的问题	评价结果		
				符合	基本符合	不符合
一	项目合规性证明文件（权重 20%）					
1	项目核准文件（发改委）					
2	规划许可证（规划管理部门）					
3	土地使用证（国土部门）（不含输电线路）					
4	水土保持验收文件（水利部门）					
5	工程概算批复文件（规划院）					
6	质量监督规定的各阶段监督报告（质量监督中心站）					
7	安全设施竣工验收文件（安全生产监管部门）					
8	环境保护验收文件（国家环境保护部门）					
9	消防验收文件（消防部门）（不含输电线路）					

续表

序号	评价内容	档案（项目文件）号	发现的问题	评价结果		
				符合	基本符合	不符合
10	劳动保障验收文件（劳动保障部门）					
11	职业卫生验收文件（安全生产监管部门）					
12	档案验收文件（上级主管单位组织，地方档案行政管理部门参加）					
13	工程移交生产签证书（启动验收委员会）					
14	工程竣工决算审计报告（有资质的第三方会计师事务所）					
15	工程竣工验收文件（上级单位组织，各专项验收的有关单位参加）					
本部分评价结果	评价结果统计：1.总个数；2."基本符合"个数；3.基本符合率（%）；4."不符合"个数 评价结果：＿＿＿＿＿＿档 评价得分：＿＿＿＿＿＿分					
二	工程管理（权重25%）					
1	建设单位项目管理体系健全，覆盖工程全过程，做到建设单位监管、监理单位监察、勘测设计和施工单位监控、政府部门监督					
2	创优目标明确，创优策划体现全过程质量控制，参建单位制定具体实施细则，具有可操作性，创优管理责任到位					
3	监理、设计、施工、调试单位的质量管理体系、职业健康安全管理体系、环境管理体系认证证书在有效期内					
4	设计更改管理制度完善；施工图设计符合初步设计审查批复要求；重大设计变更按程序批准；改变原设计所确定的原则、方案或规模，应经原审批部门批准					
5	不得擅自扩大建设规模或提高建设标准					
6	竣工决算不得超出批准动态概算					
7	进度满足合同工期					
8	科技创新、技术进步形成的优化设计方案应经论证，并按规定程序审批					
9	新材料、新设备的使用应有鉴定报告或允许使用证明文件					
10	设计单位提交工程质量检查报告					
11	监理单位提交工程总体质量评估报告					
12	各阶段质量监督报告及不符合项闭环文件					
13	建设、设计、监理、施工、调试单位工程总结					
本部分评价结果	评价结果统计：1.总个数；2."基本符合"个数；3.基本符合率（%）；4."不符合"个数 评价结果：＿＿＿＿＿＿档 评价得分：＿＿＿＿＿＿分					

续表

序号	评价内容	档案（项目文件）号	发现的问题	评价结果		
				符合	基本符合	不符合
三	生产运行（权重5%）					
1	管理制度、运行规程、系统图、记录表单、运行管理软件满足生产要求，技术经济指标统计数据完整、准确					
2	操作票、工作票、运行日志、运行记录、事故分析、处理记录齐全，从启动到考核期的缺陷管理台账及消缺率统计齐全					
3	挡鼠板设置规范，高度不小于400 mm					
4	经济效益、社会责任					
本部分评价结果	评价结果统计：1.总个数；2."基本符合"个数；3.基本符合率（%）；4."不符合"个数 评价结果：_____档 评价得分：_____分					
四	工程档案管理（权重15%）					
1	基础设施、设备应符合档案安全保管、保护和信息化管理要求，档案业务人员应有岗位资格证书，并定期接受再教育培训					
2	建设单位组织参建单位编制项目文件归档制度					
3	项目文件应与工程建设同步收集，归档文件完整					
4	项目文件按各专业规程规定的格式填写，内容真实、数据准确					
5	归档文件为原件；因故无原件的合法性、依据性、凭证性等永久保存的文件，提供单位应在复印件上加盖公章，便于追溯					
6	档案分类符合相关规定，照片、电子等其他载体档案分类与纸质档案分类一致					
7	案卷组合保持工程建设项目的专业性、成套性和系统性，便于快捷检索利用；同事由的文件不得分散和重复组卷					
8	对永久保存且涉及项目立项、核准、重要合同及协议、质量监督、质量评价（有创优目标的工程）、竣工验收、竣工图及利用频繁的纸质档案进行数字化管理					
9	项目文件移交一式一份，需增加份数的，按合同约定					
10	合同工程竣工验收或移交生产后90天内归档完毕					
本部分评价结果	评价结果统计：1.总个数；2."基本符合"个数；3.基本符合率（%）；4."不符合"个数 评价结果：_____档 评价得分：_____分					

续表

序号	评价内容	档案（项目文件）号	发现的问题	评价结果		
				符合	基本符合	不符合
五	主要归档技术文件（权重35%）					
1	安全管理主要项目文件					
（1）	安全生产委员会成立文件					
（2）	安全生产委员会、项目部、专业公司安全生产例会记录					
（3）	危险源、环境因素辨识与评价措施					
（4）	建设单位对工程安全生产费用管理应符合高危行业、企业安全生产费用财务管理的有关规定					
（5）	建设、监理和参建单位建立健全安全管理制度及相应的操作规程					
（6）	专业分包及劳务分包单位的安全资格审核					
（7）	危险性较大的分部、分项工程安全专项施工方案、措施					
（8）	消防机构审查消防设计文件					
（9）	爆破审批手续					
（10）	特殊脚手架施工方案					
（11）	特种设备管理制度、台账及准许使用证书					
（12）	重大起重、运输作业，特殊高处作业，带电作业及易燃、易爆区域安全施工作业票					
（13）	高处、交叉作业安全防护设施验收记录					
（14）	施工用电方案					
（15）	高于20m的钢脚手架、提升装置等防雷接地记录					
（16）	危险品运输、储存、使用、管理制度					
（17）	消防设施定期检验记录					
（18）	灾害预防与应急管理体系文件					
（19）	自然灾害及安全事故专项预案演练、评价					
（20）	防洪度汛组织机构文件					
（21）	年度防洪度汛方案					
（22）	超标准洪水应急预案、演练、评价及报批备案文件					
2	变电站（开关站、换流站）建筑工程主要项目文件					
（1）	地基基础工程					
	1）单位、分部、分项及检验批质量验收记录					
	2）工程定位测量记录					
	3）沉降观测记录					
	4）建筑物垂直度、标高、全高测量记录					

续表

序号	评价内容	档案（项目文件）号	发现的问题	评价结果		
				符合	基本符合	不符合
	5）桩基（灌注桩、混凝土桩、灰土挤密桩等）施工记录、施工汇总表及检测报告					
	6）强夯等地基处理试夯记录、施工记录及检测报告					
	7）土壤击实试验报告、回填土试验报告					
	8）地（桩）基承载力检测报告					
	9）地基验槽记录					
	10）钢筋工程隐蔽验收记录					
	11）地下混凝土、地下防水防腐隐蔽工程验收记录					
（2）	主体结构工程					
	1）单位、分部、分项及检验批质量验收记录					
	2）混凝土浇筑通知单及开盘鉴定记录					
	3）混凝土搅拌记录					
	4）混凝土工程浇筑施工记录					
	5）混凝土养护记录					
	6）冬期施工混凝土测温记录及养护记录					
	7）混凝土试块（含同条件养护）试验报告、汇总及评定表					
	8）砌筑砂浆试块试验报告、汇总表及评定表					
	9）钢筋焊接试验报告					
	10）钢筋工程隐蔽验收记录					
3	运行准备和运行管理					
（1）	生产准备计划					
（2）	生产运行管理制度，运行、检修、安全操作规程					
（3）	图纸资料					
（4）	设备验收、试运行、维护记录					
（5）	设备管理台账					
（6）	月度运行报表					
（7）	事故分析报告					
本部分评价结果	评价结果统计：1.总个数；2."基本符合"个数；3.基本符合率（%）；4."不符合"个数 评价结果：_____档 合计：_____分					

注：1.每部分得分按100分计算；
2.每部分"评价结果"无"不符合""基本符合率"不大于10%为一档，合计取100～85分（含85分）；
3.每部分"评价结果"无"不符合""基本符合率"不大于15%为二档，合计取85～70分（含70分）；
4.每部分"评价结果"有"不符合"或"基本符合率"大于15%为三档，合计取70分以下。

表14 工程综合管理与档案单项质量评价得分汇总

部分名称	权重(%)	评价得分	实得分
项目合规性证明文件	20		
工程管理	25		
生产运行	5		
工程档案管理	15		
主要归档技术文件	35		
实得分合计			
评价组长（签字）： 评价人员（签字）： 　　年　月　日		评价单位（公章）： 　　年　月　日	

7. 工程获奖评价见表15。

表15 工程获奖评价表

序号	奖项类别	奖项名称	发奖单位	获奖单位	文号	证书号	国家级（项数）	省（部）（项数）
1	环境保护奖							
2	优质工程奖（含中国安装工程优质奖）							
3	优秀设计奖							
4	专利							
5	工法							
6	科技成果奖							
7	QC小组成果奖							
8	全过程质量控制示范工程							
9	绿色施工、安全文明、科技示范工程							
核查结果统计：_____类；国家级_____项；省（部）级_____项				核查结果评定：_____档 评价得分：_____分				
评价组长（签字）： 评价成员（签字）： 　　年　月　日				评价单位（公章）： 　　年　月　日				

8.整体工程质量评价见表16。

表16　变电（开关）站、换流站整体工程质量评价总得分汇总表

工程名称		工程规模		
建设单位		评价单位		
设计单位		调试单位		
施工单位		监理单位		
		性能试验单位		
序号	质量评价单项名称	权重（%）	单项得分	合计＝单项得分 × 权重（%）
1	建筑工程	25		
2	电气安装工程	40		
3	性能指标	20		
4	工程综合管理与档案	10		
5	工程获奖	5		
整体工程质量评价总得分				
评价组组长（签字）： 评价人员（签字）： 　年　月　日		评价单位（公章）： 　年　月　日		

参考资料：

1. 中华人民共和国有关法律法规

2. 地方政府相关管理条例

3. 相关行业规程规范和有关规定

4. 中国电力建设企业协会优质工程现场复查内容和要求

5. 中国建筑业协会中国建设工程鲁班奖现场复查内容和要求

6. 中国南方电网有限责任公司有关规程规范和管理规定

7. 广西电网有限责任公司有关管理制度

8. 500 千伏北海（福成）变电站工程各参建单位内部管理规定